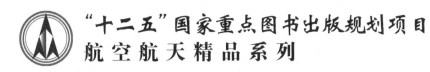

"十二五"国家重点图书出版规划项目
航空航天精品系列

DIGITAL AUDIO AND VIDEO TECHNOLOGY AND APPLICATIONS

数字音视频技术及应用

（第2版）

● 吴韶波　顾奕　李林隽　主编

哈尔滨工业大学出版社
HARBIN INSTITUTE OF TECHNOLOGY PRESS

内容简介

本书从实际应用出发,以数字音视频技术为主线,系统地介绍了数字音视频技术的基本原理、相关先进技术和具体实际应用。全书共分为 9 章,对数字音视频的编码技术、传输技术、存储技术进行了系统的阐述;对数字音视频技术在广播电视领域、多媒体通信领域、智能监控领域、机器视觉领域、消费数码产品领域的实际应用进行了全面介绍。本书内容详尽,重点突出,注重理论和实践的结合。

本书可作为电子信息、通信、计算机、自动化、物联网等专业高年级本科生教材或教学参考书,也可供相关领域的技术人员参考使用。

图书在版编目(CIP)数据

数字音视频技术及应用/吴韶波,顾奕,李林隽主编. 2 版. —哈尔滨:哈尔滨工业大学出版社,2016.3(2023.1 重印)
ISBN 978 - 7 - 5603 - 5895 - 6

Ⅰ. ①数⋯　Ⅱ. ①吴⋯②顾⋯③李⋯　Ⅲ. ①数字技术–应用–音频设备–高等学校–教材②数字技术–应用–视频信号–高等学校–教材　Ⅳ. ①TN912.27②TN941.3

中国版本图书馆 CIP 数据核字(2016)第 053166 号

策划编辑　王桂芝
责任编辑　李长波
出版发行　哈尔滨工业大学出版社
社　　址　哈尔滨市南岗区复华四道街 10 号　邮编150006
传　　真　0451 - 86414749
网　　址　http://hitpress.hit.edu.cn
印　　刷　黑龙江艺德印刷有限责任公司
开　　本　787mm×1092mm　1/16　印张 16.75　字数 408 千字
版　　次　2014 年 9 月第 1 版　2016 年 3 月第 2 版
　　　　　 2023 年 1 月第 4 次印刷
书　　号　ISBN 978 - 7 - 5603 - 5895 - 6
定　　价　38.00 元

◎ 再版前言

随着计算机与通信技术的迅猛发展,数字音视频技术已在数字娱乐、多媒体通信、高清数字电视、宽带网络视频传输等领域得到广泛应用。由于音视频信息,尤其是视频信息十分丰富且信息量大,故对于音视频信号的处理、传输、存储和显示等都提出了新的要求。因此,音视频技术的研究和应用也是目前信息技术领域最热门的问题之一。

本书是 2014 年出版的《数字音视频技术及应用》的修订版。考虑到网络技术与数字音视频技术的发展,本次修订在保持教材内容先进性的基础上,强调理论与实践的结合,充实了数字视频在视频监控及机器视觉方面应用的新内容,并调整了部分章节的安排,进一步深入体现科学而合理的认知规律,引导读者进行高效率的学习。本书内容可以满足 32~64 学时的教学。

本书是编者在"数字视频技术"课程教学实践的基础上,结合多年课程教学心得与体会,并参考了近年来数字音视频技术的最新进展编写而成的。

全书内容共分为 9 章:第 1 章初步介绍数字音视频技术的基本概念、特点、关键技术与发展情况;第 2 章为数字音频的研究基础知识,对音频的数字化、音频格式和质量评价方法进行介绍;第 3 章重点讨论数字音频的压缩编码技术及音频编码的国际编码标准;第 4 章为数字视频的研究基础,对彩色模型、视频信号采集与表示及质量评价方法进行讨论;第 5 章针对数字视频的冗余,讨论视频压缩与编码的方法;第 6 章重点讨论数字视频的编码标准;第 7 章根据数字音视频对通信网络的要求,讨论传输所涉及的网络技术和调制解调技术;第 8 章主要介绍基于内容的视频检索标准与应用;第 9 章对数字音视频技术在广播电视领域、多媒体通信领域、智能监控领域、机器视觉领域、消费数码产品领域的实际应用进行全面介绍。

本书由吴韶波、顾奕、李林隽、龙民共同编写,具体编写分工如下:第 1、2、7、8 章由吴韶波编写;第 3、5、6 章由顾奕编写,第 4 章由龙民编写,第 9 章由李林隽编写,全书由吴韶波统稿完成。在编写过程中,李红莲、冷俊敏老师在资料查询中给予了帮助和支持,参与了本书的辅助性工作,周金和教授和马牧燕老师对本书中存在的问题给予了指导和建议,在此一并表示感谢。本书在编写过程中参考了大量的文献和资料,书后仅列出主要参考文献,在此特向本书所引用资料的有关作者致以衷心感谢,如有疏漏敬请原谅。

由于数字音视频技术处于快速发展当中,新理论、新技术、新应用层出不穷,相关设备及标准推陈出新,加上编者水平有限,书中疏漏之处在所难免,敬请各位同行专家、读者批评指正。

本书配有电子教案,需要者可联系作者,邮箱 16550942@qq.com。

编　者
2016 年 3 月

◎目 录

Contents

第1章

数字音视频技术概述

本章要点:

☑ 数字音视频技术的基本概念
☑ 数字音视频技术的特点
☑ 数字音视频系统的组成
☑ 数字音视频技术的应用与发展趋势

随着计算机技术、网络技术和现代通信技术的逐步渗透与结合,数字音视频技术不再是某个系统具体所指的编码记录格式,而成为有着更加丰富内涵和外延的新概念,在现代信息技术环境下无处不在。因特网传送的流媒体,广电网传送的数字电视,电信网综合数字业务的视频会议和可视电话,移动网的手机电视和视频通话,数码摄像机,VCD,DVD,MP4 等都离不开数字音视频技术。

1.1 数字音视频技术的基本概念

数字音视频技术是对音视频信息(文本、图形、图像、声音、动画、视频等)进行采集、获取、压缩、解压缩、编辑、存储、传输及重现等环节全部采用数字化的技术。

声音是通过空气传播的一种连续的波,由空气振动引起耳膜的振动,被人们所感知。人类从外部世界获取信息的 10% 从听觉获得。

音频(Audio)通常指正常人耳所能听到的,相应于正弦声波的任何频率。正常人耳的音频范围一般为 20 Hz ~ 20 kHz,人说话的语音范围常取 300 ~ 3 400 Hz 的频率范围。音频信号可分为两类:语音信号和非语音信号。其中,语音信号是语言的物质载体,是社会交际工具的符号,包含了丰富的语言内涵,是人类进行信息交流所特有的形式;非语音信号主要包括音乐和自然界存在的其他声音形式,不具有复杂的语义和语法信息,信息量低,识别简单。

光辐射刺激人眼时,人眼将接收的光波转换成生物电信号,经过汇聚与处理后通过视觉神经通路送给大脑的视觉感知区域,刺激大脑形成感知,引起复杂的生理和心理变化,这称为视觉。视觉是人类感知信息最重要的途径,从外部世界获取的 70% ~ 80% 信息来源于视觉。

一般而言,图像是由摄影空间中物体对光源的反射和折射在摄影平面上的投影所产生的。视频(Video)泛指将一系列的静态影像以电信号方式加以捕捉、记录、处理、储存、传送及重现的各种技术。视频是按一定时间间隔获取的图像序列,序列中的一幅图像也被称为一帧(Frame)图像。连续的图像变化每秒超过 24 帧画面以上时,根据视觉暂留原理,人眼将无法辨别单幅的静态画面,得到平滑连续的视觉效果。

视频分为模拟视频和数字视频。模拟视频是以模拟电信号的形式记录的视频,依靠模拟调幅的手段在空间传播,目前的电视系统仍属于模拟视频系统。数字视频则是依据人的视觉暂留特性,基于数字技术记录,借助计算机或微处理器芯片的高速运算,利用编解码技术、传输存储技术等来实现的以比特流为特征的能按照某种时基规律和标准在显示终端上再现"活动影音"的信息媒介。相比模拟视频,数字视频可以无限次复制也不产生失真,并且可以通过计算机进行编辑与再创作。

1.2　数字音视频技术的特点

随着大规模集成电路、计算机数字技术的发展,传统的影视媒体、消费类电子以及通信行业几乎全部实现数字化。数字音视频技术已成为当前最流行、使用最频繁、应用范围最广的新技术,日益深刻地影响着人们的生活方式。与传统模拟技术相比,数字音视频技术具有以下特点:

(1)数据量大

声音、图像以及视频和动画的数据量都十分庞大。1 min 立体声音乐采样频率为 44.1 kHz,16 位量化精度的数据量大约为 10 MB,存储一首 4 min 的歌曲约需 40 MB;一幅 640×480 的 RGB 彩色图像的存储量为 900 kB;1 s(25 帧/秒)的视频数据量为 22 MB,1 张 650 MB 的 CD-ROM 光盘只能存储约 30 s 的视频。

(2)数据存在大量冗余

声音、图像以及视频和动画的大量数据中存在着大量的冗余。图像相邻像素之间、视频序列前后帧之间具有很大的相关性,人耳与人眼具有掩蔽效应等听觉和视觉特性,因此,可根据数据的内在联系将数据中的冗余信息去除,通过压缩编码减少数据量。

(3)数据存储容量大,传输效率较高

数字音视频数据量大,在存储与传输的过程中必须进行压缩编码。音视频数字信号经过压缩后,可以在 6~8 MHz 的传输信道传输 2~4 套标准清晰度电视(SDTV)节目或一套高清晰度电视(HDTV)节目,而一张压缩格式的 DVD 存储容量可达 7~8 GB。

(4)便于进行编辑加工

传统磁带重复听某段音乐或观看某段画面时需不停地倒带、快进,编辑过程也是顺序的线性。数字音视频则不同,它可以瞬时定位,非线性逻辑组织,还可以利用非线性编辑软件做特效。

(5)信息传输存储的可靠性高

数字信号不会产生噪声和失真的积累,便于存储、控制、修改。数字音视频可以不失真地进行无数次复制,而模拟音视频信号每转录一次,就会有一次误差积累,产生信号失真。模拟音视频长时间存放后质量会降低,而数字音视频可以长时间存放而没有任何失真。

(6)有效保护信息和进行版权管理

数字音视频可以方便地与密码及认证技术相结合,便于实现信息加密/解密以及加扰/解扰,适用于专业应用(军用、商用、民用)或条件接收、视频点播、双向互动传送等应用。

（7）具有可扩展性，便于与其他数字设备融合

数字音视频易于与其他系统配合使用，与其他数字设备融合，在各类通信信道和网络上进行传输。易于集成化和大规模生产，其性能一致性好，且成本低。

1.3　数字音视频系统及其关键技术

数字音视频系统的传输模型如图1.1所示。

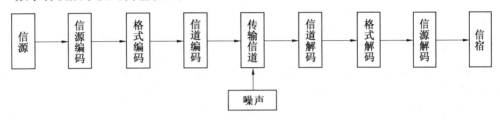

图 1.1　数字音视频系统的传输模型

其中，信源为数字化的语音或视频信号；信源编码旨在通过对信源的压缩、加密、扰乱等处理，用最少的编码传递最大的信息量，即提高通信的有效性，使信号更有效地传输和存储；格式编码提供对数字音频或视频信号在各个格式之间进行转换，使之符合编码的要求；信道编码主要用于提高可靠性，旨在保证信号在传输或存储的过程中尽量不出错，或出错后能够检错甚至纠错，传输信道指信号传输的通道或介质，包括由光缆或电缆构成的有线信道，以及无线通路、微波线路和卫星中继等构成的无线信道。信宿指数字音频或视频重放的终端设备。

数字音视频系统涉及的方面很多，其关键技术包括：

①数字音视频信号的获取技术。

②数字音视频压缩编码和解码技术。

③数字音视频数据的实时处理和特技。

④视频和音频数据的输出与存储技术。

1.3.1　数字音频处理系统

数字音频处理系统模型如图1.2所示，它是把人耳所能听到的声音信号进行数字化并记录、存储或传输、重放以及其他加工处理等一整套技术，以物理声学、生理声学、心理学、语言学、语音学为基础，涉及电声技术、数字信号处理技术、计算机科学、模式识别和人工智能等相结合的多学科领域。

数字音频处理系统重点研究音频信息的获取、表示、传输与处理（编码、变换、识别、综合、理解、存储）的方法、规律及其利用，包括输入模块、输出模块、存取/通信模块、控制与存储模块以及作为核心的音频处理模块。

（1）音频输入

音频输入是将待处理的声音信号输入到系统中，可通过录音机、录像机、电视机、麦克风等采集声音信号。

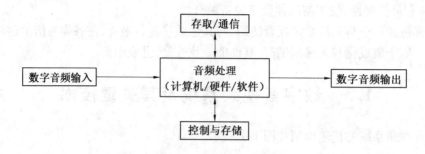

图 1.2　数字音频处理系统模型

（2）音频输出

音频输出的主要功能是将经过系统处理的音频信号还原成为用户能感知的形式。音箱和音响、耳机是常用的音频输出设备。

（3）控制与存储

控制设备主要用于在处理过程中对音频处理设备进行控制，如键盘、鼠标、各种开关等；存储设备主要用于在处理过程中对音频信号本身以及相关信息进行暂时或永久的保留，如各种 RAM、ROM、硬盘、闪存、光盘等。

（4）存取/通信

存取和通信的操作是使用户能够按需将已处理好的，或还需进一步处理的音频信号取出或送入音频处理设备中。存取指本地操作，如光盘或硬盘；通信则是指远端的存取操作，如基于局域网或 Internet 等。

（5）音频处理

音频处理分为软件和硬件两类。在计算机中通过软件或硬件来实现对音频的时间处理（混响器和延时器）、音色处理（均衡器和激励器）、动态处理（噪声门和压缩器）。常用音频处理软件如 GoldWave，Adobe Audition 等，硬件如声卡、专用 DSP 等。

1.3.2　数字视频图像处理系统

数字视频/图像处理系统的构成与数字音频处理系统类似，也包含五个功能模块，即输入模块、输出模块、存取/通信模块、控制与存储模块和视频/图像处理模块。

（1）视频输入设备

视频输入设备主要功能是获取待处理的视频/图像信号。根据应用的不同需求，通常采用摄像头、数字摄录像机、数码照相机、视频采集卡、扫描仪、红外/X 光摄像机、电视调谐器等不同的设备。

（2）视频输出设备

视频输出设备主要功能是将经过系统处理后的视频/图像信号以用户能感知的形式显示出来。目前，最常用的视频/图像输出设备包括阴极射线荧光屏（CRT）、液晶显示屏（LCD）、等离子体显示屏（PDP）、电致发光显示器（ELD）和荧光显示器（VFD）等电子显示设备，以及打印机、绘图仪等硬拷贝设备。

（3）视频处理设备

实际的视频处理设备是一个复杂的软、硬件系统。大到分布式计算机组、大型计算机、工作站,小至一台个人计算机、一块 DSP 芯片。目前,视频处理系统也分为软件型和硬件型。

1.3.3　数字音视频系统的性能指标

数字音视频系统的根本任务是存储和传播音视频信息。用户总是希望音视频系统中存储和传输的音视频信息越多越好,数据量越少越好,与原始音视频相比其失真越小越好,操作越方便越好。也就是说,衡量一个数字音视频系统的优劣程度,可以从存储和传输信息的有效性、可靠性、安全性和便利性四个方面进行比较。

(1)有效性

对于数字音视频系统来说,系统的有效性是指信息传输速率 R_b 或码元传输速率 R_s。信息传输速率指单位时间内传输的信息量,单位是比特/秒(bit/s);码元传输速率指单位时间内传输的码元数目,其单位是波特(Baud);二者都反映了在给定信道内所传输的信息量。

根据信息量定义,一个二进制码元含有 1 bit 信息量。在二进制情况下,码元速率和信息速率在数值上相等,但含义和单位不同。一个 M 进制码元所含的信息量为

$$1 \text{ Baud} = (\log_2 M) \text{ bit} = k \text{ bit}$$

例 1.1　4 进制的 1 个码元含有 2 bit 的信息量。在多进制情况下,信息速率和码元速率存在以下关系:

$$R_b = R_s \log_2 M$$

另外,为了利用有限的信道带宽支持信源信息量大的通信业务传输,根据信息理论可以采用信源压缩编码,即消除源信息中的冗余部分,如电视信号中只含有大约 4% 的有效信息,采用无失真压缩编码,可能达到 30 多倍的压缩率。更进一步,根据不同应用要求的精度,由香农率失真理论,还可以去掉一些次要信息,即有损压缩编码,压缩率可以达到 100 倍以上,如多媒体会议电视及可视电话可以分别利用 2 Mbit/s 速率及 PCM 系统和 3 kHz 带宽的 PSTN(公用交换电话网)进行传输,便能够满足一般需要。

(2)可靠性

数字音视频系统的可靠性是指接收端所接收到信息的准确程度,通常用误码率或误比特率来进行衡量。误码率是指所传输的信息码元总数中发生差错的码元数目所占的比值,记为 P_s;误比特率是指所传输的信息比特总数中发生差错的比特数目所占的比值,记为 P_b。

在二进制情况下,P_s 与 P_b 在数值上相等,但含义不同。

为提高系统的可靠性,可以采用选择合适的调制技术、改善信道及存储介质以及采用差错控制编码的方法。可见,通信系统的有效性和可靠性是一对矛盾。一般情况下,要增加系统的有效性,就要降低可靠性;反之亦然。在实际中,常常依据实际系统的要求采取相对统一的办法,即在满足一定可靠性指标下,尽量提高消息的传输速率,即有效性;或者,在维持一定有效性的条件下,尽可能提高系统的可靠性。

(3)安全性

数字音视频系统的安全性是指系统对所传信号的加密措施,通过对音视频数据使用的授权,防范非合法授权的接收端使用系统中传输或存储的信息。这点对军用或商用系统尤为重要。

（4）便利性

所谓便利性是指用户在数字音视频系统中按需检索出目标信息的简洁程度。

1.4　数字音视频技术的应用

对于不同的应用，人们对数字音视频信息的要求是不同的，并且在选择数字音视频信息编码所采用的技术时也需要了解音视频信息的各种应用。

1.4.1　数字音频处理技术的应用

目前，数字音频处理技术主要应用于：

（1）消费电子类数字音响设备

CD 唱机、数字磁带录音机（DAT）、MP3 播放机以及 MD（Mini Disc）唱机已经广泛地应用了数字音频技术。

（2）广播节目制作系统

在声音节目制作系统，如录音、声音处理加工、记录存储、非线性编辑等环节使用了数字调音台、数字音频工作站等数字音频设备。

（3）多媒体应用

数字音频技术在多媒体上的应用体现在 VCD、DVD、多媒体计算机以及 Internet。VCD 采用 MPEG-1（活动图像专家组（Moving Picture Experts Group，MPEG）制定了 MPEG 音频编码标准）编码格式记录声音和图像；DVD-Audio 格式支持多种不同的编码方式和记录参数，可选的编码方式包括无损的 MLP，DSD，Dolby AC-3，MPEG2-layer2 Audio 等，而且是可扩充的、开放的，并可以应用未来的编码技术；Internet 上采用 MP3 的音频格式传输声音，以提高下载能力。

（4）广播电视数字化

在广播电视和数字音频广播系统中，声音编码采用 MUSICAM 编码方法，符合 MPEG-1 Layer 1 高级音频编码。如当今的数字电视采用的音频标准就是 Dolby AC-3 和 MPEG-layer2。

（5）通信系统

为了提高通信系统的有效性，在通信系统中传输音频信息必须先对音频进行压缩。传统的 PSTN 电话中采用的是 G.711 和 G.726 的标准；2G 移动通信技术的 GSM 采用的是 GSM HR/FR/EFR 标准，CDMA 采用的是 3GPP2 EVRC，QCELP8k，QCELP16k，4GV 标准；3G 中的 WCDMA 采用的是 3GPP AMR-NB，AMR-WB 标准。另外，在 IPTV 和移动流媒体中，采用的是 AMR-WB+和 AAC 的标准。

总之，根据应用场合的不同，可以将数字音频编码分为如下两种编码：

①语音编码：针对语音信号进行的编码压缩，主要应用于实时语音通信中减少语音信号的数据量。典型的编码标准有 ITU-T（International Telecommunication Union-Telecommunication）G.711，G.722，G.723.1，G.729；GSM HR，FR，EFR；3GPP AMR-NB，AMR-WB；3GPP2 QCELP8k，QCELP 13k，EVRC，4GV-NB 等。

②音频编码：针对频率范围较宽的音频信号进行的编码，主要应用于数字广播和数字电

视广播、消费电子产品、音频信息的存储、下载等。典型的编码标准有 MPEG-1/MPEG-2 的 layer 1、2、3 和 MPEG-4 AAC 的音频编码。还有最新的 ITU-T G.722.1,3GPP AMR-WB+和 3GPP 2 4GV-WB,它们在低码率上的音频表现也很不错。

1.4.2　数字视频处理技术的应用

自 20 世纪 90 年代以来,以计算机和软件为核心的数字化技术取得了迅猛发展,文字、图像、声音和视频都被进行数字化处理,而数字化的视频无疑是其中最具有挑战性的部分,且应用领域宽广,目前的主要应用体现在以下几个方面:

(1)数字电视

数字电视是指从节目采集、节目制作、节目传输直到用户端都以数字方式处理信号的电视类型。基于 DVB 技术标准的广播式和"交互式"数字电视,采用先进用户管理技术能将节目内容的质量和数量做得尽善尽美并为用户带来更多的节目选择和更好的节目质量效果。

数字电视可以通过卫星、有线电视电缆、地面无线广播等途径进行传输。与模拟电视相比,数字电视具有图像质量高、节目容量大(是模拟电视传输通道节目容量的 10 倍以上)和伴音效果好、节目更丰富等特点,市场前景非常广阔。

(2)可视通信

数字可视通信是一种创新的、全业务的 IP 数据业务网,它利用已有的宽带网络作为数据传输平台,以话音通信、视频通信和数据通信为基本手段,以信息存储、转发、应用、共享为可选手段,通过各种可视通信终端,向用户提供双向视频和双向音频的网络 IP 电话、视频家庭监控、大楼和小区的可视对讲、个人信息存储转发、视频点播等多种信息服务,适用于军事、国防、公安、会议及个人或家庭娱乐等多个应用领域。

(3)电子出版

电子出版是指在整个出版过程中,从编辑、制作到发行,所有信息都以统一的二进制代码的数字化形式存储于磁、光、电等介质中,信息的处理与传递借助计算机或类似的设备来进行的一种出版形式。

电子出版物具有体积小、容量大、保存方便、检索容易等优点。一张普通的容量为 650 MB 的 CD-ROM 可以存储约 3 亿汉字(按每个汉字 2 个字节计算)的书籍,可以存储约 50 min 采用 MPEG-1 标准压缩的通用中间格式(Common Intemediate Fomat, CIF)的视频及其伴音。随着更大容量的光盘问世以及压缩技术的进步,电子出版必将成为出版的主要方式。目前,DVD 已经成为电影电视的重要出版方式。

(4)多媒体咨询服务

使用多媒体咨询系统,用户可以方便地找到自己需要的信息,例如新闻、金融资讯、天气预报、交通、旅游、购物,以及自己感兴趣的电影电视节目等。通常,查询终端采用触摸屏操作系统,无须使用键盘,支持手写输入;用户可将自己选择的内容通过蓝牙和多种接口下载到手机或自备 U 盘等存储设备上,以便于随时使用。

(5)多媒体家用电器

现在 VCD、DVD、数码照相机、数码摄像机、MP3 播放机等已经进入并影响着人们的生活。

（6）手机视频技术

随着 3G 时代的到来，手机视频业务越来越多地受到人们的关注，其发展拥有广阔的未来。手机视频技术主要应用于两个方面：手机电视和手机监控。所谓手机电视业务，从用户的角度来看，就是利用手机终端观看电视的一种业务。这种业务最初是通过采用传统移动流媒体的方式来实现的。随着移动数据业务的普及、手机性能的提高以及数字电视技术和网络的迅速发展，目前采用在手机上实现以广播的形式接收广播质量的音视频内容。手机视频监控技术突破了网络带宽限制的瓶颈后，已具备了良好的视频清晰度和实时性，不但具备了固定线路视频监控的图像功能，还从根本上满足了用户随时随地远程观看实时监控视频的需求；与 PC 相比手机价格较低，具有良好的成本优势和安全优势，便于用户管理。

1.5　数字音视频技术的发展

1.5.1　语音编码标准的发展

国际电信联盟（ITU）主要负责研究和制定与通信相关的标准，作为主要通信业务的电话通信业务中使用的语音编码标准均是由 ITU 负责完成的。其中用于固定网络电话业务使用的语音编码标准如 ITU-T G.711 等主要在 ITU-T SG 15 完成，并广泛应用于全球的电话通信系统之中。随着 Internet 网络的快速发展，ITU-T 将研究和制定变速率语音编码标准的工作转移到主要负责研究和制定多媒体通信系统、终端标准的 SG 16 中进行。

在欧洲、北美、中国和日本的电话网络中通用的语音编码器是 8 位对数量化器（相应于 64 kbit/s的比特率），该量化器所采用的技术在 1972 年由 CCITT（ITU-T 的前身）标准化为 G.711。1983 年，CCIT 规定了 32 kbit/s 的语音编码标准 G.721，其目标是在通用电话网络上应用（标准修正后称为 G.726）。这个编码器价格虽低但却提供了高质量的语音。

至于数字蜂窝电话的语音编码标准，在欧洲，TCH-HS 是欧洲电信标准研究所（ETSI）的一部分，负责制定数字蜂窝标准。在北美，这项工作是由电信工业联盟（TIA）负责执行。在日本，由无线系统开发和研究中心（称为 RCR）组织这些标准化的工作。此外，国际海事卫星协会（Inmarsat）是管理地球上同步通信卫星的组织，也已经制定了一系列的卫星电话应用标准。

目前，业界在语音编码领域已取得了很多重要的进展，现在的研究焦点一方面是在保证语音质量的前提下，降低比特率，主要的应用目标是蜂窝电话和应答机；另一方面是对传统的语音编码器进行全频带扩展，使其适应音频的应用。除此之外，为适应在 Internet 上传送语音的需要，ITU-T SG 16 组研究和制定了可变速率的语音编码标准，变速率的语音编码将是近期语音编码发展的一个趋势。

1.5.2　音频编码标准的发展

音频编码标准主要由 ISO 的 MPEG 组来完成。MPEG-1 是世界上第一个高保真音频数据压缩标准，是针对最多两声道的音频而开发的。但随着技术的不断进步和生活水准的不断提高，立体声形式已经不能满足听众对声音节目的欣赏要求，具有更强定位能力和空间效果的三维声音技术得到蓬勃发展。而在三维声音技术中最具代表性的就是多声道环绕声技术。目前有两种主要的多声道编码方案：MUSICAM 环绕声和杜比 AC-3。MPEG-2 音频编码标准采用的就是 MUSICAM 环绕声方案，它是 MPEG-2 音频编码的核心，是基于人耳听觉感知特性的子带编码算法。而美国的 HDTV 伴音采用的是杜比 AC-3 方案。MPEG-2 规定了两种音频压缩编码算法，一种称为 MPEG-2 后向兼容多声道音频编码标准，简称 MPEG 2BC；另一种是高级音频编码标准，简称 MPEG-2 AAC，由于其与 MPEG-1 不兼容，也称 MPEG NBC。

MPEG-4 的目标是提供未来的交互多媒体应用，它具有高度的灵活性和可扩展性。与以前的音频标准相比，MPEG-4 增加了许多新的关于合成内容及场景描述等领域的工作。MPEG-4 将以前发展良好但相互独立的高质量音频编码、计算机音乐及合成语音等第一次合并在一起，并在诸多领域内给予高度的灵活性。

随着以 IPTV 业务为代表的信息检索业务的开展，适合于在 IP 网络上传输的音频信号编码技术，用于制作、检索和存储音频信息的技术将成为数字音频的发展方向。

从发展的角度看，多媒体技术将继续以一个整体的形象出现在广大消费者的面前。数字音频编解码技术作为其中的一部分也将越来越受到整体化和网络化的影响，各种算法将进一步相互融合，取长补短，趋于统一化和工具化。在技术方面，音频信号压缩将进一步在模式认知与声音信号的分类、合成、算法优化、技术构造等方面进行深入研究。

1.5.3　数字视频处理技术的发展

随着计算机技术和网络技术的发展，信息高速公路的建设，以及多媒体的推广应用，各种视频资料源源不断地产生，随之建立起了越来越多的视频数据库，出现了数字图书馆、数字博物馆、数字电视、视频点播、远程教育、远程医疗等许多新的服务形式和信息交流手段。

视频技术是多媒体应用的核心技术，数字视频由于数据量可压缩的信息量最多，压缩处理后的视频质量决定了多媒体服务质量的好坏。视频压缩编码技术已制定了一些国际标准，如 ITU-T H.261，H.263，及 ISO/IEC 的 MPEG-1 和 MPEG-2，覆盖了很大的视频速率范围和应用领域，支持不同速率、不同的图像质量要求等条件的视频业务，能够满足包括电视会议、视频电子邮件、可视电话、广播级视频应用等不同要求的服务。随着视频应用需求的不断发展，视频压缩技术也有了很大的提高，新出现的压缩标准有了更高的压缩效率（在相同的图像质量下需要更低的传送码率或在相同的传输速率下提供质量更好的图像），同时支持不同的传输速率以适应不同的传送网络。

在目前已经大量应用的压缩标准中，MPEG-1 和 MPEG-2 是面向广播级或准广播级应用的。MPEG-1 标准主要是为了视频存储媒体如 VCD 而制定，该标准能够适应变码流的处理，其主要目的是在 1~1.5 Mbit/s 的情况下，提供 30 帧 CIF（352×288）VHS 质量的图像。MPEG-1 的实时编码通常需要硬件才能完成，解码可以用软件来完成。MPEG-1 不能提供分级图像编码，也不能在丢包率高的情况下应用。

MPEG-2 标准扩展了 MPEG-1 标准，能够支持高分辨率图像和声音。目标码率是在 3~15 Mbit/s传输速率条件下提供广播级的图像，而且能够提供 SNR、时间、空间三种分级编码。该标准应用于卫星广播时，在当前的一个模拟信道中，不牺牲质量的情况下能提供五路数字的编码节目。

H.261 与 H.263 标准主要面向于低码率的视频应用，如可视电话和会议电视。H.261

是最早出现的视频编码标准，它的输出码率是 64 kbit/s 的倍数。H. 261 主要是为了 ISDN 的会议电视和可视电话的应用，它所需要的计算量能够显著下降。这种算法通过均衡图像质量和运动来优化带宽，所以图像快速运动时质量会下降。H. 261 的输出速率是恒定的，而图像质量非恒定。

H. 263 是为了支持低速率的通信而制定的标准，但希望能够适应较大的动态范围，而不仅限于低码率，而且能取代 H. 261。H. 263 能适应误码率高的信道，具备容错的能力。

由于公用电话网和无线网络上的传输速率仍然很有限，而且误码率高，上述标准不能满足高压缩率和强信道容错能力的应用要求。新的压缩标准应运而生，如 H263+ 和 MPEG-4 标准。

H263+ 以及后来的 H263++，H26L 能很好地解决低码率视频应用问题，在提高编码压缩效率的同时，提高码流对高误码率信道的容错能力，方便灵活，且能够兼容本标准的以前版本，由于实现成本较低，H263+ 标准已经越来越多地被采用。

MPEG-4 标准是目前压缩标准的主流，既能够支持码率低于 64 kbit/s 的视频应用，也能够支持广播级的视频应用。与其他压缩标准相比，MPEG-4 标准在 DCT 的基础上引入了图像模型的概念，从而具有更高的压缩效率。

发展中的视频处理技术领域在不断扩大，未来的研究主要集中在以下几个方面：
①对视频流中预期目标的实时检测。
②对数字视频中特定感兴趣特征的检索。
③将场景视频流中的自然人与人工制作的物体合成。
④视频数据库管理中的摘要生成。
⑤将视频流分割成有代表性的镜头。

习　题

1. 数字音视频技术有哪些特点？
2. 简述数字化视频处理系统的基本组成。
3. 数字音视频系统有哪些性能指标？
4. 简述数字音视频技术未来的发展方向。

第2章

数字音频基础

▶ ▶ ▶ ▶

本章要点：

☑数字音频的声学原理与人耳的听觉特性

☑模拟音频数字化过程

☑影响音频质量的技术参数

☑主要的数字音频格式

☑数字音频质量评价方法

在生活中，声音被分为无规则的噪声和有规则的音频信号；有规则的音频信号是一种连续变化、周期性的模拟信号。通常所说的声音就是指有规则的音频信号。

2.1 声学原理

2.1.1 声音的物理特性

任意时刻，模拟声波信号都可以分解为一系列正弦波的线性叠加。声波信号由基音和泛音组成，其中频率最低的声波称为基频或基音，其他声波称为泛音，其频率是基频的整数倍。

从物理角度看，描述声音信号的参数有频率、声速和波长；从听觉角度看，声音具有音调、响度和音色三个要素。

（1）音调（Pitch，也称为声调）

音调是指声音的高低。音调与声音的频率有关，声源振动的频率越高，声音的音调就越高；声源振动的频率越低，声音的音调就越低。通常把音调高的声音称为高音，反之称为低音。

（2）响度（Loudness）

响度即声音的响亮程度，用声压描述大气压变化的幅度，单位是帕斯卡（Pa），与声音的振幅有关，取决于声波信号的强弱程度。由于人的听觉响应与声音信号的强度不是线性关系，一般采用声音信号幅度取对数后再乘以 20 来描述，称为声强，单位是分贝（dB）。声强与声压的关系如图 2.1 所示。

（3）音色（Timbre）

音色是指人耳对各种频率和响度的声波的综合反映，与声音波形无关，取决于声波的频谱，由混入基音的泛音决定。各阶谐波即泛音的幅度比例不同，随时间衰减的程度不同，则

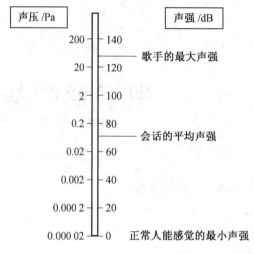

图 2.1　声强与声压的关系

音色就不同。低频的泛音丰富时,音色低沉,例如低音贝斯;中、高频泛音丰富时,音色就明亮,如小号。

2.1.2　人的听觉特性

声音在不同介质中传播的速度不同,其中固体中传播最快,液体中次之,气体中最慢。

生理声学认为,听觉形成的基本机理可以这样描述:由声源振动发出的声波,通过外耳道、鼓膜和小听骨的传导,引起耳蜗中淋巴液和基底膜的振动,并转换成电信号,由神经元编码形成脉冲序列,通过神经系统传递到大脑皮层中的听觉中枢,产生听觉,从而感受到声音。

(1)听觉的方向性

人耳对声音方向的定位能力是由听觉的定位特性决定的。人耳对声音的方位非常敏感,能在大约 1°的范围内辨别声音的方向,同时可以判断声源离人耳的距离。

(2)听觉的频率特性

人耳能感知的声音信号频率范围为 20 Hz ~ 20 kHz。人类听觉对声音频率的感觉不仅表现为音调的高低,而且在声音强度相同条件下对声音主观感觉的强弱也是不同的,即人类听觉的频率响应不是平坦的。这是由于外耳具有一定长度的耳道,会对某段频率产生共鸣。有些频率的声音人耳感觉很灵敏,很小的声强就能感觉到,而频率很低的声音必须强度很高人耳才能感觉出来,因此人耳听到声音的响度与声音的频率有关。

描述响度、声音声压级以及声源频率之间的关系曲线称为等响度特性曲线,如图 2.2 所示。等响度特性曲线是将听起来与 1 kHz 纯音(基音)响度相同的各频率的声音的声压用曲线表示的结果,也称为响度的灵敏度曲线。

等响度曲线与人的年龄以及人耳结构都有关系,由图 2.2 可知,响度与人耳处的声压级有关;声压级提高,相应的响度随之增大。在 4 ~ 5 kHz 附近的声音听起来比较响,因为外耳道对其产生共鸣。等响度线越向上越趋向平直,下部曲线变化较大,说明当声压级很高时,不同频率下的声音差不多一样响,基本上与声音的频率无关;当声压级降低时,等响度曲线低频区的变化率要大于高频区的变化率,即在此区域内的声压级别略有变化,其低频声音响

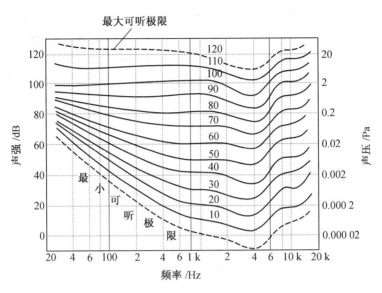

图 2.2　等响度特性曲线

度级别会有明显的变化。图中最低的一条等响度曲线描述的是最小可闻阈,它表示在整个可闻声频段内,正常听力的人耳刚好能察觉的最小声压级。在这条最小的可闻阈线以下的区域,为不可闻区,它表示虽然存在一定的声压,但人耳却听不到,例如频率为 200 Hz 的声音,只有它的声压级高于 22 dB 人耳才能听到。

人耳听到声音的响度还与声音的持续时间有关,持续时间短,响度会有所下降。

(3)听觉的灵敏度

听觉灵敏度是指人耳对声压、频率及方位的微小变化的判断能力。

当声压发生变化时,人们听到的响度会有变化。如声压级在 50 dB 以上时,人耳能分辨出的最小声压级差约为 1 dB;当声压级小于 40 dB 时,变化 1～3 dB 才能被觉察出来。

当频率发生变化时,人们听到的音调会有变化。如频率为 1 000 Hz、声压级为 40 dB 的声音,变化 3 Hz 就能被觉察出来,当频率超过 1 000 Hz、声压超过 40 dB 时,人耳能觉察到的相对频率变化范围($\Delta f/f$)约为 0.003。听觉灵敏度还与年龄有关。

研究结果表明:对于纯音,人耳能分辨出 280 个声压层次和 1 400 个频率层次。对于复音,人耳只能分辨 7 种不同的响度层次和 7 种不同的音调,共 49 种响度和音调的组合,类似人可以觉察到的音素数。因此,在音频的处理过程中,如果能将声音的畸变控制在人耳无法觉察的范围内,便可以获得高保真的主观听觉效果。

(4)听觉掩蔽效应

一个频率的声音能量在某个阈值之下时,人耳就会听不到,但是如果有另外的声音存在,这个阈值就会提高很多。所谓听觉掩蔽效应,是指一个声音的存在会影响人耳对其他声音的听觉能力,一个较响的音可能完全将较弱的音淹没掉,而频率低的声音容易掩蔽掉高频率的声音。通常将听不到的声音称为被掩蔽声(Maskedtone),而起掩蔽作用的声音称为掩蔽声(Maskingtone)。例如在一个安静的环境中,吉他手的手指轻轻滑过琴弦的响声都能听到,但如果同样的响声在一个正在播放摇滚乐曲的环境中,一般人就听不到了。MP3 等压缩的数字音乐格式都利用了此原理,在这些格式的文件里,只突出记录了人耳较为敏感的中频段声音,而对于较高和较低的频率的声音则简略记录,从而大大压缩了所需的存储空间。

听觉的掩蔽可分为频域掩蔽和时域掩蔽,其中频域掩蔽是指一个强纯音会掩蔽在其附近同时发声的弱纯音,也称同时掩蔽(Simultaneous Masking)。图2.3描述的是由于一个高强度的正弦音f_1的存在,使得最小可闻阈值提升,而对另一个正弦音f_2(不同幅度和频率)掩蔽的情况。当第二个音在实线下面时,人耳听不到f_2这个声音。

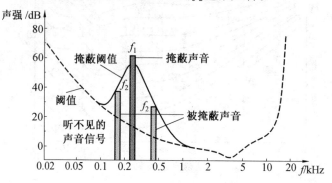

图2.3　同时掩蔽作用示意图

在实验中发现,掩蔽作用既和频率有关,也和掩蔽信号的强度有关。也就是说,掩蔽信号频率不同,其掩蔽程度也是不同的,掩蔽信号的强度不同,其掩蔽作用也不同。

掩蔽阈值是指音调在有掩蔽声存在时刚刚听到时的阈值。图2.4所示的三条掩蔽曲线,频率是对数刻度。

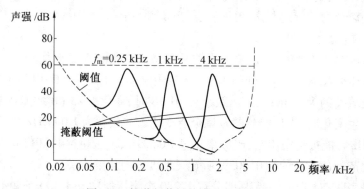

图2.4　掩蔽阈值随频率变化的曲线

由图可见,音调掩蔽阈的宽度随频率而变化。掩蔽曲线是非对称的,其高频段一侧曲线的斜率要缓一些,低频音容易对高频音产生掩蔽。

实验还表明,掩蔽阈值随声压级的变化而变化。图2.5所示的是中心频率为1 kHz的窄带噪声产生的一系列掩蔽曲线。低声压级掩蔽声影响的掩蔽频段相对窄,随着掩蔽声的声压级提高,掩蔽阈值曲线加宽,同时其高频一侧的曲线斜率下降;而其低频一侧的斜率基本保持不变。

为了分析掩蔽效应,提出了临界频率的概念。如果掩蔽信号覆盖一定的频率范围,它的带宽逐渐增大时,掩蔽效应并不随着带宽的增大而改变,直到带宽增加到超过某个值,掩蔽效应就不再保持不变,这个带宽就是临界频带。信号临界频带的概念表明人的耳朵好似一级多通道的实时分析器,各分析器具有不同的灵敏度和带宽。

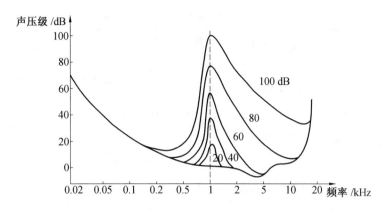

图 2.5　掩蔽阈随声压级的变化曲线

临界频率的带宽大小是频率的函数,随着频率的增加,临界频率的带宽也随之改变。研究表明,低频段的临界频带要比高频段的窄得多,相比之下人耳能从低频段获得更多信息。在声音强度不高时,各个临界频带是相互独立的。

例如,1 kHz 的正弦音的临界频带约为 160 Hz;所以一个以 1 kHz 为中心频率,宽度为160 Hz 的噪声或误差信号只有在其电平比 1 kHz 正弦音的电平大的情况下才能被听到。

必须要注意的是,临界频带的概念仅仅是一种表示特征的带宽,而不是一个固定频段,任何一个可闻音都可建立起一个以之为中心的临界频带。总之,由于临界频带提示了人耳分辨临界频带内外能量的能力,所以临界频带在压缩编码中是很重要的。

当掩蔽声与被掩蔽声同时出现或发声时间很接近时,都会发生掩蔽效应,因此时域掩蔽效应可分为以下情况:

①前掩蔽:一个信号被在此之后发生的另一个信号所掩蔽,称为前掩蔽。也就是说,一个声音影响了在时间上先于它的声音的听觉能力。

②后掩蔽:在一个信号开始之前结束的另一个信号也可以掩蔽这个信号,称为后掩蔽。也就是说一个声音虽然已经结束了,但它对另一个声音的听觉能力仍然存在影响。

③同时掩蔽:在一定时间内,由一个声音对另一个声音同时发生了掩蔽效应。

总之,较强的音调音不论是发生在较弱的音调音之前还是之后,都将掩蔽掉较弱的音调音。时域掩蔽曲线如图 2.6 所示,表 2.1 为时域掩蔽效应的分类及效果。

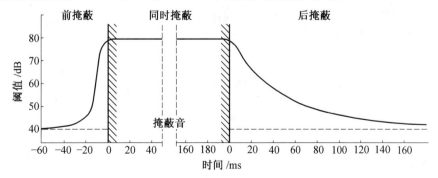

图 2.6　时域掩蔽曲线

表 2.1   时域掩蔽效应的分类及效果

类别		掩蔽出现时间	掩蔽持续时间	效果
同时掩蔽		与掩蔽声同时	同时掩声	在掩蔽声持续时间内,对被掩蔽声的掩盖最为明显
非同时掩蔽	超前掩蔽	在掩蔽声之前	20 ms	由于人耳的积累效应,被掩蔽声尚未被听到,掩蔽声已经出现,其掩盖效果很差
	滞后掩蔽	在掩蔽声之后	100 ms	由于人耳的存储效应,掩蔽声虽已消失,掩蔽效应仍然存在

将同时和瞬时掩蔽综合在一起,可建立起一条在时频域内的等值轮廓线,落在轮廓线之下的声音将被掩蔽掉。

2.2   音频的数字化

2.2.1   模拟声音数字化过程

声波是随时间而连续变化的物理量,可用随声波变化而改变的电压或电流信号来模拟。传统的声音记录方式就是将模拟信号直接记录下来,随着计算机技术的发展,特别是海量存储设备和大容量内存在计算机上的实现,对音频媒体进行数字化处理便成为可能。1939年,法国工程师 A. 里弗斯发明了将连续的模拟信号变换成时间和幅度都离散的二进制码代表的脉冲编码调制(Pulse Code Modulation,PCM)信号,并申请了专利。1962 年,美国 Bell 实验室为 AT&T 制成了国际上第一套商用 PCM 电话系统,标志着通信开始步入数字化。计算机技术的发展更加促进了通信的数字化,并逐步与通信相结合。为使计算机能处理音频,必须对声音信号进行数字化。

在时间和幅度上都连续的模拟声音信号,经过采样、量化和编码后,即成为离散的数字信号。声音的数字化及模拟化如图 2.7 所示。

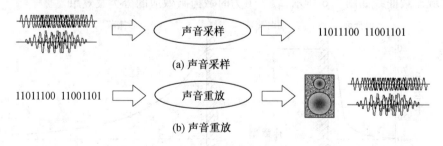

图 2.7   声音的数字化及模拟化

(1)采样

采样也称为抽样,是将时间上、幅值上都连续的模拟信号在采样脉冲的作用下,转换成时间上离散(时间上有固定间隔)但幅值上仍连续的离散模拟信号。所以采样又称为波形的离散化过程。

具体方法是:每隔相等或不相等的一小段时间采样一次。相隔时间相等的采样为均匀采样,也称为线性采样;相隔时间不相等的采样为不均匀采样,又称为非线性采样;声音数字化过程中通常采用均匀采样。

每秒钟的采样次数称为采样频率,采样频率越高,数字化后声波就越接近于原来的波形,即声音的保真度越高,但量化后声音信息量的存储量也越大。采样必须遵循奈奎斯特采样定理,即只有当采样频率高于声音信号最高频率的 2 倍时,才能保证模拟信号经过采样后仍然包含原信号中的所有信息,也就是说能无失真地恢复原模拟声音信号。完成声音数字化所用到的主要设备是模拟/数字转换器(Analog to Digital Converter, ADC)。

目前,在多媒体系统中捕获声音的标准采样频率有 44.1 kHz,22.05 kHz 和 11.025 kHz 三种。而人耳所能接收声音的频率范围为 20 Hz ~ 20 kHz,在实际应用中,音频的频率范围是不同的。例如,根据 CCITT 公布的声音编码标准,把声音根据使用范围分为以下三级:

①电话语音级:300 Hz ~ 3.4 kHz。

②调幅广播级:50 Hz ~ 7 kHz。

③高保真立体声级:20 Hz ~ 20 kHz。

采样频率 11.025 kHz,22.05 kHz,44.1 kHz 正好与电话语音、调幅广播和高保真立体声(CD 音质)三级使用相对应。DVD 标准的采样频率是 96 kHz。

(2)量化

声音信号经过采样,成为时间上离散、幅度上连续的瞬时值,进一步通过量化将其幅度离散,即用一组规定的电平把瞬时采样值用最接近的电平值来表示,通常是用二进制表示。

量化后的信号和采样信号存在差值,称为量化误差。量化误差是不能完全消除的,在接收端表现为噪声,称为量化噪声。量化级数越多误差越小,相应的二进制码位数越多,要求传输速率越高,频带越宽。为使量化噪声尽可能小而所需码位数又不太多,通常采用非均匀量化的方法进行量化。非均匀量化根据幅度的不同区间来确定量化间隔,根据声音幅度普遍偏低的特点,在幅度小的区间量化间隔取得小,幅度大的区间量化间隔取得大。

一个模拟信号经过采样和量化后,得到已量化的脉冲幅度调制信号,它仅为有限个数值。

(3)编码

编码就是用一组二进制码组来表示每一个有固定电平的量化值。PCM 编码将量化和编码在一个过程中同时完成。声音采样、量化以及编码的过程如图 2.8 所示。

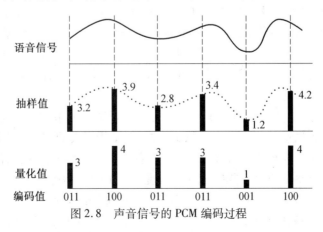

图 2.8　声音信号的 PCM 编码过程

对于电话语音,国际电报电话咨询委员会(CCITT)规定采样率为 8 kHz,每个采样值编码位数为 8 bit,即共有 2^8 即 256 个量化值,因而每路 PCM 编码后的标准数码率是 64 kbit/s。为解决均匀量化时小信号量化误差大、音质差的问题,在实际中采用不均匀选取量化间隔的非线性量化方法,使用两种对数形式的压缩特性:A 律和 μ 律。A 律 PCM 用于欧洲和中国,主要用于 30/32 路一次群系统;μ 律 PCM 用于北美和日本,主要用于 24 路一次群系统。

2.2.2　影响数字音频质量的技术参数

模拟音频经过采样、量化和编码成为数字音频,其质量的好坏与声音的采样率、量化比特率、压缩方式和声道数等性能参数有关。

(1)采样率

模拟信号变成数字信号的第一步就是采样。采样的密度就是采样率,用频率(Hz)表示。CD 的取样频率为 44.1 kHz,即 1 s 的波形上要均匀取样 41 100 次。

采样率越高,采样得到的样值用线段连起来就越接近原始的模拟波形,但编码后的数据就相应增多。现代抽样理论证明,抽样率只要为信号最高频率的 2 倍,就可由抽样后的信号无失真地恢复成原始模拟信号。人类听觉的最高频率为 20 kHz,所以 40 kHz 以上的采样率就已足够。早期的数字音频中 CD 取 44.1 kHz,数字磁带 DAT 取 48 kHz。新的数字音频 DVD 最高采样率高达 192 kHz,即 96 kHz 以下的频率都能被重放出来。

(2)量化位数

量化位数也称量化精度,指用来描述每个采样点样值的二进制位数。例如,8 位量化位数表示每个采样值可以用 2^8 即 256 个不同的量化值之一来表示,而 16 位量化位数表示每个采样值可以用 2^{16} 即 65 536 个不同的量化值之一来表示。

量化位数越高,量化值的层次就分得越细,量化误差越小,音频质量越好,但数据量也成倍上升。每增加一个比特,数据量就翻一翻。常用的量化位数有 8 位、12 位和 16 位。

(3)压缩方式

音频数据在存储和传输时是否采用压缩以及采用的压缩方式都会影响到数字音频的质量,不采用压缩则数据量较大。采用的压缩方式主要分为有损压缩和无损压缩两类。

所谓无损压缩格式,是利用数据的统计冗余进行压缩,不丢失任何信息的压缩方式,压缩后数据量大大减少,经解压可完全恢复原始数据而不引起任何失真,但压缩率是受到数据统计冗余度的理论限制,一般为 2∶1 到 5∶1,压缩率不高。无损压缩对音频质量没有任何影响。经常使用的无损压缩方法有 Shannon-Fano 编码、Huffman 编码、游程(Run-length)编码、LZW(Lempel-Ziv-Welch)编码和算术编码等。总而言之,无损压缩格式就是能在不牺牲任何音频信号的前提下,减少音频文件体积的格式,它 100% 地保存了原始音频信号,音质高,且不受信号源的影响。

有损压缩是利用了人类对图像或声波中的某些频率成分不敏感的特性,允许压缩过程中损失一定的信息;虽然不能完全恢复原始数据,但是所损失的部分对理解原始图像或声波的影响缩小,从而换来大得多的压缩比。有损压缩广泛应用于语音、图像和视频数据的压缩,音频能够在没有察觉质量下降的情况下实现 10∶1 的压缩比。

在多媒体应用中,常见的有损压缩方法有:PCM(脉冲编码调制)、预测编码、变换编码、插值和外推法、矢量量化和子带编码等,混合编码是近年来广泛采用的方法。MP3,divX,

Xvid,jpeg,rm,rmvb,wma,wmv 等都是有损压缩。

有损压缩格式由于其需要丢失一部分人耳不敏感的信息,所以即使音质再好,也只能是无限接近于原声 CD,而非无损压缩的真正 CD 的水准。而且由于有损压缩算法的局限性,在压缩交响乐等动态范围较大的音乐时,其音质表现差强人意。而无损压缩格式则不存在这样的问题。

（4）声道数

声道数是指所使用的声音通道的个数,它表明声音记录产生的波形的个数。只有一个声道称为单声道,两个声道称为双声道,也称立体声。声道数越多,人耳听起来感觉越为丰满,但占用的存储空间较大,立体声是单声道的 2 倍。DVD 支持的杜比 AC-3 提供 5.1 声道的环绕声,分别是 2 个前置音箱、2 个后置音箱、1 个中置环绕和 1 个重低音炮,这 5 个声道相互独立,其中"0.1"声道是一个专门设计的超低音声道,这一声道可以产生频响范围 20 ~ 120 Hz 的超低音。5.1 声道音箱的位置摆放如图 2.9 所示。

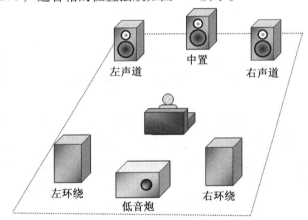

图 2.9　5.1 声道音箱的位置摆放

（5）数据速率

数据速率也称比特率,是每秒声音或图像需要的数据比特量,单位为 bit/s 或 bps,也称传输速率。数据速率可用下列公式计算得到:

$$数据速率 = 采样频率 × 量化位数 × 声道数（bit/s）$$

例如,不经压缩的 CD 声音数据流的数据速率为 $44.1 × 10^3 × 16 × 2 = 1.411\ 2（Mbit/s）$;对模拟立体声进行 PCM 编码,采样频率为 22.05 kHz,8 bit 量化的数据速率为 $22.05 × 10^3 × 8 × 2 = 0.352\ 8（Mbit/s）$,若存储时间为 1 min,则存储容量为 $0.352\ 8 × 10^6 × 60 ÷ 8 = 2.523（MB）$,在此,未考虑其他处理或控制用的比特量。

数据经压缩处理后,同样 1 s 的声音或图像的数据比特量就会减少,存储时占用的介质可以少一些,传输时通道的速率要求也可以低些。如果采用无损压缩,当然压缩率越大越好。若是无损压缩,光看数码率的大小很难判断声音质量的好坏。如果同一音频,数码率高的会比数码率低的质量好,因为高比特率音频中压缩掉的信息少;如果是音质相同的压缩算法,数码率较小的编码方法比数码率大的要好,其压缩算法更先进。

2.3　声卡的组成与工作原理

声卡(Sound Card)也称为声音适配器、声效卡,是多媒体技术中最基本的组成部分,是实现模拟音频/数字音频相互转换的硬件。声卡的基本功能是把来自话筒、磁带、光盘的原始声音信号加以转换,输出到耳机、扬声器、扩音机、录音机等声响设备,或通过音乐设备数字接口(MIDI)使乐器发出美妙的声音,如图2.10所示。

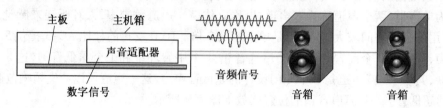

图2.10　声卡的还原功能

在发明声卡之前,PC只能发出一种声音——声。虽然计算机能改变这种声音的出现频率和持续时间,但不能更改音量大小,也不能创建其他的声音。起初,这种"嘟嘟"声主要用作信号或警告,后来,开发人员利用不同音高和长度的"嘟嘟"声为最早的PC游戏制作音乐,但这种音乐很不真实。

1984年,PC声卡问世了,在20世纪90年代得以普及。英国的ADLIB公司是目前公认的"声卡之父",虽然他们最初开发的产品只能提供简单的音乐效果,并且无法处理音频信号,但在当时无疑已经是一个很大的突破。把声卡真正带入个人计算机领域的,是Creative -创新公司。在20世纪90年代中期,16 bit,44 kHz,立体声D/A转换代表了声卡的最高技术水平。Creative在1995年推出了具有波表合成功能的Sound Blaster Awe32声卡,它提供了高质真实乐器感的64复音的MIDI合成器,使得游戏和多媒体应用程序的音响效果比以前更为逼真;3D增强定位音响(3D Positional Audio)技术和空间响应,使每一种声音变得比以前更加令人陶醉;高级的音色库定制和编辑,使用户可以在计算机上制作音乐,进行作曲。

2.3.1　声卡的基本功能

声卡处理的声音信息在计算机中以文件的形式存储。声卡工作应有相应的软件支持,包括驱动程序、混频程序(Mixer)和CD播放程序等。声卡的主要作用如下:

①录制数字声音文件。通过声卡及相应的驱动程序的控制,可以采集来自话筒、收录机等音源的信号,压缩后被存放在计算机系统的内存或硬盘中。

②将硬盘或激光盘压缩的数字化声音文件还原成高质量的声音信号,放大后通过扬声器放出。

③对数字化的声音文件进行加工,以达到某一特定的音频效果。

④控制音源的音量,对各种音源进行组合,实现混响器的功能。

⑤利用语言合成技术,通过声卡朗读文本信息。如读英语单词和句子,演奏音乐等。

⑥具有初步的音频识别功能,让操作者用口令指挥计算机工作。

⑦提供MIDI功能,使计算机可以控制多台具有MIDI接口的电子乐器。另外,在驱动程序的作用下,声卡可以将MIDI格式存放的文件输出到相应的电子乐器中,发出相应的声

音,使电子乐器受声卡的指挥。

2.3.2　声卡的组成

早期的 ISA 声卡设计复杂,PCB 上面往往布满了密密麻麻的芯片,每个芯片都有各自不同的分工。随着技术的进步,PCI 声卡的设计得到了很大的简化,目前主流声卡大致包括如下主要部件:

(1)主音频处理芯片

声卡的主音频处理芯片承担着对声音信息、三维音效进行特殊过滤与处理,MIDI 合成等重要的任务。目前比较高档的声卡主芯片普遍都是一块具有强大运算能力的 DSP(数字信号处理器)。多数情况下,声卡上最为硕大的那块芯片就是主音频处理芯片。目前比较著名的主芯片设计生产厂家包括 Creative 旗下的 EMU,美国的 ESS 与 Crystal 等。

DSP 芯片通过编程实现各种功能,可以处理有关声音的命令、执行压缩和解压缩程序、增加特殊声效和传真 MODEM 等,大大减轻了 CPU 的负担,加速了多媒体软件的执行。但是,低档声卡一般没有安装 DSP,高档声卡才配有 DSP 芯片。

(2)CODEC 芯片

CODEC 是多媒体数字信号编解码器,主要承担对原始声音信号的采样混音处理,即 A/D,D/A 转换功能。为了提高信噪比,Intel 公司的 AC'97 规范建议将 CODEC 独立出来,以减少电子干扰;但也有一些型号的产品是将 CODEC 功能集成在主芯片中。CODEC 芯片体积相对小一些,大多是 48 pin(针,管脚)或者 64 pin。比较有名的 CODEC 设计厂家包括 SigmaTel,Wolfson 等公司。

(3)辅助元件

声卡上的辅助元件主要有晶振、电容、运放、功放等。晶振用来产生声卡数字电路的工作频率。电容起到隔直通交的作用,所选用电容的品质对声卡的音质影响有直接的关系。运放用来放大从主芯片输出、能量较小的标准电平信号,减少输出时的干扰与衰减。功放则主要运用于一些带有 SPK OUT 输出的声卡上,用来接无源音箱,起到进一步放大信号的作用。

(4)外部输入输出口

声卡外部输入输出口均为 3.5 mm 规格插口(MIDI/Joystick 除外),比较常见的包括:

①麦克风接口(MIC IN):连接麦克风,实现声音输入、外部录音功能。

②线性输入口(LINE IN):连接各种音频设备的模拟输出,实现相关设备的音源输入。

③音频输出口(LINE OUT):连接多媒体有源音箱,实现声音输出。

④扬声器输出(SPK OUT):通过声卡功放输出的放大信号,用于连接无源音箱。

⑤后置音箱输出口(REAR OUT):四声道声卡专有,连接环绕音箱。

⑥MIDI 设备接口/游戏手柄接口(MIDI/Joystick):连接 MIDI 音源、电子琴或者游戏控制设备。

⑦同轴数码输出(SPDIF OUT):连接数字音频设备,主要是 AC-3,dts 解码器和数字音箱。

⑧光纤数码输入(SPDIF IN):用于连接数字音频设备的光纤输出,实现无损录音。

（5）内部输入输出口

声卡的内部接口多为插针模式。比较常见的有：

①松下 CD 音频输入（PANA CD IN）：连接 CD-ROM 上的模拟音频输出，四针。松下标准的 CD 音频输入口外观特点是声卡端的接口比较小，大多为白色，目前很少用到。

②索尼 CD 音频输入（SONY CD IN）：连接 CD-ROM 上的模拟音频输出，四针。目前主流产品都采用这个标准。

③数字 CD 音频输入（CD SPDIF IN）：连接 CD-ROM 上的数字音频输出，两针。直接传输 PCM 信号到声卡，绕过 CD-ROM 上的 D/A 转换。

④视频卡音频输入（VIDEO IN）：主要用于连接视频解压卡、电视卡上的内部音频输出。

⑤电话应答接口（TAD）：连接带有语音功能的 MODEM，传输相关的语音信号，用于打 IP 电话。

⑥辅助输入接口（AUX IN）：类似于 CD IN，VIDEO IN 的功能，以备用户连接多组内部设备。

⑦波表子卡接口（WaveTable Upgrade）：用于接插波表升级子卡，提升 MIDI 合成能力。

⑧扩展子卡接口（Audio Extension）：新型的声卡可以拥有越来越多的外部数字输入输出接口。但受到外部接口数目的限制，厂家不可能把所有的数字接口都做到声卡后挡板上，因此只能通过设计数码子卡甚至接口盒来实现。相关的扩展卡接口应运而生。

（6）跳线

跳线是用来设置声卡的硬件设备，包括 CD-ROM 的 I/O 地址、声卡的 I/O 地址的设置。声卡上游戏端口的设置（开或关）、声卡的 IRQ（中断请求号）和 DMA 通道的设置，不能与系统上其他设备的设置相冲突，否则，声卡无法工作甚至使整个计算机死机。

目前声卡上很少有跳线。即使有，也主要是 SPK OUT 和 LINE OUT 的切换跳线，用户可以通过这个跳线自由选择输出方式。

2.3.3　声卡的工作原理

声卡录音的过程是声音信号通过麦克风被声卡接收后，声卡从话筒中获取声音模拟信号，经过 Codec 芯片进行 A/D 模数转换，将声波振幅信号采样、量化、编码转换成一串数字信号，通过音频处理器处理最终形成数字声音文件存储到计算机中，或者直接通过 D/A 数模转换放大输出。

声卡输出模拟声音信号的基本流程为：数字声音信号首先通过声卡音频处理器进行解码和运算，随后被传输到 Codec 芯片进行 D/A 数模转换，以同样的采样速度还原为模拟波形，再经过放大器的放大，通过多媒体音箱发声输出。

计算机和声卡可以使用多种方法来制造声音。一种方法是调频（FM）合成。在这种方法中，计算机将多个声波重叠在一起，从而制造出更复杂的波形。另一种方法是波表合成。这种方法使用真实乐器的示例来复制音乐声。在波表合成中，通常会使用同一乐器以不同音高演奏的多个示例来提供更逼真的声音。总体而言，波表合成方法生成的声音再现比 FM 合成方法更加精确。

2.3.4　声卡的类型

声卡是一台多媒体计算机的主要设备之一,主要分为板卡式、集成式和外置式三种接口类型,以适用不同用户的需求,三种类型的产品各有优缺点。

独立板卡式声卡是现今市场上的中坚力量,产品涵盖低、中、高各档次,售价从几十元至上千元不等。早期的板卡式产品多为 ISA 接口,由于接口总线带宽较低、功能单一、占用系统资源过多,目前已被淘汰;PCI 取代了 ISA 接口成为目前的主流,它们拥有更好的性能及兼容性,支持即插即用,安装使用都很方便。现在推出的独立声卡大都是针对音乐发烧友以及其他特殊场合而量身订制的,它对电声中的一些技术指标做相当苛刻的要求,达到精益求精的程度,再配合出色的回放系统,给人以最好的视听享受。如图 2.11 所示为板载 ALC882M 芯片的独立声卡,支持 HD Audio,可提供八声道输出和 S/PDIF 接口。

集成式声卡通常集成在主板上,不占用 PCI 接口,成本更为低廉,兼容性更好,但音质一般,适合于对声卡的要求满足于能用就行的用户,能够满足普通用户的绝大多数音频需求,受到市场的青睐。由于集成声卡没有声卡的主处理芯片,在处理音频数据时会

图 2.11　独立声卡

占用部分 CPU 资源,在 CPU 主频不太高的早期会略微影响到系统性能。目前 CPU 主频早已用 GHz 来进行计算,而音频数据处理量却增加得并不多,相对于以前的 CPU 而言,CPU资源占用率已经大大降低,对系统性能的影响也微乎其微,可以忽略。目前,随着声卡驱动程序的不断完善,主板厂商的设计能力的提高,以及集成声卡芯片性能的提高和价格的下降,集成声卡越来越得到用户的认可。

外置式声卡由创新公司独家推出,它通过 USB 接口与 PC 连接,具有使用方便、便于移动等优势,主要应用于特殊环境,如连接笔记本实现更好的音质等。目前市场上的外置声卡并不多,常见的有创新的 Extigy,Digital Music 两款,以及 MAYA EX,MAYA 5.1 USB 等。

独立声卡拥有更多的滤波电容以及功放管,经过数次级的信号放大、降噪电路,使得输出音频的信号精度提升,所以音质输出效果更好。而集成声卡因受到整个主板电路设计的影响,容易形成电子器件之间的相互干扰以及电噪声的增加,电路板也不可能集成更多的多级信号放大元件以及降噪电路,所以会影响音质信号的输出,最终导致输出音频的音质相对较差。另外,独立声卡有丰富的音频可调功能,因用户的不同需求可以调整,集成声卡则是在主板出厂时给出默认的音频输出参数,不可随意调节,多数是软件控制,所以不能满足一些对音频输出有特殊要求用户的需求。

2.4　数字音频格式

数字娱乐设备以及互联网络的飞速普及,使人们获取音频资料的需求增加,途径也大大拓宽,而来自计算机和网络的音频文件都是以数字的形式存在的。数字音频格式,简单来说,就是数字音频的编码方式。由于语音本身是模拟的声音,需要经过采样、量化和编码后

得到数据音频序列,采样、量化的指标和编码方式的不同,以及是否对数据量进行压缩使得音频格式五花八门,几种常用音频格式包括 CD,WAVE(＊.WAV),MP3,MIDI,WMA,Real-Audio,VQF,Ogg Vorbis,FLAC 和 APE。

（1）CD 格式

CD 数字音频信号（CDDA）由 Sony 和 Philip 在 1980 年期间作为音乐传播的一个形式来使用,是目前音质最好的音频格式,多用于存储音乐和歌曲,其文件后缀为.cda。标准 CD 格式采样频率为 44.1 kHz,速率为 88 kbit/s,16 位量化位数,其声音近似无损,基本上忠于原声,因此成为音响发烧友的首选。CD 格式文件既可以以光盘形式在 CD 唱机中播放,也能用计算机里的各种播放软件来重放。一个 CD 格式的.cda 音频文件,其实只是一个索引信息,并不是真正地包含声音信息,因此不论 CD 音乐的长短,在计算机上看到的.cda 文件长度都是 44 字节。若想复制 CD 格式的音频文件也不能直接复制.cda 文件,而需要使用抓音轨软件得到 WAV 格式文件,或使用格式转换软件进行文件格式转换,若参数设置得当基本上也可做到无损。

（2）WAV 格式

WAV 格式是微软公司开发的一种声音文件格式,它符合 PIFF Resource Interchange File Format 文件规范,用于保存 Windows 平台的音频信息资源,被 Windows 平台及其应用程序所支持,文件后缀为.wav。

WAV 格式支持多种音频位数、采样频率和声道。标准格式的 WAV 文件和 CD 格式一样都采用 44.1 kHz 的采样频率,速率为 88 kbit/s,16 位量化位数,声音质量和 CD 相差无几。WAV 格式支持 MSADPCM,CCITT A LAW 等多种压缩算法,但通常用来保存没有进行压缩的音频,该格式本身与任何媒体数据都不冲突,设计非常灵活,也十分复杂。WAV 文件中存放的每一块数据都有自己独立的标识,通过这些标识可以告知用户是什么数据。使用在 Windows 平台上通过 ACM（Audio Compression Manager）结构及相应的编码/解码器（CODEC）,可以在 WAV 文件中存放超过 20 种的压缩格式,如 ADPCM,GSM,CCITT G.711,G.723 等,当然也包括 MP3 格式。

（3）MP3 及 MP3Pro

MP3 格式全称是 MPEG-1 Audio Layer 3,在 1992 年合并至 MPEG 规范中,是 MPEG-1 标准音频部分的第三层,文件后缀采用.mp3。MP3 格式压缩音乐的采样频率有很多种,可以用 64 kbit/s 或更低的采样频率节省空间,也可以用 320 kbit/s 的标准达到极高的音质。MP3 音频文件采用了有损压缩,具有 10∶1～12∶1 的高压缩率,并基本保证低音频部分不失真,牺牲了 12～16 kHz 的高音频部分的质量以换取文件数据量的减少。相同长度的音乐文件,采用.mp3 格式来储存,一般只有.wav 文件的 1/10,音质会稍次于 CD 格式或 WAV 格式的声音文件。

由于 MP3 文件的尺寸小且音质好,因此自问世以来一直处于主流音频格式地位,然而 MP3 的开放性却最终不可避免地导致了版权之争;文件更小,音质更佳,同时还能有效保护版权的 MP4 应运而生。MP3 和 MP4 之间并没有必然的联系,MP3 是一种音频压缩的国际技术标准,MP4 只是一个商标的名称。

MP3Pro 是由瑞典 Coding 科技公司开发的,包含了来自于 Coding 科技公司所特有的解码技术,以及由 MP3 的专利持有者法国汤姆森多媒体公司和德国 Fraunhofer 集成电路协会共同研究的一项译码技术。MP3Pro 可以在基本不改变文件大小的情况下改善原先的 MP3 音乐音质。它能够在用较低的比特率压缩音频文件的情况下,最大限度地保持压缩前的音质。

（4）MIDI 格式

MIDI(Musical Instrument Digital Interface)允许数字合成器和其他设备交换数据。MID 文件格式由 MIDI 继承而来,MID 文件并不是一段录制好的声音,而只是通过记录声音的信息来告诉声卡如何再现音乐的一组指令。MID 文件主要用于计算机作曲领域、原始乐器作品,流行歌曲的业余表演,游戏音轨以及电子贺卡等,. mid 文件可以用作曲软件写出,也可以通过声卡的 MIDI 口把外接音序器(声音序列发生器)演奏的乐曲输入计算机里,制成 . mid 文件。一个 MIDI 文件每存 1 min 的音乐只用 5～10 kB,. mid 文件重放的效果完全依赖声卡的档次。

（5）WMA 格式

与 WAV 一样,WMA(Windows Media Audio)格式也是微软公司的产品,音质强于 MP3 格式,更远胜于 RA 格式,与日本 YAMAHA 公司开发的 VQF 格式一样,是以减少数据流量但保持音质的方法来达到比 MP3 压缩率更高的目的。WMA 具有较高的压缩率,一般可达到 1∶18 左右,该格式在录制时可以对音质进行调节,同一格式、音质好的可与 CD 媲美,压缩率较高的可用于网络广播。

WMA 具有版权保护功能,内容提供商可以通过数字版权管理(Digital Rights Management,DRM)方案如 Windows Media Rights Manager 7 等加入防拷贝保护,可以限制播放时间和播放次数甚至播放的机器等,能够有效地防止盗版发生。此外,WMA 格式还支持音频流(Stream),适合在网络上在线播放,而且 Windows 操作系统和 Windows Media Player 都进行了无缝捆绑,让 WMA 不用像 MP3 那样安装额外的播放器才能播放。

（6）RealAudio 格式

即时播音系统 RealAudio 是 Progressive Networks 公司开发的软件系统,包含在 RealMedia 中,是一种新型流式音频(Streaming Audio)压缩格式,可以边下载边播放。RealAudio 的压缩比高达 1∶96,因此在网上比较流行,主要用于在低速网络上实时传输音频信息,经过压缩的音乐文件可以在通过速率为 14.4 kbit/s 的 Modem 上网的计算机中流畅回放。

现在 RealAudio 的文件格式主要有 RA(RealAudio),RM(RealMedia,RealAudio G2),RMX(RealAudio Secured)等,其共同的特点在于可以随着网络带宽的不同而改变声音的质量,在保证大多数人听到流畅声音的前提下,令带宽较富裕的听众获得较好的音质。

（7）VQF 格式

VQF 格式指的是 TwinVQ(Transform-domain Weighted I Nterleave Vector Quantization),是日本 Ntt(Nippon Telegraph and Telephone)集团属下的 NTT Human Interface Laboratories 开发的一种音频压缩技术,受到雅马哈公司的支持,文件后缀为. vqf。

VQF 格式针对音乐进行压缩,采用矢量量化(Vector Quantization)编码进行压缩,是一种有损压缩。该技术先将音频数据矢量化,然后对音频波形中相类似的波形部分统一及平滑化,并强化突出人耳敏感的部分,最后对处理后的矢量数据标量化再进行压缩而成。

VQF 的音频压缩率比标准的 MPEG 音频压缩率高出近一倍,可以达到 1∶18 甚至更高,更便于在网上传播,同时音质相对更佳,接近 CD 音质(16 位 44.1 kHz 立体声)。当 VQF

以 44 kHz,80 kbit/s 的音频采样率压缩音乐时,它的音质优于 44 kHz,128 kbit/s 的 MP3,当 VQF 以 44 kHz,96 kbit/s 的频率压缩时,它的音质几乎等于 44 kHz,256 kbit/s 的 MP3。但由于 VQF 未公开技术标准,同时 VQF 在压缩速度方面比不上 MP3 文件,因此未能流行开来。

(8) Ogg Vorbis 格式——新生代音频格式

Ogg Vorbis 是一种先进的有损音频压缩技术,简称为 Ogg,是一种免费的开源音频格式,文件扩展名为. Ogg。Ogg 编码格式远比 20 世纪 90 年代开发成功的 MP3 先进,它可以在相对较低的数据速率下实现比 MP3 更好的音质。与 MP3 类似,同样是对音频进行有损压缩编码,但 Ogg 通过使用更加先进的声学模型来减少损失,在相同码率编码的 Ogg Vorbis 会比 MP3 音质更好,文件也更小。目前,Ogg Vorbis 虽然还不普及,但由于其可以用更小的文件获得优越的声音质量,以及完全开源和免费,制作 Ogg 文件将不受任何专利限制,可望获得大量的编码器和播放器,因此,其在音乐软件、游戏音效、便携播放器、网络浏览器上都得到广泛支持。

(9) FLAC 格式——自由无损音频格式

FLAC(Free Lossless Audio Codec)格式是一套著名的自由音频压缩编码,不同于其他有损压缩编码如 MP3 及 AAC,FLAC 的特点是无损压缩,即音频以 FLAC 方式压缩不会丢失任何信息,可以还原音乐光盘音质。FLAC 的每个数据帧都有一个当前帧的 16 bit CRC 校验码,用于监测数据传输错误;对整段音频数据,会在文件头中保存一个针对原始未压缩音频数据的 MD5 标记,用于在解码和测试时对数据进行校验。

FLAC 是免费的并且支持大多数的操作系统,包括 Windows,基于 Unix 内核而开发的系统(Linux, * BSD,Solaris,OSX,IRIX),BeOS,OS/2,Amiga 等。FLAC 压缩与 Zip 的方式类似,其压缩比为 58.70%,大于 Zip 和 Rar,因为 FLAC 是专门针对音频的特点而设计的压缩方式。FLAC 更看重解码的速度。解码只需要整数运算,并且相对于大多数编码方式而言,对计算速度要求很低,现在已被很多软件及硬件音频产品所支持。

(10) APE 格式——最有前途的网络无损格式

APE 是目前流行的数字音乐文件格式之一。与 FLAC 格式相同,APE 也是一种无损压缩音频格式,庞大的 WAV 音频文件可以通过 Monkey's Audio 软件压缩为 APE,同样,APE 也可以通过 Monkey's Audio 还原成 WAV,再刻录成 CD。APE 虽然音质保持得很好,但压缩比仅为 55.1%,可压缩至接近源文件一半,因此,对于一整张 CD 来说,压缩省下来的容量还是可观的,可被用作网络音频文件传输使用,节约传输所用的时间。

APE 被誉为"无损音频压缩格式",通过 Monkey's Audio 解压缩还原得到的 WAV 文件可以做到与压缩前的源文件完全一致。与采用 WinZip 或者 WinRAR 等专业数据压缩软件来压缩音频文件不同,压缩之后的 APE 音频文件可以直接播放。

2.5　数字音频质量评价

所谓音频质量,是指经传输、处理后音频信号的保真度。目前,业界公认的声音质量标准分为四级,即:①数字激光唱盘 CD-DA 质量,其信号带宽为 10 Hz ~ 20 kHz;②调频广播 FM 质量,其信号带宽为 20 Hz ~ 15 kHz;③调幅广播 AM 质量,其信号带宽为 50 Hz ~ 7 kHz;

④电话的话音质量,其信号带宽为 200~3 400 Hz。可见,数字激光唱盘的声音质量最高,电话的话音质量最低。除了频率范围外,人们往往还用其他方法和指标来进一步描述不同用途的音质标准。

对模拟音频来说,再现声音的频率成分越多,失真与干扰越小,声音保真度越高,音质也越好。如在通信科学中,声音质量的等级除了用音频信号的频率范围外,还用失真度、信噪比等指标来衡量。对数字音频来说,再现声音频率的成分越多,误码率越小,音质越好。通常用数码率(或存储容量)来衡量,取样频率越高、量化比特数越大,声道数越多,存储容量越大,当然保真度就越高,音质就越好。

声像又称虚声源或感觉声源,指听音者听感中展现的各声部空间位置,并由此形成的声画面。声音的类别特点不同,音质要求也不一样。如,语音音质保真度主要体现在清晰、不失真、再现平面声像;乐音的保真度要求较高,营造空间声像主要体现在用多声道模拟立体环绕声,或虚拟双声道 3D 环绕声等方法,再现原来声源的一切声像。

音频信号的用途不同,采用压缩的质量标准也不一样。如,电话质量的音频信号采用 ITU-TG・711 标准,8 kHz 取样,8 bit 量化,码率 64 kbit/s。AM 广播采用 ITU-TG・722 标准,16 kHz 取样,14 bit 量化,码率 224 kbit/s。高保真立体声音频压缩标准由 ISO 和 ITU-T 联合制定,CD11172-3MPEG 音频标准为 48 kHz,44.1 kHz,32 kHz 取样,每声道数码率为 32~448 kbit/s,适合 CD-DA 光盘用。对声音质量要求过高,则设备复杂;反之,则不能满足应用。一般以"够用又不浪费"为原则。

数字音频质量评价是伴随数字广播电视系统的发展而缓慢发展的,通过声音的响度、音调和愉快感的变化和组合评价再现声音的质量,分为主观评价和客观评价。

2.5.1 数字音频质量主观评价

人是音频的最终接受者,数字音频的听音评价(也称主观评价)随之产生。数字音频质量主观评价是由具有丰富听音经验,以及非常专业的技术水平的受试者在专门的听音室对数字音频质量做出的评价。主观评价需要专门的听音室和有丰富听音经验及专业技术水平的受试者,对受试者和环境要求都极高。即便如此,在进行数字音频主观评价的过程中,最终评价的结果受个人水平和主观因素影响较大,准确性方面会有所欠缺。

目前常用的评定语音编码质量的方法是主观评定,它分为以下五级:5(优),不察觉失真;4(良),刚察觉失真,但不讨厌;3(中),察觉失真,稍微讨厌;2(差),讨厌,但不令人反感;1(劣),极其讨厌,令人反感。一般再现语音频率若达到 7 kHz 以上,平均意见值(Mean Opinion Score,MOS)可评 5 分。这种评价标准广泛应用于多媒体技术和通信中,如可视电话、电视会议、语音电子邮件、语音信箱等。

乐音音质的优劣取决于多种因素,如声源特性(声压、频率、频谱等)、音响器材的信号特性(如失真度、频响、动态范围、信噪比、瞬态特性、立体声分离度等)、声场特性(如直达声、前期反射声、混响声、两耳间互相关系数、基准振动、吸声率等)、听觉特性(如响度曲线、可听范围、各种听感)等。所以,对音响设备再现音质的评价难度较大。由于乐音音质属性复杂,主观评价的个人色彩较浓,而现有的音响测试技术又只能从某些侧面反映其保真度。所以,迄今为止,还没有一个能真正定量反映乐音音质保真度的国际公认的评价标准。

2.5.2　数字音频质量客观评价

鉴于数字音频质量主观评价的局限性,数字音频质量的客观评价呼之欲出,形成主观评价与客观评价并存的局面。数字音频质量客观评价是借助外部设备或软件,通过分析相关音频参数做出评价的方法。与主观数字音频评价相比,客观评价方法简单明确、不受地点和时间的限制,对同一组测试信号结果稳定,并能反映被测音频的质量,因此得到越来越广泛的重视。客观评价的主要测试指标如下:

(1)失真度

谐波失真,主要引起声音发硬、发炸;而稳态或瞬态互调失真主要引起声音毛糙、尖硬和混浊。二者均使音质劣化,若失真度超过3%时,音质劣化明显。音响系统的音箱失真度最大,一般最小的失真度也要超过1%。

相位失真,主要引起1 kHz以下的低频声音模糊,同时影响中频声音层次和声像定位。

抖晃失真,主要是电机转速不稳,主导轴-压带轮压力不稳,磁头拍打磁带等造成磁带震动和卷带量变化,进而使信号频率被调制,声音音调出现混浊、颤抖。抖晃通常用音调变化的均方根值表示,录音机的抖晃率小于0.1%,Hi-Fi录音机小于0.005%,普通录像机小于0.3%,视盘机小于0.001%。

(2)频响与瞬态响应

频响是指音响设备的增益或灵敏度随信号频率变化的情况,用通频带宽度和带内不均匀度表示(如优质功放的频响1 Hz~200 kHz±1 dB)。带宽越宽,高、低频响应越好,不均匀度越小,频率均衡性能越好。通常,30~150 Hz低频使声音有一定厚度基础,150~500 Hz中低频使声音有一定力度,300~500 Hz中低频声压过分加强时,声音浑浊,过分衰减时,声音乏力;500 Hz~5 kHz中高频使声音有一定明亮度,过分加强时,声音生硬,过分衰减时,声音散、飘;5~10 kHz高频段使声音有一定层次、色彩,过分加强时,声音尖刺,过分衰减时,声音暗淡、发闷。按此规律,可根据各种听感,定量调节音响系统的频响效果。

瞬态响应,是指音响系统对突变信号的跟随能力。实质上它反映脉冲信号的高次谐波失真大小,严重时影响音质的透明度和层次感。瞬态响应常用转换速率(V/μs)表示,指标越高,谐波失真越小。如,一般放大器的转换速率大于10 V/μs。

(3)信噪比

信噪比表示信号与噪声电平的分贝差,用S/N或SNR(dB)表示。噪声频率的高低、信号的强弱对人耳的影响不一样。通常,人耳对4~8 kHz的噪声最灵敏,弱信号比强信号受噪声影响较突出。而音响设备不同,信噪比要求也不一样,如Hi-Fi音响要求$SNR>70$ dB,CD机要求$SNR>90$ dB。

(4)声道分离度和平衡度

声道分离度,是指不同声道间立体声的隔离程度,用一个声道的信号电平与串入另一声道的信号电平差来表示,这个差值越大越好。一般要求Hi-Fi音响分离度大于50 dB。声道平衡度,是指两个声道的增益、频响等特性的一致性。否则,将造成声道声象的偏移。

ITU-R BS.1387标准是融各家之长而产生的数字音频质量客观评价方法的典型代表,它能够提供更多的关于参考信号和测试信号之间差别的评价参数,如噪声掩蔽比(Noise to Mask Ratio,NMR)、谐波失真结构(Error Harmonic Structure,EHS)等,这些参数可以让数字音频系统的开发人员对系统的性能了解得更加充分,也为改进系统提供了依据。

习　　题

1. 解释描述声音特性的 3 个要素。
2. 简述模拟语音信号的数字化过程。
3. 数字音频的主要性能参数有哪些?
4. 5 min 立体声 32 bit 采样位数、44.1 kHz 采样频率的声音,不压缩的数据容量为多少 MB?
5. 声卡有哪些类型? 各有哪些优缺点?

第 3 章
数字音频压缩及标准

本章要点：
- ☑ 数字音频冗余
- ☑ 音频压缩编码分类及基本算法
- ☑ MPEG-1 音频压缩编码标准
- ☑ MPEG-2 音频压缩编码标准
- ☑ 杜比 AC-3 音频压缩编码算法

音频压缩技术指的是对原始数字音频信号流运用适当的数字信号处理技术，在不损失有用信息量，或所引入损失可忽略的条件下，降低（压缩）其码率，也称为压缩编码。它必须具有相应的逆变换，称为解压缩或解码。音频信号在通过一个编解码系统后可能引入大量的噪声和一定的失真。

3.1　音频冗余

数字信号有自身相应的缺点，即存储容量需求的增加及传输时信道容量要求的增加。以 CD 为例，其采样率为 44.1 kHz，量化精度为 16 bit，则 1 min 的立体声音频信号需占约 10 MB 的存储容量，也就是说，一张 CD 唱盘的容量只有 1 h 左右。当然，在带宽高得多的数字视频领域这一问题就显得更加突出。是不是所有这些比特都是必需的呢？研究发现，直接采用 PCM 码流进行存储和传输存在非常大的冗余度。事实上，在无损的条件下对声音至少可进行 4 : 1 压缩，即只用 25% 的数字量保留所有的信息，而在视频领域压缩比甚至可以达到几百倍。因此，为利用有限的资源，压缩技术从一出现便受到广泛的重视。

信号（数据）之所以能进行压缩，是因为信号本身存在很大冗余度。根据统计分析结果，音频信号中存在着多种冗余，其主要部分可分别从时域和频域来考虑。另外，由于音频主要是给人听的，所以考虑人的听觉机理，也能对音频信号实行压缩。

3.1.1　时域冗余

音频信号在时域上的冗余主要表现为以下几个方面：

（1）幅度分布的非均匀性

统计表明，在大多数类型的音频信号中，小幅度样值出现的概率比大幅度样值出现的概率要高。人的语音中，间歇、停顿等出现了大量的低电平样值；实际讲话的功率电平也趋向于出现在编码范围的较低电平端。

（2）样值间的相关性

对语音波形的分析表明,相邻样值之间存在很强的相关性。当采样频率为 8 kHz 时,相邻样值之间的相关系数大于 0.85。如果进一步提高采样频率,则相邻样值之间的相关性将更强。因此,根据较强的一维相关性,可以利用差分编码技术进行有效的数据压缩。

（3）周期之间的相关性

虽然音频信号分布于 20 Hz ~ 20 kHz 的频带范围,但在特定的瞬间,某一声音却往往只是该频带内的少数频率成分在起作用。当声音中只存在少数几个频率时,就会像某些振荡波形一样,在周期与周期之间存在着一定的相关性。利用音频信号周期之间的相关性进行压缩的编码器,比仅仅利用邻近样值间的相关性的编码器效果好,但要复杂得多。

（4）静止系数

两个人之间打电话,平均每人讲话时间为通话时间的一半,并且在这一半的通话过程中也会出现间歇停顿。分析表明,话音间隙使全双工话路的典型效率约为 40%（或称静止系数为 0.6）。显然,话音间隔本身就是一种冗余,若能正确检测出这些静止段,可"插空"传输更多信息。

（5）长时自相关函数

统计样值、周期间的一些相关性时,在 20 ms 时间间隔内进行统计的称为短时自相关函数。如果在较长的时间间隔（如几十秒）内进行统计时,则称为长时自相关函数。长时统计表明,当采样频率为 8 kHz 时,相邻的样值之间的平均相关系数可高达 0.9。

3.1.2　频域冗余

音频信号的频域冗余主要表现为以下几个方面：

（1）长时功率谱密度的非均匀性

在相当长的时间间隔内进行统计平均,可以得到长时功率谱密度函数,其功率谱呈现明显的非平坦性。从统计的观点看,这意味着没有充分利用给定的频段,或者说存在固有的冗余度。功率谱的高频成分能量较低。

（2）语音特有的短时功率谱密度

语音信号的短时功率谱,在某些频率上出现"峰值",而在另一些频率上出现"谷值"。这些峰值频率,也就是能量较大的频率,通常称其为共振峰频率。共振峰频率不止一个,最主要的是前三个,由它们决定不同的语音特征。另外,整个功率谱也是随频率的增加而递减的。更重要的是整个功率谱的细节以基音频率为基础,形成了高次谐波结构。

3.1.3　听觉冗余

人是音频信号的最终用户,因此,要充分利用人类听觉的生理和心理特性对音频信号感知的影响。利用人耳的频率特性、灵敏度以及掩蔽效应,可以压缩数字音频的数据量。

①可以将会被掩蔽的信号分量在传输之前就去除,因为这部分信号即使传输了也不会被听见。

②可以不理会可能被掩蔽的量化噪声。

③可以将人耳不敏感的频率信号在数字化之前滤除,如语音信号只保留 300 ~ 3 400 Hz 的信号。

3.2 音频压缩编码技术

通常数据压缩造成音频质量下降、计算量增加,因此,人们在实施数据压缩时,要在音频质量、数据量、计算复杂度三方面进行综合考虑。

3.2.1 音频压缩编码分类

1. 按照压缩品质不同分类

一般来讲,可以将音频压缩技术分为无损(Lossless)压缩及有损(Lossy)压缩两大类。

(1)无损压缩编码

无损压缩编码是一种可逆编码,其特点是利用数据的统计特性进行压缩编码,出现概率大的数据采用短编码,概率小的数据采用较长编码,以去掉数据中的冗余,而且编码后的数据在解码后可以完全恢复,压缩比较小。无损压缩编码主要用于文本数据、程序代码和某些要求严格不丢失信息的环境中,常用的有霍夫曼编码、行程(游程)编码、算术编码和词典编码等。

(2)有损压缩编码

有损压缩编码损失的信息是不能再恢复的,所以是一种不可逆编码。编码后的数据在解码以后所复原的数据与原数据相比有一定的可以容忍的误差。它考虑到编码信息的语义,可获得的压缩程度取决于媒介本身,因而也被称为信源编码。其压缩比比无损编码大得多。常用的有损压缩编码技术有预测编码、变换编码、矢量量化编码、分层编码、频带分割编码和混合编码等。

2. 按照压缩编码算法不同分类

按照压缩编码算法不同可将其划分为波形编码、参数编码、混合编码及感知编码等。各种不同的压缩技术,其算法的复杂程度(包括时间复杂度和空间复杂度)、音频质量、算法效率(即压缩比例)及编解码延时等都有很大的不同。各种压缩技术的应用场合也因之而各不相同。

(1)波形编码

波形编码是在时域直接将语音信号的波形采样值进行量化和编码,主要利用音频样值的幅度分布规律和相邻样值间的相关性进行压缩,目标是力图使重建后的音频信号的波形与原音频信号波形保持一致。由于这种编码系统保留了原始样值的细节变化,从而保留了信号的各种过渡特征,所以波形编码适应性强,算法复杂度低,编解码延时短,重建音频信号质量一般较高,但压缩比不高,适用于高保真度语音和音乐编码的压缩技术。

(2)参数编码

参数编码也称参量编码或声源编码,是将语音信号在频率域或其他变换域提取特征参量并编码,力图使重建的语音信号具有尽可能高的可靠性,使其具有足够的可懂度,不要求在波形上与原始信号一致。这种编码技术的优点是压缩比高,与波形编码相比,其计算量大,重建音频信号的质量较差,自然度低,不适合于高保真度要求的场合,一般多用于语音信号的压缩。

（3）混合编码

将波形编码和参数编码两种编码方法结合起来，采用混合编码方法，可以在较低的数码率上得到较高的音质。如码激励线性预测（Code Excited Linear Prediction，CELP）、多脉冲线性预测编码（Multi-Pulse Linear Predictive Coding，MPLPC）等。

（4）感知编码

感知编码就是利用人耳的听觉感知特性，使用心理声学模型，将人耳不能感知的声音成分去掉，只保留人耳能感知的声音成分；另一方面，也不一味追求最小的量化噪声，只要量化噪声不被人耳感知即可。这样既实现音频数据压缩的目的，又不影响解码端重建音频信号的主观听觉质量。

感知编码的基本原理是：将输入的数字声音信号变换到频域，连续不断地对输入信号的频率和幅度成分进行分析，将其与人的听觉模型相比较。适合模型的信息就是能够听到的要进行编码的信息，并给以较多的比特编码，舍掉那些听不到的信息。

因为声音的掩蔽作用和频段有关，所以有必要将输入的声音信号分成许多子带，以逼近人耳的临界频带响应。每个子带中的样值被分析，并与心理声学模型相比较。编码器利用心理声学每个子带中能明显听得到的部分进行自适应量化，而对那些在最低阈值曲线图之下的部分，或被更强的信号所掩蔽的部分就判定为听不到而不进行编码。每个子带依据分配给子带内的不同比特数进行独立编码，在输出之前再加以合成。

在感知编码中，根据听觉来分配比特数，主要的音调音会分配较多的比特数，以确保听觉的完整性；而对弱的音调则分配较少的比特数；对听不到的音调音根本不编码。通过动态分配比特数来压缩数据。

3.2.2 音频压缩编码基本算法

1. 波形编码

波形编码是最简单也是应用最早的语音编码方法，直接对音频信号时域波形的采样值进行量化和编码，通过静音检测、非线性量化、差分等手段对码流进行压缩。波形编码主要利用音频样值的幅度分布规律和相邻样值间的相关性进行压缩，力图使重建后的音频信号的波形与原音频信号波形保持一致。

波形编码的优点：保留了信号原始样值的细节变化，从而保留了信号的各种过渡特征，编码适应性强，算法复杂度低，编解码延时短，重建音频信号质量一般较高。

波形编码的不足之处：传输码率比较高，压缩比不大。

1）自适应差分脉冲编码调制

（1）自适应 PCM 编码

音频信号的振幅和频率分布随时间比较缓慢但却是大幅度变化的。自适应 PCM（APCM）是根据邻近信号的性质使量化步长改变的编码。准瞬时压扩和动态加重就可以看作是一种 APCM，其原理图如图 3.1 所示。

（2）自适应差分 PCM 编码

自适应差分 PCM 即把自适应型量化步长引入差分 PCM（DPCM）。它表现为并不是把信号 $x(n)$ 直接量化，而是把它和预测值 $x(n)$ 的差 $d(n)$ 进行量化，其编码效率比 APCM 高，属于中等质量的高效率编码。其原理图如图 3.2 所示。

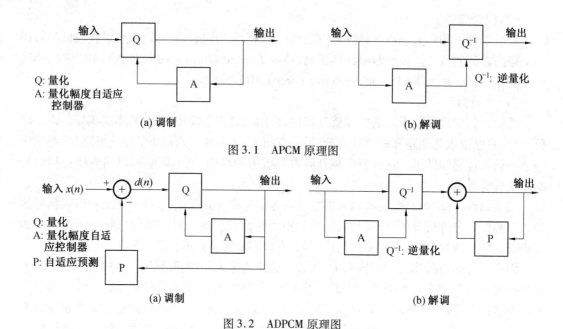

图 3.1   APCM 原理图

图 3.2   ADPCM 原理图

自适应差分 PCM 编码已应用在多功能电话机的留言录音等短时间录音、不同磁带的固体录音机和向导广播、自动售货机以及多媒体技术应用领域的 CD-I 中，都是采用 4～8 位的 ADPCM。

2）自适应增量调制

（1）增量调制

增量调制（Delta Modulation）是用一位二进制码表示相邻模拟抽样值相对大小的 A/D 转换方式。量化只限于正和负两个电平，只用一比特传输一个样值。ΔM 是增量调制方式的代号，简单增量调制原理图如图 3.3 所示。

图 3.3 中 $x(t)$ 是一模拟信号，$x'(t)$ 为本地译码器输出的前一时刻的量化信号。

译码基本思想：

收到一个 1 码后产生一个正斜率电压，在 $T_s = \Delta T$ 时间内均匀上升一个量阶；收到一个 0 码后产生一个负的斜变电压，在 T_s 时间内均匀下降一个量阶；这样把二进制代码经过译码后变为锯齿波。

（2）自适应增量调制

自适应增量调制（又称自适应 ΔM）是一种改进型的增量调制方式。它的量化级 Δ 随着音节时间间隔（5～20 ms）中信号平均斜率而变化。这里的音节相当于语音浊音准周期信号的基音周期。

由于信号的平均斜率是根据检测码流中连"1"或连"0"的个数确定的，所以又称数字检测、连续可变斜率增量调制（CVSD），简称数字压扩增量调制。

自适应 ΔM 与简单 ΔM 相比，编码器能正常工作的动态范围有很大提高，信噪比简单 ΔM 优越。这种优越性与两个参数有关，一个是数字检测的连码数 m，其值越大，改善越大；另一个是脉冲压缩比 $\sigma = \Delta_0 / \Delta_{max}$，其中 Δ_{max} 为最大量化级，Δ_0 是最小量化级（无控制的），σ 越小改善越大。

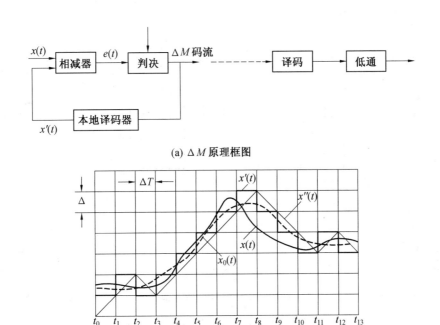

(a) ΔM 原理框图

ΔM 码流　　1 1 0 1 1 1 1 1 0 0 0 1 0

(b) ΔM 波形示意图

图 3.3　简单增量调制原理图

图 3.4 是数字检测音节压扩 ΔM 的组成框图。

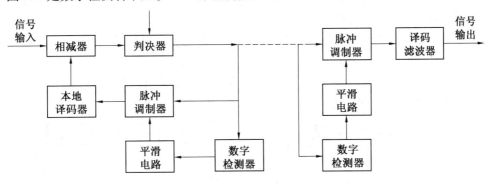

图 3.4　数字检测音节压扩 ΔM 的组成框图

3）子带编码

　　子带编码（SBC）是将一个短周期内的连续时间取样信号送入滤波器中,滤波器组将信号分成多个（最多 32 个）限带信号,以近似人耳的临界频段响应。由滤波器组的锐截止频率来仿效临界频段响应,并在带宽内限制量化噪声。子带编码要求处理延迟必须足够小,以使量化噪声不超出人耳的瞬时限制,其原理如图 3.5 所示。

　　子带编码通过分析每个子带的取样值并与心理声学模型进行比较,编码器基于每个子带的掩蔽阈值能自适应地量化取样值。子带编码中,每个子带都要根据所分配的不同比特数来独立进行编码。在任何情况下,每个子带的量化噪声都会增加。当重建信号时,每个子带的量化噪声被限制在该子带内。由于每个子带的信号会对噪声进行掩蔽,所以子带内的量化噪声是可以容忍的。

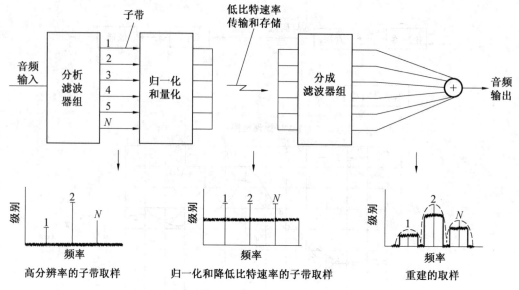

图 3.5　生成窄带高分辨率的子带编码

子带编码的主要特点：

①每个子带对每一块新的数据都要重新计算,并根据信号和噪声的可听度对取样值进行动态量化。

②子带感知编码器利用数字滤波器组将短时的音频信号分成多个子带(对于时间取样值可以采用多种优化编码方法)。

③每个子带的峰值功率与掩蔽级的比率由所做的运算来决定,即根据信号振幅高于可听曲线的程度来分配量化所需的比特数。

④给每一个子带分配足够的位数来保证量化噪声处于掩蔽级以下。

SB-ADPCM 编译码的方框图如图 3.6 所示。

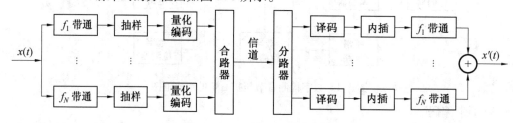

图 3.6　SB-ADPCM 编译码的方框图

4)矢量编码

标量量化(SQ)指的是独立地对一个样值量化编码的方式,由于对每一个样值单独编码处理,因此使系统码率不可能低于取样频率。而矢量量化(VQ)是对若干个音频样值一起量化编码。在矢量量化编码中,是把输入数据几个一组地分成许多组,成组地量化编码,即将这些数看成一个 k 维矢量,然后以矢量为单位逐个矢量进行量化。VQ 的原理如图 3.7 所示。

矢量量化是一种限失真编码,其原理仍可用信息论中的率失真函数理论来分析。而率失真理论指出,即使对无记忆信源,矢量量化编码也总是优于标量量化。

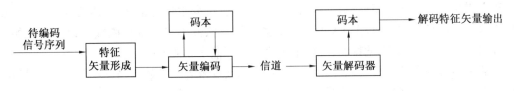

图 3.7　VQ 的原理图

在矢量量化编码中,关键是码本的建立和码字搜索算法。码本的生成算法有两种类型,一种是已知信源分布特性的设计算法;另一种是未知信源分布,但已知信源的一列具有代表性且足够长的样点集合(即训练序列)的设计算法。可以证明,当信源是矢量平衡且遍历时,若训练序列充分长则两种算法是等价的。

码字搜索是矢量量化中的一个最基本问题,矢量量化过程本身实际上就是一个搜索过程,即搜索出与输入最为匹配的码矢。矢量量化中最常用的搜索方法是全搜索算法和树搜索算法。全搜索算法与码本生成算法是基本相同的,在给定速率下其复杂度随矢量维数 K 以指数形式增长,全搜索矢量量化器性能好但设备较复杂。树搜索算法又有二叉树和多叉树之分,它们的原理是相同的,但后者的计算量和存储量都比前者大,性能比前者好。树搜索的过程是逐步求近似的过程,中间的码字是起指引路线的作用,其复杂度比全搜索算法显著减少,搜索速度较快。由于树搜索并不是从整个码本中寻找最小失真的码字,因此它的量化器并不是最佳的,其量化信噪比低于全搜索。图 3.8 给出了最优码字搜索算法的一个例子。

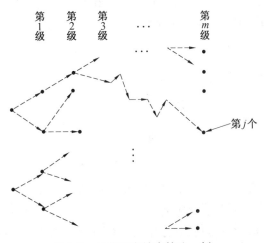

图 3.8　最优码字搜索算法一例

音频信号的波形编码,具有编码质量好、能保持原始音频波形特征的特点,因而在有线通信等要求比较高的场合应用十分广泛。但波形编码需要系统具有比较高的码率,以保持音频波形中的各种过渡特性。高码率需要宽的传输频带,在当今网络高速化的时代,这一要求将会逐渐得到满足。一些领域如无线通信领域(比如移动通信和卫星通信)、网络环境中的多媒体通信、保密和军事通信等都需要对信源码率进行大的压缩。

只有借助于新的压缩技术,才能完成以上任务。

2. 参数编码

参数编码根据对声音形成机理的分析,根据重建语音信号具有足够的可懂度的原则,通过建立语音信号的产生模型,提取代表语音信号特征的参数进行编码,重建信号的波形可以与原始语音信号的波形有相当大的差别。其编码算法并不忠实地反映输入语音的原始波形,而是着眼于人耳的听觉特性,确保解码语音的可懂度和清晰度。

常用的音频参数有共振峰、线性预测系数、滤波器组等。参数编码技术的优点是可以有效地降低编码的比特率,但计算量大,重建音频信号的质量较差,自然度低,不适合于高保真度要求的场合,一般多用于语音信号的压缩。基于参数编码技术的编码系统一般称之为声码器,主要用在窄带信道上提供 4.8 kbit/s 以下的低速率语音通信和一些对时延要求较宽的场合。

当前参数编码技术主要的研究方向是线性预测编码(Linear Predictive Coding,LPC)声码器和余弦声码器。

(1)语音生成模型

参数编码的基础是人类语音的生成模型。语音学和医学的研究结果表明,人类发音器官产生声音的过程可以用一个数学模型来逼近。

图 3.9 给出了人类语音发音模型。人的语音发声过程是:气流从肺呼出后经过声门时受声带作用,形成激励气流,再经过由口腔、鼻腔和嘴组成的声道的作用而发出语音。从声门出来的气流相当于激励信号,而声道可以等效成一个全极点滤波器,称为声道滤波器或合成滤波器。在讲话过程中激励信号和滤波器系数不断地变化,从而发出不同的声音。通常认为激励信号和滤波器系数 5 ~ 40 ms 更新一次。人们在发声母时,声带不振动,激励信号类似白噪声,将这类声音称为清音;发韵母时,声带振动,激励信号呈周期性,这类声音称为浊音。因此,用白噪声或周期性脉冲信号激励声道滤波器就能合成出语音,这就是 LPC 声码器的工作原理。

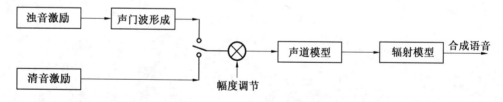

图 3.9　人类语音发音模型

这个模型的物理含义在于:人类通过嘴讲出来的话,也可以用它来再生,条件是要合理地选择模型中的参数。很显然,讲话随着时间而变化,那么,模型的参数也是变化的。此种用模型参数代替原语音波形进行传输/存储的系统就是声码器。对该发声模型的参数进行编码传输称为参数编码。人的发声是很复杂的,上面的模型只是一种近似,忽略了不少因素,这个模型也称简化发声模型,它合成出的语音质量不高,后来又有许多改进。

(2)线性预测编码

线性预测编码(LPC)是一种非常重要的编码方法。线性预测方法在于分析和模拟人的发音器官,不是利用人发出声音的波形合成,而是从人的语音信号中提取与语音模型有关的特征参数。在语音合成过程中,通过相应的数学模型计算去控制相应的参数来合成语音,这种方法对语音信息的压缩是很有效的,用此方法压缩的语音数据所占用的存储空间只有波形编码的十至几十分之一。

LPC 声码器是一种低比特率和传输有限个语音参数的语音编码器,它较好地解决了传输数码率与所得到的语音质量之间的矛盾,广泛地应用在电话通信、语音通信自动装置、语音学及医学研究、机械操作、自动翻译、身份鉴别、盲人阅读等方面。

线性预测(LPC)声码器在众多的声码器中是最为成功的,也是应用最为广泛的,属于时间域声码器类,从时间波形中提取重要的语音特征。图 3.10 是 LPC 声码器的原理图。

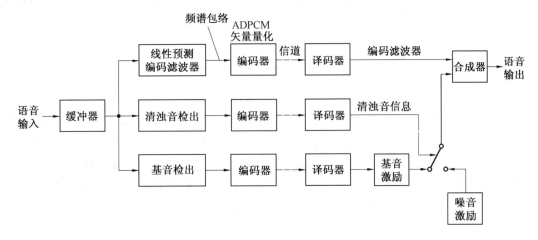

图 3.10 LPC 声码器的原理图

3. 混合编码

混合编码是波形编码和参数编码的综合,既利用了语音生成模型,通过模型中的参数(主要是声道参数)进行编码,减少波形编码中被编码对象的动态范围或数目;又使编码的过程产生接近原始语音波形的合成语音,保留说话人的各种自然特征,提高了合成语音质量。目前得到广泛研究和应用的码激励线性预测、多脉冲线性预测编码等,是混合编码法的典型代表。

简单声码器由于激励形式过于简单,与实际差别较大,导致系统合成出的语音质量不好,是否可以对经过语音合成系统的逆系统——预测滤波器产生的预测误差信号,直接逼近产生新的激励形成? 这样,问题的解决就容易得多了。实验和理论表明,这样做并不能产生高质量的合成语音。

因为人耳朵听见的只是合成语音,不是激励,即使新的激励与原来的预测误差信号很像,经过合成系统后,合成的语音与原来的语音仍有相当大的距离,因为激励部分的误差可能被合成滤波放大。解决这个问题的唯一办法,只能是改变激励信号的选择原则,使得最优激励信号的产生不是去追求与预测误差信号接近,而是使它激励合成系统的输出,即合成语音尽可能接近原始语音。这样的编码方式称为分析/合成(A/S)编码,即编码系统大都是先"分析"输入语音提取发声模型中的声道模型参数,然后选择激励信号去激励声道模型产生"合成"语音,通过比较合成语音与原始语音的差别选择最佳激励,追求最逼近原始语音的效果。所以,编码的过程是一个分析加合成的过程,又称为分析/合成(A/S)编码。分析/合成编码原理框图如图 3.11 所示。

(1)多脉冲线性预测编码

语音模型中的激励信号,可以从分析 A/S 编码系统产生的预测误差来获得。这个预测误差序列可由大约只占其个数 1/10 的另一组脉冲序列来替代,由新脉冲序列激励 $H(z)$ 产

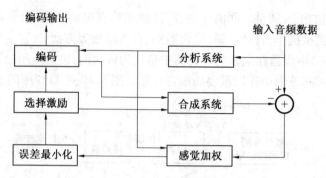

图 3.11　分析/合成编码原理框图

生的合成语音仍具有较好的听觉质量。这个预测误差序列,尽管在大多数位置上都不等于零,但它激励合成滤波器所得的合成语音,与另一组绝大多数位置上都是零的脉冲序列,激励同样的合成滤波器所得的合成语音具有类似的听觉。由于后者形成的激励信号序列,不为零的脉冲个数占序列总长的极小部分,所以编码时,仅处理和传输不为零的激励脉冲的位置与幅度参数,就可以大大压缩码率。这种编码方法称为多脉冲线性预测编码(MPLPC),其原理框图如图 3.12 所示。

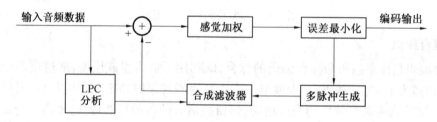

图 3.12　MPLPC 编码原理框图

MPLPC 的主要任务就是寻找该脉冲序列中每个脉冲的位置和幅度大小,并对其编码。一般采用序贯方法,一个一个脉冲求解,寻求次优的解。

(2)规则脉冲激励/长项预测编码(RPE/LTP)

RPE/LTP 是一种加入了长时预测的规则脉冲激励编码技术,其特点是算法简单、语音质量较高(达到通信等级),也是欧洲数字蜂窝移动通信 GSM 标准中采用的语音压缩编码算法,标准码率为 13 kbit/s,也称为移动通信的全速率编码标准。人们为进一步提高信道利用率,正在制定码率为 6～7 kbit/s、与 RPE/LTP 方案相当的语音压缩编码标准,新方案称为移动通信中的半速率语音编码算法。

如图 3.13 所示,RPE/LTP 语音压缩编码属于分析/合成编码方式,系统先分析,得到合成滤波器参数,再通过选择不同激励,判别它们的合成语音与原始语音的差别,得到最优的激励信号。RPE/LTP 采用了感觉加权滤波器,各个非零激励脉冲呈现等间隔的规则排列。只需使收方知道第一个脉冲的位置在何处(n 取什么值),其他激励脉冲的位置也就可以得知。而且第一个脉冲的位置也是有限的几个可能性。所以在这种方案中,脉冲位置的编码所需的码率非常少,非零激励脉冲个数可以增加许多。在一个编码帧内,GSM 方案的非零激励脉冲比 MPLPC 方案多了 3 倍,有利于提高合成语音质量。

RPE/LTP 编码算法设置了基音预测系统以及相应的基音合成系统。

线性预测处理语音信号可以去除语音信号样值间的相关性,大大降低信号的动态范围。

图 3.13　RPE/LTP 编码示意图

（3）码激励线性预测编码

码激励线性预测编码（CELP）系统是中低速率编码领域最成功的方案（图 3.14）。

基本 CELP 算法不对预测误差序列个数及位置做任何强制假设，认为必须用全部误差序列编码传送以获得高质量的合成语音。为了达到压低传码率的目的，对误差序列的编码采用了大压缩比的矢量量化（VQ）技术，也就是对误差序列不是一个一个样值分别量化，而是将一段误差序列当作一个矢量进行整体量化。由于误差序列对应着语音生成模型的激励部分，现在经 VQ 量化后，用码字代替，故称码激励。

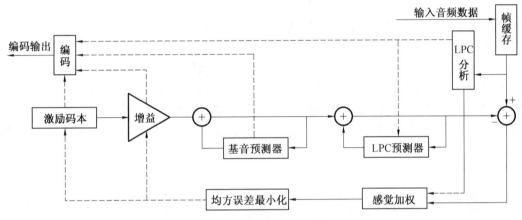

图 3.14　典型的 CELP 系统

基于 CELP 的 LD-CELP 方案，已作为干线电话网 16 kbit/s 速率编码标准。与 CELP 基本算法相比较，其主要不同包括：

①它不是从输入语音中提取合成滤波器参数，而是从以前的合成语音中提取的，这样不必等待一段语音输入后再进行计算，所以编码时延很低，称为低时延编码系统。并且，由于预测和合成系统的系数取决于合成后的语音而非原始语音，因此，合成系统系数不必编码传送。

②考虑到用前面部分的合成语音来估计本时刻的合成系统参数，可能会使估计精度差，降低线性预测效果，为了提高预测性能，G.728 标准中采用了一个高达 50 阶的线性预测滤波器，代替一般 CELP 系统中的基音和声道两个预测滤波器，合成滤波器同样是 50 阶的。提高滤波器阶数，只是增加了计算量，因为滤波器系数不传送，所以不增加传码率。

（4）矢量和激励线性预测编码

矢量和激励线性预测编码（VSELP）作为北美第一代数字蜂窝移动通信网语音编码标准，由 Motorola 公司首先提出，其码率为 8 kbit/s。VSELP 系统原理如图 3.15 所示。

（5）多带激励语音编码

语音短时谱分析表明，大多数语音段都含有周期和非周期两种成分，因此很难确定某段语音是清音还是浊音。传统声码器采用二元模型，例如线性预测声码器，认为语音段或是浊音或是清音。浊音段采用周期信号，清音采用白噪声激励声道滤波器合成语音，这种语音生成模型不符合实际语音特点。人耳听觉过程是对语音信号进行短时谱分析的过程，可以认

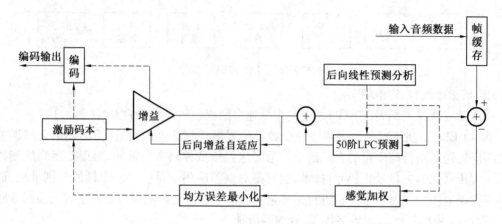

图 3.15　VSELP 系统原理图

为人耳能够分辨短时谱中的噪声区和周期区。

　　传统声码器合成的语音听起来合成声重、自然度差,基音周期参数提取不准确、语音发声模型同有些音不符合、容忍环境噪声能力差等。多带激励语音编码(MBE)方案突破了传统线性预测声码器整频带二元激励模型,它将语音谱按基音谐波频率分成若干个带,对各带信号分别判断是属于浊音还是属于清音,然后根据各带清、浊音的情况,分别采用白噪声或正弦产生合成信号,最后将各带信号相加,形成全带合成语音。系统编解码器原理框图如图3.16 所示。

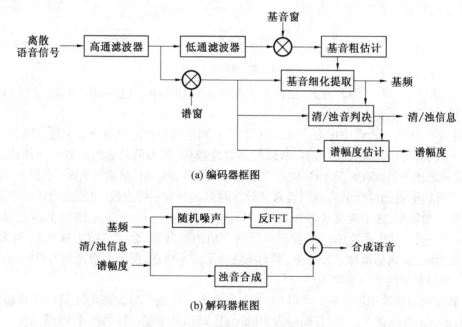

(a) 编码器框图

(b) 解码器框图

图 3.16　多带激励编解码器原理框图

　　(6)混合激励线性预测编码

　　混合激励线性预测编码(MELP)算法对语音的模式进行两级分类。首先将语音分为"清"和"浊"两大类,这里的清音是指不具有周期成分的强清音,其余的均划为浊音,用总的清/浊音判决表示。其次,把浊音再分为浊音和抖动浊音,用非周期位表示。在对浊音和抖动浊音的处理上,MELP 算法利用了 MBE 算法的分带思想,在各子带上对混合比例进行控制。这种方法简单有效,使用的比特数也不多。如果使用 1 bit 对每个子带的混合比例参数进行编码,该参数即简化为每个子带的清/浊音判决信息。

在周期脉冲信号源的合成上,MELP 算法要对 LPC 分析的残差信号进行傅里叶变换,提取谐波分量,量化后传到接收端,用于合成周期脉冲激励。这种方法提高了激励信号与原始残差的匹配程度。

MELP 的参数包括 LPC 参数、基音周期、模式分类参数、分带混合比例、残差谐波参数和增益。在 MELP 的参数分析部分,语音信号输入后要分别进行基音提取、子带分析、LPC 分析和残差谐波谱计算。

MELP 算法的语音合成部分仍然采取 LPC 合成的形式,不同的是激励信号的合成方式和后处理。这里的混合激励信号为合成分带滤波后的脉冲与噪声激励之和。脉冲激励通过对残差谐波谱进行离散傅里叶反变换得出,噪声激励则在对一个白噪声源进行电平调整和限幅之后产生,两者各自滤波后叠加在一起形成混合激励。混合激励信号合成后经自适应谱增强滤波器处理,用于改善共振峰的形状。随后,激励信号进行 LPC 合成得到合成语音。MELP 算法的分析/合成框图如图 3.17 所示。

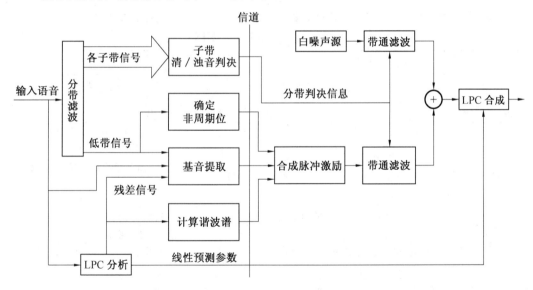

图 3.17　MELP 算法的分析/合成框图

4. 感知编码

感知编码是利用人耳的听觉感知特性,使用心理声学模型,将人耳不能感知的声音成分去掉,只保留人耳能感知的声音成分;另一方面,也不一味追求最小的量化噪声,只要量化噪声不被人耳感知即可。这样既实现音频数据压缩的目的,又不影响解码端重建音频信号的主观听觉质量。

感知编码的基本原理是:将输入的数字声音信号变换到频域,连续不断地对输入信号的频率和幅度成分进行分析,将其与人的听觉模型相比较。适合模型的信息就是能够听到的要进行编码的信息,并给以较多的比特编码,舍掉听不到的信息。

3.2.3　音频压缩编码技术标准

（1）语音编码标准

国际电信联盟（ITU）是世界各国政府的电信主管部门之间协调电信事务方面的一个国际组织，分为电信标准部门（ITU-T）、无线电通信部门（ITU-R）和电信发展部门（ITU-D）。电话通信业务中使用的语音编码标准 G.7XX 是由 ITU-T 负责完成的。其中有 G.711，G.721/3/6，G.722，G.723.1，G.728 和 G.729 等。

（2）音频编码标准

当前国际上音频编码标准主要有两个系列，一个是由国际电子技术委员会（IEC）和国际标准化组织（ISO）成立的活动图像专家组（MPEG）制定的 MPEG 音频编码；另一个是由杜比实验室开发的杜比 AC-3 音频编码。其中 MPEG 音频的应用所涉及的领域广泛，不仅用于数字电视、数字声音广播，还有影音光盘、多媒体应用以及网络服务等。我国的数字标清电视广播中，数字音频广泛采用 MPEG 音频编码标准。杜比 AC-3 用于多声道环绕立体声重放，主要用于 DVD 影音光盘及美国先进电视系统委员会（Advanced Television System Committee，ATSC）数字电视标准中的音频编码。

各种语音及音频压缩标准采用的主要编码技术、比特率及应用见表 3.1。

表 3.1　各种音频压缩标准比较

标准	采用的主要编码技术	比特率	主要应用
G.711	A 律或 μ 律压扩的 PCM 编码	64 kbit/s	固定电话语音编码
G.721/3/6	ADPCM	32/24/16 kbit/s	IP 电话
G.722	SB-ADC	48 kbit/s	高质量语音信号
G.723.1	代数码激励线性预测（ACELP）、多脉冲最大似然量化机制（MP-MLQ）	5.3 kbit/s	公用电话网、移动网和互联网的语音通信
G.728	低延时码激励线性预测（LD-CELP）、矢量量化	16 kbit/s	光盘存储、计算机磁盘存储、视频娱乐、视频监控
G.729	共轭结构代数码本激励线性预测编码（CS-ACELP）	32 kbit/s	IP 电话、会议电视、数字音视频监控
MPEG-1 Audio1/2/3	掩蔽模式通用子带集成编码、多路复用 MUSICAM、自适应频率感知熵编码 ASPEC	384/256/64 kbit/s	DAB，ISDN 宽带网络传输
MPEG-2 Audio（BC）	MPEG-1 所有技术、线性 PCM、杜比 AC-3 编码、5.1/7.1 声道	8～640 kbit/s	数字电视、DVD
MPEG-2 AAC（NBC）	改进离散余弦变换 MDCT		数字电视、DVD
MPEG-4 Audio	参数编码、码激励线性预测、矢量量化	2～64 kbit/s	通信、中/短波数字声音广播
MPEG-7 Audio	描述音频内容		建立音频档案、检索
杜比 AC-3	MD，DCC		DVD，DTV，DBS

3.3　MPEG 音频编码

MPEG 的声音数据压缩编码不是依据波形本身的相关性和模拟人的发音器官的特性，而是利用人的听觉系统特性来达到压缩声音数据的目的，这种压缩编码属于感知编码。MPEG 采用两种感知编码，一种是感知子带编码，另一种是杜比 AC-3 编码。

3.3.1　MPEG-1 音频压缩编码标准

在音频压缩标准化方面取得巨大成功的是 MPEG-1 音频（ISO/IEC 11172-3），它是 MPEG-1（ISO/IEC 11172）标准的第三部分。在 MPEG-1 音频中，对音频压缩规定了三种层次：层Ⅰ、层Ⅱ（即 MUSICAM，又称 MP2）和层Ⅲ（又称 MP3）。由于在制定标准时对许多压缩技术进行了认真的考察，并充分考虑了实际应用条件和算法的可实现性（复杂度），因而三种模式都得到了广泛的应用。VCD 中使用的音频压缩方案是 MPEG-1 音频层Ⅰ；而 MU-SICAM（掩蔽型通用子带综合编码和复用）由于其适当的复杂程度和优秀的声音质量，在数字演播室、DAB、DVB 等数字节目的制作、交换、存储、传送中得到广泛应用；MP3 是在综合 MUSICAM 和 ASPEC（高质量音乐信号自适应谱感知熵编码）优点的基础上提出的混合压缩技术，在当时的技术条件下，MP3 的复杂度显得相对较高，编码不利于实时，但由于 MP3 在低码率条件下高水准的声音质量，使得它成为软解压及网络广播的"宠儿"。可以说，MPEG-1 音频标准的制定方式决定了它的成功，这一思路甚至也影响到后面将要谈到的 MPEG-2 和 MPEG-4 音频标准的制定。

MPEG-1 音频压缩的基础是量化。虽然量化会带来失真，但是 MPEG-1 音频标准要求量化失真对于人耳来说是感觉不到的。在 MPEG-1 音频压缩标准的制定过程中，MPEG 音频委员会做了大量的主观测试实验。实验表明，采样频率为 48 kHz、采样值精度为 16 bit 的立体声声音数据压缩到 256 kbit/s 时，即在 6 ∶ 1 的压缩比下，即使是专业测试员也很难分辨出是原始音频还是编码压缩后复原出的音频信号。

MPEG-1 音频使用感知音频编码来达到既压缩音频数据又尽可能保证音质的目的。感知音频编码的理论依据是听觉系统的掩蔽效应，其基本思想是在编码过程中保留有用的信息而丢掉被掩蔽的信号，其结果是经编解码之后重构的音频信号与编码之前的原始音频信号不完全相同，但人的听觉系统很难感觉到它们之间的差别。也就是说，对听觉系统来说这种压缩是"无损压缩"。

MPEG-1 音频编码标准提供三个独立的压缩层次，它们的基本模型相同。层Ⅰ是最基础的，层Ⅱ和层Ⅲ都是在层Ⅰ的基础上有所提高。每个后继的层次都有更高的压缩比，同时也需要更复杂的编码器。任何一个 MPEG-1 音频码流帧结构的同步头中都有一个 2 bit 的层代码字段（Layer Field）用来指出所用的算法是哪一个层次。

MPEG-1 音频码流按照规定构成"帧（Frame）"的格式，层Ⅰ的每帧包含 384 个采样值的码字。384 个采样值来自 32 个子带，每个子带包含 12 个采样值。层Ⅱ和层Ⅲ的每帧包含1 152个采样值的码字，每个子带包含 36 个采样值。

1. MPEG-1 层Ⅰ

MPEG-1 层Ⅰ压缩编码器的原理方框图如图 3.18 所示。

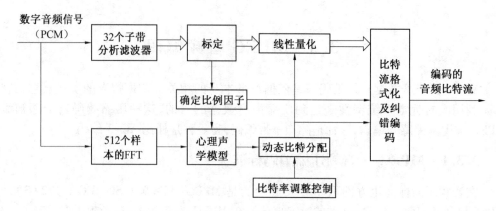

图 3.18   MPEG-1 层 I 压缩编码器的原理方框图

（1）子带分析滤波器组（多相滤波器组）

编码器的输入信号是每声道为 768 kbit/s 的数字化音频（PCM）信号,用多相滤波器组分割成 32 个子带信号。多相滤波器组是正交镜像滤波器（QMF）的一种,与一般树形构造的 QMF 相比,它可用较少的运算实现多个子带的分割。层 I 的子带是均匀划分的,它把信号分到 32 个等带宽的频率子带中。值得注意的是,子带的等带宽划分并没有精确地反映人耳的听觉特性。因为人耳的听觉特性是以"临界频带"来划分的,在一个临界频带之内,很多心理学特性都是一样的。在低频区域,一个子带覆盖若干个临界频带,这种情况下,某个子带中量化器的比特分配就不能根据每个临界频带的掩蔽阈值进行分配,而要以其中最低的掩蔽阈值为准。这样对低频的量化比较简单,容易引起低频端的量化误差。

（2）标定

如果将子带信号直接原样量化,则量化噪声电平由量化步长决定,当输入信号电平低时,噪声就会显现出来。考虑到人耳听觉的时域掩蔽效应,将每个子带中相连续的 12 个采样值归并成一个块,在采样频率为 48 kHz 时,这个块相当于 8 ms（12×32/48）。这样,在每一子带中,以 8 ms 为一个时间段,对 12 个采样值并成的块一起计算,求出其中幅度最大的值,对该子带的采样值进行归一化,即标定,使各子带电平一致,然后进行适当的量化。标定处理的比例因子是一个无量纲的系数,用 6 bit 表示,如 000000,000001,000010,…,111110。最大的比例因子编号为 0,最小的比例因子编号为 62。每 12 个采样值并成的块进行一次比特分配并记录一个比例因子。比特分配信息告诉解码器每个采样值用多少比特来表示。解码器使用这 6 bit 比例因子乘逆量化器的每个输出采样值,以恢复被量化的采样值。比例因子的作用是充分利用量化器的动态范围,通过比特分配和比例因子相配合,可以相对降低量化噪声电平。

（3）快速傅里叶变换（FFT）

从数学角度上讲,信号由时域变换到频域表示的过程称为傅里叶变换。快速傅里叶变换（FFT）是计算离散傅里叶变换的一种快速算法,为了在频域精确地计算信号掩蔽比（SMR）,以及掩蔽音与被掩蔽音对应的频率范围和功率峰值,输入的 PCM 信号同时还要送入 FFT 运算器。这样,既可以通过多相滤波器组使信号具有高的时间分辨率,又可以使信号通过 FFT 运算具有高的频率分辨率。足够高的频率分辨率可以实现尽可能低的数码率,而足够高的时间分辨率可以确保在短暂冲击声音信号情况下,编码的声音信号也有足够高的质量。

（4）心理声学模型

当一个强音出现时,在时域和频域里与之相邻的弱音都可被其掩蔽。实验表明,人耳的分辨率是与频率相关的。这种与频率的相关性反映为"临界频带"这个概念。由于人耳对一个临界频带里的音不容易分清,所以噪声的掩蔽阈值完全由它的频率附近的信号能量决定。MPEG-1 音频把音频信号分到频域子带,然后根据每个子带内的量化噪声大小对每个子带进行量化。为了达到最大的压缩比,应求出每个子带的量化级数使得量化噪声恰好不被听到。这种计算是利用人耳的掩蔽效应来进行的。心理学模型是模拟人类听觉掩蔽效应的一个数学模型,它根据 FFT 的输出值,按一定的步骤和算法计算出每个子带的信号掩蔽比（SMR）。基于所有这些子带的信号掩蔽比进行 32 个子带的比特分配。

根据心理声学模型计算得到以频率为自变量的噪声掩蔽阈值。一个给定信号的掩蔽能力取决于它的频率和响度。MPEG-1 音频压缩标准提供了两个心理声学模型,其中心理声学模型 1 比模型 2 简单,以简化计算。两个模型对所有层次都适用,只有模型 2 在用于层Ⅲ时要加以修改。另外,心理声学模型的实现有很大的自由度。

（5）动态比特分配

为了同时满足数码率和掩蔽特性的要求,比特分配器应同时考虑来自分析滤波器组的输出样值以及来自心理声学模型的信号掩蔽比（SMR）,以便决定分配给各个子带信号的量化比特数,使量化噪声低于掩蔽阈值。由于掩蔽效应的存在,降低了对量化比特数的要求,不同的子带信号可分配不同的量化比特数。对于各个子带信号而言,量化都是线性量化。

（6）帧结构

最后,将量化后的采样值和格式标记以及其他附加辅助数据按照规定的帧格式组装成比特数据流。MPEG-1 层Ⅰ的音频码流的数据帧格式如图 3.19 所示。

图 3.19　MPEG-1 层Ⅰ的音频码流的数据帧格式

每帧都包含以下几个部分:

①用于同步和记录该帧信息的同步头,长度为 32 bit。

②用于检验传输差错的循环冗余校验码（CRC）,长度为 16 bit。

③用于描述比特分配信息的字段,每个子带占 4 bit。

④比例因子（Scale Factor）字段,每个子带占 6 bit。

⑤采样值附加辅助数据字段,长度未做规定。

2. MPEG-1 层Ⅱ

MPEG-1 层Ⅱ采用了 MUSICAM 编码方法,其编码器的原理方框图如图 3.20 所示。

层Ⅱ和层Ⅰ的不同之处在于:

①使用 1 024 点的 FFT 运算,提高了频率的分辨率,得到原信号的更准确瞬时频谱特

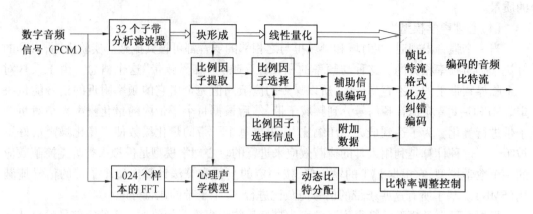

图 3.20 MPEG-1 层 Ⅱ 压缩编码器的原理方框图

性。

②层 Ⅱ 的每帧包含 1 152 个采样值的码字。与层 Ⅰ 对每个子带由 12 个采样值组成一块的编码不同，层 Ⅱ 对一个子带的 3 个块进行编码，其中每块 12 个采样值，如图 3.21 所示。

图 3.21 MPEG-1 层 Ⅱ 的音频比特流的数据帧格式

③描述比特分配的字段长度随子带的不同而不同。低频段子带用 4 bit 来描述，中频段子带用 3 bit 来描述，高频段子带用 2 bit 来描述。这种因频率不同而比特率不一样的做法，也是临界频带的应用。

④编码器可对一个子带提供 3 个不同的比例因子，所以，每个子带每帧应传送 3 个比例因子。为了降低用于传送比例因子的数码率还需采取一些附加的措施。比例因子是人们对音频信号统计分析和观察得出的特征规律的反映，在较高频率时频谱能量出现明显的衰减，因此，比例因子从低频子带到高频子带出现连续下降。比例因子的附加编码措施就是考虑到上述的统计联系和听觉的时域掩蔽效应，将一帧内的 3 个连续的比例因子按照不同的组合共同地编码和传送。信号变化平稳时，只传其中 1 个或 2 个较大的比例因子；对瞬态变化的峰值信号，3 个比例因子都传送。同时，每个子带每帧还需要传送描述被传比例因子的信息，这种信息称为比例因子选择信息（Scale Factor Select Information，SCFSI），需要 2 bit 来描述。若编码为 00，则表示传送所有的 3 个比例因子；若编码为 01，则表示传送第 1 个和第 3 个比例因子；若编码为 10，则表示只传送 1 个比例因子；若编码为 11，则表示传送第 1 个和第 2 个比例因子。当然，不需传送比例因子的子带，也不需要传送 SCFSI。经采用这种附加编码措施后，用于传送比例因子所需的数码率平均可压缩约 1/3。

3. MPEG-1 层Ⅲ

MPEG-1 层Ⅲ压缩编码器的原理方框图如图 3.22 所示。

层Ⅲ使用比较好的临界频带滤波器，把输入信号的频带划分成不等带宽的子带。根据

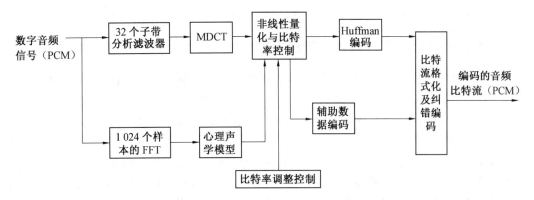

图 3.22　MPEG-1 层Ⅲ压缩编码器的原理方框图

"临界频带"的概念,在同样的掩蔽阈值时,低频段有窄的临界频带,而高频段则有较宽的临界频带。这样,在按临界频带划分子带时,低频段取的带宽窄,即意味着对低频有较高频率分辨率,在高频段时则相对有较低一点的分辨率。这样的分配,更符合人耳的灵敏度特性,可以改善对低频段压缩编码的失真。但这样做,需要较复杂一些的滤波器组。

层Ⅲ综合了 ASPEC 和 MUSICAM 算法的特点,比层Ⅰ和层Ⅱ都要复杂。虽然层Ⅲ所用的滤波器组与层Ⅰ和层Ⅱ所用的滤波器组结构相同,但是层Ⅲ重点使用了改进离散余弦变换(MDCT),对层Ⅰ和层Ⅱ的滤波器组的不足做了一些补偿。MDCT 把子带的输出在频域里进一步细分以达到更高的频域分辨率,而通过对子带的进一步细分,层Ⅲ编码器已经部分消除了多相滤波器组引入的混叠效应。

层Ⅲ指定了两种 MDCT 的块长:长块的块长为 18 个采样值,短块长为 6 个采样值。相邻变换窗口之间有 50% 的重叠,所以窗口大小分别为 36 个采样值和 12 个采样值。长块对于平稳的音频信号可以得到更高的频域分辨率,而短块对瞬变的音频信号可以得到更高的时域分辨率。在短块模式下,3 个短块代替一个长块,而短块的块长恰好是一个长块的 1/3,所以 MDCT 的采样值数不受块长的影响。对于给定的一帧音频信号,MDCT 可以全部使用长块或全部使用短块,也可以长、短块混合使用。因为低频段的频域分辨率对音质有重大影响,所以在混合块长模式下,MDCT 对最低频的 2 个子带使用长块,而对其余的 30 个子带使用短块。这样,既能保证低频段的频域分辨率,又不会牺牲高频段的时域分辨率。长块和短块之间的切换有一个过程,一般用一个带特殊长转短或短转长数据窗口的长块来完成这个长、短块之间的切换。

除了 MDCT 外,层Ⅲ还采用了其他许多改进措施来提高压缩比而不降低音质。例如,采用了 Huffman 编码进行无损压缩,这就更进一步降低了数码率,提高了压缩比。据估计,Huffman 编码以后,可以节省 20% 的数码率。虽然层Ⅲ引入了许多复杂的概念,但是它的计算量并没有比层Ⅱ增加很多。增加的主要是编码器的复杂度和解码的复杂度,以及解码器所需要的存储容量。

经过 MPEG-1 音频层Ⅲ编解码后,尽管还原的信号与原信号不完全一致,仪器实测的指标也不高,但主观听音效果却基本未受影响,而数据量却大大减少,只有原来的 1/10 ~ 1/12,约 1 MB/min,也就是说,一张 650 MB 的 CD 盘可存储超过 10 h 的 CD 音质 (44.1 kHz,16 bit)的音乐。换句话说,采用 44.1 kHz 的采样频率,MP3 的压缩比能够达到 10 : 1~12 : 1,基本上拥有近似 CD 的音质。1 min 无压缩的 CD 音乐转换成文件需要

10 MB的存储空间,如果压缩成 MP3 文件只要 1 MB。

3.3.2　MPEG-2 音频压缩编码标准

MPEG-1 音频压缩算法是针对最多两声道的音频而开发的。但随着技术的不断进步和生活水准的不断提高,原有的立体声形式已不能满足听众对声音节目的欣赏要求,具有更强定位能力和空间效果的三维声音技术得到蓬勃发展。而三维声音技术中最具代表性的就是多声道环绕技术。

环绕声是一种声音恢复形式,其新技术的含量实际表现在随着这种形式发展起来的一些数字压缩标准上。环绕声技术发展至今已相当成熟,日渐成为未来声音形式的主流。在普通的左右扬声器(L,R)的中间,加入一个中置扬声器 C,并在后方增加左、右两个环绕声扬声器 Ls 和 Rs。对于多语种方式,如两个语种,则左右各有两个声道,分别与两个语种相对应。多声道格式还可附加低频增强(Low Frequency Enhancement,LFE)声道,这是为了与电影界的 LFE 声道相适应而设计的。LFE 声道包含有 15 ～ 120 Hz 的信息,称为 0.1 声道,与上述 5 个声道构成 5.1 声道,0.1 声道的采样频率是主声道采样频率的 1/96。测试表明,5 声道或 5.1 声道可以提供满意的听觉效果。7.1 声道在左、中、右 3 个扬声器之间多加了中左和中右两个声道。

为了减少多声道数据的冗余度,采用了声道间的自适应预测,计算出各种频带内的三种声道间的预测信号,只将中间声道及环绕声道的预测误差进行编码。目前,有两种主要的多声道编码方案:MUSICAM 环绕声和杜比 AC-3。MPEG-2 音频编码标准采用的是 MUSI-CAM 环绕声方案,它是 MPEG-2 音频编码的核心,是基于人耳听觉感知特性的子带编码算法。而美国的 HDTV 伴音则采用杜比 AC-3 方案。

MPEG-2 标准委员会定义了两种音频压缩编码算法,一种称为 MPEG-2 后向兼容多声道音频编码(MPEG-2 Backward Compatible Multichannel Audio Coding)标准,简称为 MPEG-2 BC,它与 MPEG-1 音频压缩编码算法是兼容的;另一种称为 MPEG-2 高级音频编码(MPEG-2 Advanced Audio Coding)标准,简称为 MPEG-2 AAC,因为它与 MPEG-1 音频压缩编码算法是不兼容的,所以也称为 MPEG-2 非后向兼容(Non Backward Compatible,NBC)标准。

1. MPEG-2 BC

MPEG-2 BC,即 ISO/IEC 13818-3,是另一种多声道环绕声音频压缩编码标准。早在1992 年初,该方面的讨论工作便已初步开展,并于 1994 年 11 月正式获得通过。MPEG-2 BC 主要是在 MPEG-1 音频和 CCIR775 建议的基础上发展起来的。与 MPEG-1 音频相比较,MPEG-2 BC 主要在两方面做了重大改进:一是增加了声道数,支持 5.1 声道和 7.1 声道的环绕声;二是为某些低数码率应用场合,如多语言声道节目、体育比赛解说等增加了16 kHz,22.05 kHz 和 24 kHz 三种较低的采样频率。同时,标准规定的码流形式还可与MPEG-1音频的层 Ⅰ 和层 Ⅱ 做到前、后向兼容,并可依据 CCIT775 建议做到与双声道、单声道形式的向下兼容,还能够与杜比环绕声形式兼容。

在 MPEG-2 BC 中,由于考虑到其前、后向兼容性以及环绕声形式的新特点,在压缩算法中除承袭了 MPEG-1 音频的绝大部分技术外,为在低数码率条件下进一步提高声音质量,还采用了多种新技术。如动态传输声道切换、动态串音、自适应多声道预测、中央声道部分编码(Phantom Coding of Center)等。

然而,MPEG-2 BC 的发展和应用并不如 MPEG-1 那样一帆风顺。通过对一些相关论文的比较可以发现,MPEG-2 BC 的编码框图在标准化过程中发生了重大的变化,上述的许多新技术都是在后期引入的,事实上,正是与 MPEG-1 的前、后向兼容性成为 MPEG-2 BC 最大的弱点,使得 MPEG-2 BC 不得不以牺牲数码率的代价来换取较好的声音质量。一般情况下,MPEG-2 BC 需 640 kbit/s 以上的数码率才能基本达到欧洲广播联盟(EBU)的"无法区分"声音质量要求。由于 MPEG-2 BC 标准化的进程过快,其算法自身仍存在一些缺陷。这一切都成为 MPEG-2 BC 在世界范围内得到广泛应用的障碍。

2. MPEG-2 AAC

由于 MPEG-2 BC 强调与 MPEG-1 的后向兼容性,不能以更低的数码率实现高音质。为了改进这一不足,后来产生了 MPEG-2 AAC,现已成为 ISO/IEC 13818-7 国际标准。MPEG-2 AAC 是一种非常灵活的声音感知编码标准。就像所有感知编码一样,MPEG-2 AAC 主要使用听觉系统的掩蔽特性来压缩声音的数据量,并且通过把量化噪声分散到各个子带中,用全局信号把噪声掩蔽掉。

MPEG-2 AAC 支持的采样频率为 8~96 kHz,编码器的音源可以是单声道、立体声和多声道的声音,多声道扬声器的数目、位置及前方、侧面和后方的声道数都可以设定,因此能支持更灵活的多声道构成。MPEG-2 AAC 可支持 48 个主声道、16 个低频增强(LFE)声道、16 个配音声道(Overdub Channel)或者称为多语言声道(Multilingual Channel)和 16 个数据流。MPEG-2 AAC 的压缩比为 11 ∶ 1,即每个声道的数码率为 64 kbit/s(44.1×16),5 个声道的总数码率为 320 kbit/s 的情况下,很难区分解码还原后的声音与原始声音之间的差别。与 MPEG-1 音频的层 Ⅱ 相比,MPEG-2 AAC 的压缩比可提高 1 倍,而且音质更好;在质量相同的条件下,MPEG-2 AAC 的数码率大约是 MPEG-1 音频层Ⅲ的 70% 。

1)MPEG-2 AAC 编码算法和特点

MPEG-2 AAC 编码器的完整框图如图 3.23 所示。在实际应用中不是所有的模块都是必需的,图中凡有阴影的方块是可选的,根据不同应用要求和成本限制对可选模块进行取舍。

(1)增益控制

增益控制模块用在可分级采样率类中,它由多相正交滤波器(Polyphase Quadrature Filter,PQF)、增益检测器和增益调节器组成。这个模块把输入信号划分到 4 个等带宽的子带中。在解码器中也有增益控制模块,通过忽略多相正交滤波器的高子带信号获得低采样率输出信号。

(2)分析滤波器组

分析滤波器组是 MPEG-2 AAC 系统的基本模块,它把输入信号从时域变换到频域。这个模块采用了改进离散余弦变换(MDCT),它是一种线性正交叠变换,使用了一种称为时域混叠抵消(TDAC)技术,在理论上能完全消除混叠。AAC 提供了两种窗函数:正弦窗和凯塞尔窗(KBD)。正弦窗使滤波器组能较好地分离出相邻的频谱分量,适合于具有密集谐波分量(频谱间隔小于 140 Hz)的信号。对于频谱成分间隔较宽(>220 Hz)时,KBD 窗 AAC 系统允许正弦窗和 KBD 窗之间连续无缝切换。

AAC 的 MDCT 变换的帧长分 2 048 和 256 两种,长块的频域分辨率高、编码效率高,对

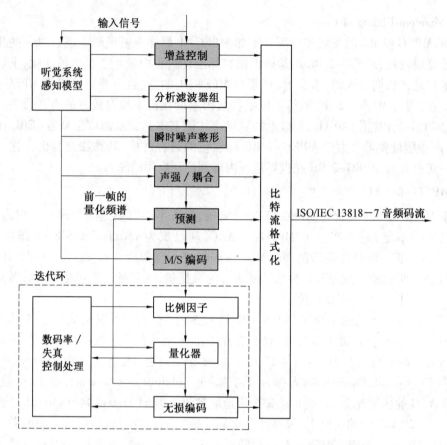

图 3.23 MPEG-2 AAC 编码器的完整框图

于时域变化快的信号则使用短块,切换的标准根据心理声学模型的计算结果确定,为了平滑过渡,长短块之间引入了过渡块。

(3)听觉系统感知模型

感知模型即心理声学模型,它是包括 AAC 在内的所有感知音频编码的核心。AAC 使用的心理声学模型原理上与 MP3 所使用的模型相同,但在具体计算和参数方面并不一样。AAC 用的模型不区分单音和非单音成分,而是把频谱数划分为"分区",分区范围与临界频带带宽有线性关系。

(4)瞬时噪声整形(TNS)

在感知声音编码中,TNS(Temporal Noise Shaping)模块是用来控制量化噪声的瞬时形状的一种方法,解决掩蔽阈值和量化噪声的错误匹配问题,这是增加预测增益的一种方法。这种技术的基本思想是,对于时域较平稳的信号,频域上变化较剧烈;反之时域上变化剧烈的信号,频谱上则较平稳。TNS 是在信号的频谱变化较平稳时,对一帧信号的频谱进行线性预测,再将预测残差编码。在编码时判断是否要用 TNS 模块的判据由感知熵决定,当感知熵大于预定值时就用 TNS。

(5)声强/耦合和 M/S 编码

声强/耦合(Intensity/Coupling)编码又称为声强立体声(Intensity Stereo Coding)或声道耦合编码(Channel Coupling Coding),探索的基本问题是声道间的不相关性(Irrelevance)。

声强/耦合编码和 M/S 立体声模块都是 AAC 编码器的可选项。人耳听觉系统在听 4 kHz 以上的信号时双耳的定位对左右声道的强度差比较敏感,而对相位差不敏感。声强/耦合就利用这一原理,在某个频带以上的各子带使用左声道代表两个声道的联合强度,右声道谱线置为 0,不再参与量化和编码。平均而言,大于 6 kHz 的频段用声强/耦合编码较合适。

在立体声编码中,左右声道具有相关性,利用"和"及"差"方法产生中间(Middle)和边(Side)声道替代原来的 L/R 声道,M/S 和 L/R 的关系很简单:

$$M = \frac{R+L}{2} \tag{3.1}$$

$$S = \frac{L-R}{2} \tag{3.2}$$

在解码端,将 M,S 声道再恢复回 L,R 声道。在编码时不是每个频带都需要用 M/S 联合立体声替代的,只有 L,R 声道相关性较强的子带才用 M/S 转换。对于 M/S 开关的判决,ISO/IEC 13818−7 中建议对每个子带分别用 M/S 和 L/R 两种方法进行量化和编码,再选择两者中比特数较少的方法。对于长块编码,需对 49 个量化子带进行两种方法的量化和编码,所以运算量很大。

(6)预测

在信号较平稳的情况下,利用时域预测可进一步减小信号的冗余度。在 AAC 编码中预测是利用前面帧的频谱来预测当前帧的频谱,再求预测的残差,然后对残差进行编码。预测使用经过量化后重建的频谱信号。

(7)量化

真正的压缩是在量化模块中进行的,前面的处理都是为量化做的预处理。量化模块按心理学模型输出的掩蔽阈值把限定的比特分配给输入谱线,要尽量使量化所产生的量化噪声低于掩蔽阈值,达到不可闻的目的。量化时需计算实际编码所用的比特数,量化和编码是紧紧结合在一起的,AAC 在量化前将 1 024 条谱线分成数十个比例因子频带,对每个子频带采用 3/4 次方非线性量化,起到幅度压扩作用,信号的信噪比和压缩信号的动态范围有利于霍夫曼编码。

(8)无损编码

无损编码实际上就是 Huffman 编码,它对被量化的谱系数、比例因子和方向信息进行编码。

(9)码流打包组帧

最后,要把各种必须传输的信息按 AAC 标准给出的帧格式组成 AAC 码流。AAC 的帧结构非常灵活,除支持单声道、双声道、5.1 声道外,可支持多达 48 个声道,具有 16 种语言兼容能力。AAC 中的数据块类型有:单声道元素、双声道元素、耦合声道元素、低音增强声道元素、数据元素、声道配置元素、结束元素和填充元素。

2)MPEG−2 AAC 的类

开发 MPEG−2 AAC 标准采用的方法与开发 MPEG−2 BC 标准采用的方法不同。后者采用的方法是对整个系统进行标准化;而前者采用的方法是模块的方法,指导 AAC 系统分解成一系列模块,用标准化的工具对模块进行定义。因此,在文献中往往把"模块(Modular)"与"工具(Tool)"等同对待。

AAC 为在编解码器的复杂度与音质之间得到折中,定义了以下三种类(Profile):

(1)主类(Main Profile)

在这种类中,除了"增益控制"模块之外,AAC 系统使用了图中所示的其他所有模块,在三种类中提供最好的声音质量,而且其解码器可对低复杂度类的编码比特流进行解码,但对计算机的存储容量和处理能力的要求较高。

(2)低复杂度类(Low Complexity Profile)

在这种类中,不使用预测模块和增益控制模块,瞬时噪声整形(Temporal Noise Shaping,TNS)滤波器的级数也有限,这就使声音质量比主类的声音质量低,但对计算机的存储容量和处理能力的要求可明显降低。

(3)可分级的采样率类(Scalable Sampling Rate Profile)

在这种类中,使用增益控制模块对信号做预处理,不使用时域预测和声强/耦合模块,瞬时噪声整形滤波器的级数和带宽也都有限制。因此,它比主类和低复杂度类更简单,可用来提供可分级的采样频率的信号。

3.3.3　MPEG-4 音频压缩编码标准

MPEG-4 标准的目标是提供未来的交互式多媒体应用,它具有高度的灵活性和可扩展性。与以前的音频编码标准相比,MPEG-4 增加了许多新的关于合成内容及场景描述等领域的工作,增加了诸如可分级性、音调变化、可编辑性及延迟等新功能。MPEG-4 将以前发展良好但相互独立的高质量音频编码、计算机音乐及合成语音等第一次合并在一起,在诸多领域内给予高度的灵活性。

为了实现基于内容的编码,MPEG-4 音频编码也引入了音频对象(Audio Object,AO)的概念。AO 可以是混合声音中的任一种基本音,例如交响乐中某一种乐器的演奏音,或电影声音中人物的对白。通过对不同 AO 的混合和去除,用户就能得到所需要的某种基本音或混合音。

MPEG-4 支持自然声音(如语音、音乐)、合成声音以及自然和合成声音混合在一起的合成/自然混合编码(Synthetic/Natural Hybrid Coding,SNHC),以算法和工具形式对音频对象进行压缩和控制,如以分级数码率进行回放,通过文字和乐器的描述来合成语音和音乐等。

3.4　杜比 AC-3 音频压缩编码技术

美国杜比(Dolby)实验室开发的 AC-3 数字音频压缩编码技术与 HDTV 的研究紧密相关。1987 年美国高级电视咨询委员会开始对 HDTV 制式进行研究,要求它的声音必须是多声道的环绕声。当时还只有模拟矩阵编码的多声道单体声技术,后来虽然有了杜比 AC-1、AC-2 数字音频编码技术,但还满足不了要求。为了提高 HDTV 声音的质量,避免模拟矩阵编码的局限性,提出了以双声道的数码率提供多声道的编码性能的设想,杜比 AC-3 就是为了实现这一设想而开发的。杜比 AC-3 环绕声系统共有 6 个完全独立的声音声道:3 个前方的左声道、右声道和中置声道以及 2 个后方的左、右环绕声道,这 5 个声道皆为全频带的

(20 Hz~20 kHz)；另外 1 个超低音声道，其频率范围只有 20～120 Hz，所以将此超低音声道称为"0.1"声道，加上前面 5 个声道，就构成杜比数字(AC-3)的 5.1 声道。

　　杜比 AC-3 可以把 5 个独立的全频带和 1 个超低音声道的信号实行统一编码，成为单一的复合数据流。各声道间的隔离度高达 90 dB，两个环绕声道互相独立实现了立体化，超低音声道的音量可独立控制。就技术指标而言，AC-3 的频响为 20 Hz～20 kHz±0.5dB (-3 dB时为 3 Hz～20.3 kHz)，超低声道频率范围是 20～120 Hz±0.5 dB(-3 dB 时为 3～121 Hz)。可支持 32 kHz,44.1 kHz,48 kHz 三种采样频率。数码率可低至单声道的 32 kbit/s，高到多声道的 640 kbit/s，以适应不同需要。

　　AC-3 是在 AC-1 和 AC-2 基础上发展起来的多声道编码技术，因此保留了 AC-2 的许多特点，如加窗处理、变换编码、自适应比特分配；AC-3 还利用了多声道立体声信号间的大量冗余性，对它们进行"联合编码"，从而获得了很高的编码效率。

3.4.1　杜比 AC-3 编码器

　　杜比 AC-3 是一种感知压缩编码技术，其编码器原理框图如图 3.24 所示。AC-3 编码器接收 PCM 声音数据，输出的是压缩后的数码流。下面对编码器中的主要模块做一些说明。

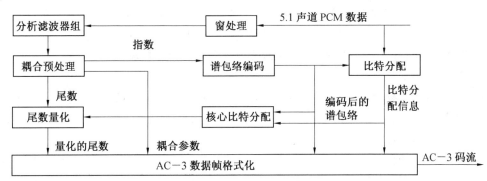

图 3.24　AC-3 编码器原理框图

(1)分析滤波器组

　　分析滤波器组的作用是把时域内的 PCM 采样值数据变换成频域内的一系列变换系数，即将音频信号的表示从时域变换到频域适合于心理声学模型的计算。在变换之前，要先将音频的采样值数据分成许多组，这些数据分组称为"块"。每块包含 512 个采样值，因为是重叠采样的，所以每块有 256 个采样值是新的，另外 256 个采样值与上一块相同，即其中有 256 个采样值在连续的两块中是重叠的。这样，每个音频的采样值会出现在两个块中，要处理的采样值当然是加倍了，但这样做是为了防止听得见的块效应，所以是必要的，对音频采样值的分块是靠窗函数来实现的。如将 512 点的窗函数和 512 个采样值矢量相乘得到。窗函数的形状决定了滤波器组中各滤波器的形状。

　　由时域变换到频域的块长度的选择是变换编码的基础，长的变换长度适合于谱变化很慢的输入信号。一个长的变换长度提供比较高的频率分辨率，由此改进了这类信号的编码性能；而短的变换长度提供比较高的时间分辨率，更适合于时间上快速变化的信号。

　　人耳在时域和频域上存在掩蔽效应，因此，在进行变换编码时存在时间分辨率和频率分辨率之间的矛盾,不能同时兼顾必须统筹考虑处理。对于稳态信号,其频率随时间变化缓慢,要求滤波器组有好的频率分辨率,即要求一个长的窗函数。反之,对于快速变化的信号,要求好的时间分辨率,即要求一个短的窗函数。在编码器中,输入信号通过一个 8 kHz 的高通滤波器取出高频成分,用它的能量和预先设定的阈值相比较,从而判断输入的信号是稳态还是瞬态。对稳态信号,采样率为 48 kHz 时的块长度选为 512 个采样值,滤波器的频率分辨率为 187.5 Hz,时间分辨率为 5.33 ms。对于瞬态信号,块长度为 256 个采样值,滤波器的频率分辨率为 375 Hz,时间分辨率为 2.67 ms。

通常的块长度为 512 个采样值。对通常的加窗块做变换时,由于前后块重叠,每一个输入采样值出现在连续两个变换块内,因此,变换后的变换系数可以去掉一半而变成每块包含 256 个变换系数。比较短的块的构成是将通常的 512 个采样值加窗的音频段分成两段,每段 256 个采样值。一个块的前半块和后半块被分别进行变换,每半个块产生 128 个单值的非"0"变换系数对应着从 0 到 $f_s/2$ 的频率分量,一块的变换系数总数是 256 个。这和单个 512 个采样值块所产生的系数数目相同,但分两次进行,从而改进了时间分辨率。从两个半块得到的变换系数交织在一起形成一个单一的有 256 个值的块。这个块的量化和传输与单一的长块相同。

AC-3 采用基于改进离散余弦变换(MDCT)的自适应变换编码(ATC)算法,ATC 算法的一个重要考虑是基于人耳听觉掩蔽效应的临界频带理论,即在临界频带内一个声音对另一个声音信号的掩蔽效应最为明显。因此,划分频带的滤波器组要有足够锐利的频率响应,以保证临界频带外的衰减足够大,使时域和频域内的噪声限定在掩蔽阈值以下。

(2)谱包络编码

从变换得到的频域变换系数都转换成浮点数表示。所有变换系数的值都定标为小于 1.0。例如,对于 16 bit 精度的二进制数 0.0000 0000 1010 1100,前导"0"的个数为 8,就成了原始指数;该数的小数点后移 8 位,即 1010 1100,成了被粗量化的归一化尾数。分析滤波器输出的是指数和被粗化的尾数,两者被编码后都进入码流。指数值的允许范围从 0(对应于系数的最大值,没有前导"0")到 24,产生的动态范围接近 144 dB。系数的指数凡大于 24 的,都固定为 24,这时对应的尾数允许有前导"0"。

由于每个变换系数都有一个指数,设法减小指数编码所需的比特数是值得重视的。减小指数的数码率有两种方法:第一种方法是采用差分编码发送 AC-3 指数。每个音频块的第一个指数总是用 4 bit 的绝对值,范围从 0 ~ 15,这个值指明第一个(直流项)变换系数的前导 0 的个数,后续的(频率升高方向)指数的发送采用差分值。第二种方法是尽量在一个帧内的 6 个音频块共用一个指数集,在各个块的指数集相差不大时可以采用;这样,只需在第 1 块传送该指数集,后面的第 2 ~ 6 块共享第 1 块的指数集,使得指数集编码的数码率减小为原来的 1/6。

AC-3 将上述两种方法结合在一起,并且将差分在音频块中联合成组。联合方式有三种:4 个差分指数联合成一组,称为 D45 模式;2 个差分指数联合成一组,为 D25 模式;单个差分指数为一组,称为 D15 模式。这三种模式统称为 AC-3 的指数策略。这三种指数编码策略在指数所需的数码率和频率分辨率之间提供一种折中。D15 模式提供最精细的频率分辨率,D45 模式所需的数据量最少。在各个组内的指数数目仅仅取决于指数策略。

由上所述,对指数编码的结果是根据频率分辨率的需要选择一种频谱包络,其中 D15

模式为高分辨率的频谱包络,D45 模式为低分辨率的频谱包络。

（3）比特分配

音频压缩的目标是在给定的数码率下使音频质量达到最好。比特分配模块的功能是按照谱包络编码输出的信息确定尾数编码所需要的比特数,将可分配的比特按最佳的方式分配给各个尾数。

分配给各个不同值的比特数由比特分配程序来确定。在编码器和解码器中运行同样的核心比特分配程序,所以各自产生相同的比特分配。

（4）尾数量化

尾数量化的功能是按照比特分配程序确定的比特数对尾数进行量化。分配给每个尾数的比特数可由一张对照表查到。这张对照表是按输入信号的功率谱密度（PSD）和估计的噪声电平阈值建立的。PSDS 可在细颗粒均匀频率尺度上计算,估计的噪声电平阈值在粗颗粒（按频段）频率尺度上计算。于是,对某个声道的比特分配的结果具有谱的粒度,它对应于所用的指数策略。具体地说,在 D15 模式的指数集中的每个尾数都要分别计算比特分配,在 D25 模式的指数集中的每 2 个尾数都要分别计算比特分配,在 D45 模式的指数集中的每4 个尾数都要分别计算比特分配。

（5）声道组合

在对多声道音频节目编码时,利用声道组合技术可以进一步降低数码率。

组合利用了人耳对调频定位的特性。人的听觉系统可以跟随低频声音的各个波形,并基于相位差来定位。对于高频声音,由于生理带宽的限制使得听觉系统只能跟随高频信号的包络,而不是具体的波形。组合技术只用于高频信号。

通过组合将包括在组合声道中的几个声道的变换系数加以平均。各个被组合的声道有一个特有的组合坐标集合,可用来保留原始声道的高频包络。组合过程仅发生在规定的组合频率之上。

解码器将组合声道转换成各个单独的声道,只要用那个声道的组合坐标和频率子带乘以组合声道变换系数的值。

（6）重组矩阵

AC-3 中的重组矩阵是一种声道融合技术。在立体声编码中,左右声道具有相关性,利用"和"及"差"的方法产生中间（Middle）和边（Side）声道,即不是对双声道中的左右声道进行打包,而是首先进行以下的交换：

$$M = \frac{R+L}{2} \tag{3.3}$$

$$S = \frac{L-R}{2} \tag{3.4}$$

然后,对 M 和 S 进行量化编码和打包。显然,如原始的立体信号的两个声道是相同的,则这种方法会使 M 信号与原始的 L 信号及 R 信号相同,而 S 信号是零。这样做的结果,可以用很少的比特来对 S 信号进行编码,同时用较多的比特来对 M 信号进行编码。在解码端,将 M,S 声道再恢复回 L,R 声道。这种方法对保留杜比环绕声的兼容性尤其重要。

（7）动态范围控制

音频节目有很宽的动态范围,一般在广播前要先将动态范围缩小,因为大多数听众并不能欣赏节目的全部动态范围。当动态范围宽时,响的部分会显得太响,而静的部分会变得听不见。

AC-3 的语法允许每个音频块传送一个动态控制字,解码器用来改变音频块的电平。控制字的内容指明在信号响度高于对话电平时降低增益,在信号响度低于对话电平时提高增益,信号接近对话电平时就不需要调节增益。

(8) AC-3 的帧格式形成

AC-3 的音频码流是由一个同步帧的序列组成的,帧格式如图 3.25 所示。每个同步帧包含 6 个编码的音频块(AB),各个编码音频块由 256 个采样值的码字构成,在各帧的开始有同步(SI)头,包含获取和保持同步的信息。在 SI 之后是比特(BSI)头,包含描述编码的音频业务的参数。编码音频块可后跟一个辅助数据(AUX)字段。在每一帧的末尾是一个误码检测字段,如循环冗余校验码(CRC)。

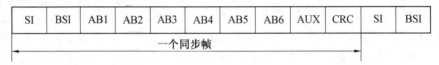

SI	BSI	AB1	AB2	AB3	AB4	AB5	AB6	AUX	CRC	SI	BSI

一个同步帧

图 3.25　AC-3 同步帧格式

各个编码音频块是一个可解码的实体。在对某个音频块进行解码时,并不要解码所需的信息都在这个块中。如果对块解码所需的信息可以被许多块共享,那么可以仅在第一块中传送所需的信息,并在后面的音频块解码时重复使用这个信息。由于各个音频块并不包含全部所需信息,所以在音频帧中的各个块大小各不相同,但所有 6 个块的总长度必须装进固定大小的帧。某些块可以分配较多的比特,而其他块就要相应减少比特,在第 6 块后面余下的任何信息可以作为辅助数据(AUX)。

通过以上叙述可知,在杜比 AC-3 中,使用了许多先进的、行之有效的压缩编码技术。如自适应比特分配、谱包络编码以及低数码率条件下使用的多声道高频耦合等。而其中许多技术对其他的多声道环绕声压缩编码的发展都产生了一定的影响。

3.4.2　杜比 AC-3 解码器

杜比 AC-3 解码器的基本组成框图如图 3.26 所示。

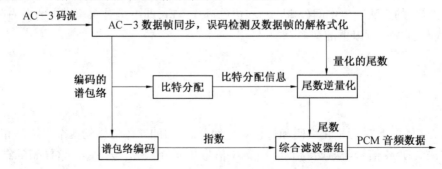

图 3.26　AC-3 解码器的基本组成框图

解码是编码的逆过程,在解码时,首先利用帧同步信息使解码器与编码数码流同步,接着利用循环冗余校验码(CRC)对数据帧中的误码进行纠错处理,使其成为完整、正确数据,然后进行数据帧的解格式化。在编码中的格式化就是按设定的标准将各种数据捆成一包一包的。一个包就是一个数据帧,以包头的同步信息为标志。在解码中的解格式化,就是以同步信息为准,将包打开,以便分门别类地处理各种数据,然后运行比特分配例行程序,从编码的谱包络中获得在编码中采用的比特分配信息。利用此信息便可对量化的尾数进行逆量化处理,还原成原来的尾数,再对谱包进行解码,便获得编码前的各个指数。这些用二进制表示的各种指数和尾数代表了各样本块的 256 个频域变换系数,最后利用综合滤波器进行离散余弦反变换,将这些变换系数还原成时间域中的 PCM 数字音频信号。

习　　题

1. 音频编码通常分为哪几类? 它们各有什么优缺点?

2. 请从数码率及信号带宽、量化信噪比、误码信噪比和设备复杂性几个方面讨论 PCM 和 ΔM 系统性能比较。

3. 为什么在同等语音质量的条件下,ΔM 使用的采样率要比 PCM 的采样率高得多?

4. 子带编码的基本思想是什么? 进行子带编码的好处是什么?

5. 何谓临界频带? 简述它在音频编码中的应用。

6. 声音压缩的依据是什么? MPEG-1 音频编码利用了听觉系统的什么特性?

7. 什么叫 5.1 声道环绕立体声?

8. MPEG-1 音频比特流数据帧中的比例因子起什么作用?

9. 比较 AC-3 与 MPEG-2 音频编码的异同。

10. 什么是 MPEG-1 音频层 I、层 II、层 III? 各有什么不同?

11. 什么是 MPEG-2BC 与 AAC,各有什么特点?

第 4 章

数字视频基础

本章要点：
- ☑ 人类视觉特性
- ☑ 彩色模型
- ☑ 电视图像扫描原理
- ☑ 电视图像数字化过程
- ☑ 数字视频格式
- ☑ 数字视频质量评价

在人类接收的信息中，有 70% 来自视觉，而视频又是最直观、最具体，信息量最丰富的。日常生活中看到的电视、电影、VCD、DVD 以及用摄像机、手机等拍摄的活动图像等都属于视频的范畴。

视频就其本质而言，是内容随时间变化的一组动态图像，因此视频又称为运动图像或活动图像。一幅静态画面称为一帧，快速连续地显示帧，便能形成运动的图像，每秒钟显示帧数越多，即帧频越高，所显示的动作就会越流畅。

4.1 人类视觉系统

眼睛是人类感观中最重要的器官，大脑中大约有 80% 的知识和记忆都是通过眼睛获取的。读书认字、看图赏画、看人物、欣赏美景等都要用到眼睛。眼睛能辨别不同的颜色、不同的光线，光辐射刺激人眼时，会引起复杂的生理和心理变化，这种感觉就是视觉。

人类视觉系统是人类获取外界图像、视频信息的工具，是人类最重要同时也是最完美的感知手段。首先通过眼睛感觉观察来获取原始的场景信息，然后在大脑中加工处理，再综合其他已有的现场信息，进而展开人类的视知觉智能推理活动。研究包括光学、色度学、视觉生理学、视觉心理学、解剖学、神经科学和认知科学等领域。

人眼的结构如图 4.1 所示。人眼是一个构造极其复杂而精密的光学信息处理系统，从解剖学看，人类视觉系统由眼球和视神经系统组成。

眼球外层由角膜和巩膜组成，其中前 1/6 为透明的角膜，其余 5/6 为白色的巩膜，俗称"眼白"。巩膜为致密的胶原纤维结构，不透明，呈乳白色，质地坚韧，起维持眼球形状和保护眼内组织的作用。角膜坚硬而透明，覆盖在眼睛的前表面，光线由此进入眼内，是接收信息的最前哨入口，角膜稍呈椭圆形，略向前突。角膜含丰富的神经，感觉敏锐，除了是光线进入眼内和折射成像的主要结构外，也起保护作用，并是测定人体知觉的重要部位。

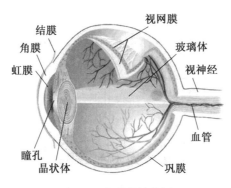

图 4.1　人眼的结构图

眼球中层又称色素膜,具有丰富的色素和血管,包括虹膜、睫状体和脉络膜三部分。其中,虹膜在角膜后面,呈环圆形,不透明,随不同种族具有不同颜色。虹膜中央有一个 2.5～4 mm 的圆孔,称为瞳孔,在虹膜环状肌的作用下,瞳孔直径可调(2～8 mm),从而控制进入人眼的光通量,类似于相机的光圈。人眼是望远镜放大倍数的基准,若放大倍数为 1,口径就是人眼瞳孔的大小。瞳孔后面是扁球形的晶体,相当于相机的镜头,在睫状肌的作用下,可以通过调节曲率来改变焦距,使不同距离景象在视网膜上成像。

眼球内层为视网膜,是一层透明的膜,也是视觉形成的神经信息传递的第一站。视网膜由大量光敏细胞和神经纤维组成,是人眼的感光部分。光敏细胞通过视神经纤维连接到大脑的视觉皮层上,人们观察物体时,物体通过晶体在视网膜上形成一个清晰的像,光敏细胞受到光的刺激引起视觉,人就看清了该物体。光敏细胞按形状可分为锥状细胞和杆状细胞,其中,锥状细胞分布在视网膜中心部分,能辨别光的强弱和颜色;杆状细胞分布在视网膜的边缘部分,灵敏度更高,但不能辨颜色,夜晚观察用。视网膜的视轴正对终点为黄斑中心凹,黄斑区是视网膜上视觉最敏感的区域,即视觉最清楚的区域,直径为 1～3 mm,其中央为一小凹,即中心凹。与黄斑相邻约 3 mm 处有一直径为 1.5 mm 的淡红色区,为视盘,也称视乳头,是视网膜上视觉纤维汇集向视觉中枢传递的出眼球部位,无感光细胞,物体的影像落在这一点上不能引起视觉,称为盲点。

4.1.1　可见光谱与视觉

自身能够发光的物体称为光源,人眼看到景物需要光源。光源可分为自然光源和人工光源。自然光源包括太阳和恒星等;人工光源范围较广,如电灯、发光管、激光器灯以及燃烧着的火焰、火花、蜡烛等。但像月亮、桌面等需要依靠反射外来光才能使之可见的反射物体不能称为光源。

单一波长的光只有一种颜色,称为单色光;由两种或两种以上波长的光混合而成的光称为复合光,给人眼的感觉是混合色。光源的一个重要特性是辐射功率光谱(Spectrum),即复色光经过色散系统(如棱镜、光栅)分光后,被色散开的单色光按波长(或频率)大小而依次排列的图案。光谱中最大的一部分可见光谱是人眼可见的部分,在 380～780 nm 波长范围内的电磁辐射被称为可见光。不同波长的光产生不同的颜色感觉,如图 4.2 所示。随着波长的缩短,呈现的颜色依次为红、橙、黄、绿、蓝、靛、紫。红端之外为波长更长的红外光,紫端之外为波长更短的紫外光,都不能为肉眼所觉察,但能用仪器记录。光谱并没有包含人类大脑视觉所能区别的所有颜色,如褐色和粉红色。

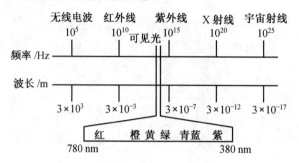

图4.2 电磁辐射波谱

人眼对光的敏感程度与光的波长(λ)和光辐射功率有关。为了衡量人眼对不同波长的光的敏感程度,可以用光谱效率函数$V(\lambda)$来表征。明视觉也称为日间视觉,是指在光亮条件下,人眼对各种波长光的敏感程度,即锥状细胞对光的响应,用明视觉光谱效率函数$V(\lambda)$描述。在明视觉的情况下,人眼能分辨物体的细节,也能分辨颜色,但由于对不同波长可见光的感受性不同,因此能量相同的不同色光表现出不同的明亮程度,黄绿色看着最亮,光谱两端的红色和紫色则暗得多。暗视觉也称为夜间视觉,是人眼在夜晚或微弱光线下对光的敏感程度,即杆状细胞对光的响应,用暗视觉光谱效率函数$V'(\lambda)$描述,如图4.3所示。

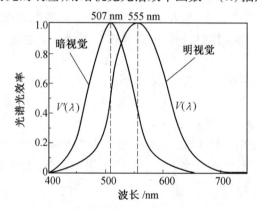

图4.3 明视觉与暗视觉的光谱效率曲线

4.1.2 色彩三要素

不管看电视、电影或图像,人们都喜欢彩色的,这主要是因为绚丽多彩的画面给人更美的视觉感受,更丰富的信息内涵。颜色由于内部物质的不同,受光源照射后会产生光的分解现象。一部分光线被物体吸收,其余的被物体反射或投射出来,成为人眼看到的物体的颜色,所以色彩与光有密切的关系,色彩通过光被感知。

从人的视觉系统看,色彩可用色调、饱和度和亮度来描述。人眼看到的任何一种彩色光都是这三个要素的综合效果,其中色调与光波的波长有关,亮度和饱和度与光波的幅度有关。

(1)色调(Hue)

色调表示颜色的类别。彩色物体的色调取决于物体在光照下所反射的光谱成分,不同波长的反射光使物体呈现不同的色调。对于透射的物体,其色调取决于透射光的波长。彩色物体的色调既取决于物体的吸收特性和反射或透射特性,也与照明光源的光谱分布有关。

（2）亮度（Luminance）

亮度是指人眼对光的明亮程度的感觉。物体的亮度不仅取决于物体反射或透射光的能力,也取决于照射该物体的光源的辐射功率。反射或透射光的能力越强,物体就越明亮。照射物体的辐射功率越大,物体越明亮。此外,亮度还与人眼对各种波长光的敏感程度有关,即使强度相同,不同颜色的光当照射同一物体时也会产生不同的亮度。

（3）饱和度（Saturation）

饱和度指彩色光所呈现彩色的深浅程度或纯洁程度。对于同一色调的彩色光,其饱和度越高,它的颜色就越纯;而饱和度越小,颜色就越浅或纯度越低。

饱和度还与亮度有关,同一色调越亮或越暗则越不纯。高饱和度的彩色光可能因掺入白光而降低纯度或变浅,成为低饱和度的色光。100%饱和度的色光代表完全没有混入白光的纯色光。

色度指色调和饱和度的合称,既反映了彩色光的颜色,也反映了颜色的深浅程度。非彩色光由于没有色度,只用亮度来描述。用亮度、色调和饱和度三个参量能准确描述彩色光。

大量试验表明,人的眼睛大约可分辨 37 万种颜色,能分辨 128 种不同的色调,5 ~ 10 种不同的饱和度,对亮度非常敏感。

4.1.3　立体视觉

人眼看到的自然界景物都是具有高度、宽度和深度的立体图像。立体视觉是人眼在观察事物时所具有的立体感,即人眼对获取的景象有相当的深度感知能力,而这些感知能力又源自人眼可以提取出景象中的深度要素。之所以可以具备这些能力,主要依靠人眼的如下几种机能:

（1）双目视差

由于人的两只眼睛存在间距（平均值为 6.5 cm）,对于同一景物,左右眼的相对位置不同,在视网膜上的成像存在一定差异,就产生了双目视差,即左右眼看到的是有差异的图像。

（2）运动视差

运动视差是由观察者和景物发生相对运动所产生的,这种运动使景物的尺寸和位置在视网膜的投射发生变化,从而产生深度感。

（3）眼睛的适应性调节

眼睛的适应性调节主要指眼睛的主动调焦行为。眼睛的焦距可以通过晶状体进行精细调节。焦距的变化使人眼可以看清楚远近不同的景物和同一景物的不同部位。一般来说,人眼的最小焦距为 1.7 cm,没有上限。而晶状体的调节又是通过其附属肌肉的收缩和舒张来实现的,肌肉的运动信息反馈给大脑有助于立体感的建立。

（4）视差图像在人脑的融合

视差图像在人脑的融合也称为辐辏。首先,依靠双眼在观察景物的同一会聚机制,即双眼的着眼点在同一点上,使得人的左右眼和在景物上的着眼点在几何上构成了一个确定的三角形,从而判断所观察的景物距人眼的距离。为实现这种机制,人眼肌肉需要牵引眼球转动,肌肉的活动再次反馈到人脑,使双眼得到的视差图像在人脑中融合。

4.1.4 视觉特性

（1）亮度适应性

亮度适应性反映人眼觉察亮度变化的能力。当人眼由光线很强的环境进入光线很暗的环境时，即从明视觉状态到暗视觉状态时，必须经过 10 ~ 35 min 方能看到周围的物体，这个适应过程称为暗适应；反之，由较暗环境到明亮环境的适应，则仅需 3 ~ 6 s，称为明适应。

（2）对比效应

自然界景物存在着众多的对象，重点关注的对象往往是在与其他对象的对比中被感觉到的。关注的对象与其他（背景）对象间常常是由于亮暗度或色彩的不同而从背景中被区分出来，其中与视觉的亮暗或对色彩的对比感觉息息相关。

对比度的感觉存在着空间的相互作用，因背景的不同观看对象的方式也不同。此外即使视野内整体的明暗发生变化，由于适应性或恒定性，从对象接受到的亮暗感觉也会保持不变。对比效应包括色调对比效应、饱和度对比效应以及面积对比效应。

（3）马赫效应

马赫效应也称为"马赫范得效应"。人眼对景物及图像上不同的频率成分具有不同的敏感性，试验表明，人眼对中频成分的响应较高，对高、低频率成分的响应较低。当亮度发生跃变时，会有一种边缘增强的感觉，视觉上会感到亮的一侧更亮，暗的一侧更暗。马赫效应会导致局部阈值效应，即在边缘的亮侧，靠近边缘像素的误差感知阈值比远离边缘阈值高 3 ~ 4 倍，可以认为边缘掩盖了其邻近像素，因此对靠近边缘的像素编码误差可以大一些。

（4）视觉惰性

视觉惰性是人眼的重要特性之一，描述了主观亮度与光作用时间的关系。当一定强度的光突然作用于视网膜时，人眼并不能立即产生稳定的亮度感觉，而须经过一个短暂的变化过程才能达到稳定。在过渡过程中，亮度感觉先随时间变化由小到大，达到最大值后，再回降到稳定的亮度感觉值。当作用于人眼的光线突然消失后，亮度感觉也并非立即消失，而是近似按指数规律下降逐渐消失的。这种光线消失后的视觉残留现象称为视觉暂留或视觉残留。人眼视觉暂留时间在日间视觉时约为 0.02 s，中介视觉时约为 0.1 s，夜间视觉时约为 0.2 s，中介视觉是介于日视觉与夜视觉之间的状态。人眼亮度感觉变化滞后于实际亮度变化，以及视觉暂留特性，总称为视觉惰性。

电影和电视正是利用视觉惰性产生活动图像的。在电影中每秒播放 24 帧画面，而电视每秒传送 25 帧或 30 帧图像，由于人眼的视觉暂留特性，在大脑中形成了连续活动的图像。

（5）闪烁感觉

人眼受到周期性光脉冲照射时，若重复的频率不太高，则会产生忽明忽暗的闪烁感觉。若将重复频率提高到某一定值以上，人眼将感觉不到闪烁，形成均匀的非闪烁光源的感觉。不引起闪烁感觉的光脉冲最低的重复频率，称为临界闪烁频率。

影响临界闪烁频率的因素很多，光脉冲亮度越高，临界闪烁频率也越高；亮度变化幅度越大，临界闪烁频率也越高。为了不产生闪烁感觉，在电影中每幅画面曝光两次，其闪烁频率为 $f_v = 48$ Hz；电视中，采用隔行扫描方式，每帧画面用两场传送，使场频（$f_v = 50$ Hz 或 60 Hz）高于临界闪烁频率，因此正常的电影和电视都不会出现闪烁感觉，并能呈现较好连续活动的图像。

（6）视野与视觉

所谓视野,即头部不动时眼球向正前方注视所能看到的空间范围,也称为周边视力,指黄斑中心凹以外的视力。正常人眼的最大范围约在左右35°和上下40°,最佳视野范围约在左右15°和上下15°,最大固定视野约在左右90°和上下70°,头部活动时视野可扩展到左右95°和上下90°。视野还受背景色影响,例如黑色背景上的彩色视野范围小于白色背景上的彩色视野范围。

（7）分辨率

分辨率是指人眼对所观察的实物细节或图像细节的辨别能力,具体量化起来就是能分辨出平面上的两个点的能力。对人眼进行分辨率测试的方法如图4.4所示。在眼睛的正前方放一块白色的屏幕,屏幕上面有两个相距很近的小黑点,逐渐增加画面与眼睛之间的距离,当距离增加到一定长度时,人眼就分辨不出有两个黑点存在,感觉只有一个黑点,这说明眼睛分辨景色细节的能力有一个极限值,将这种分辨细节的能力称为人眼的分辨率或视觉锐度。

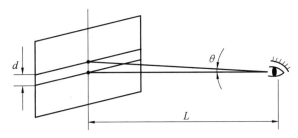

图 4.4 对人眼进行分辨率测试的方法

分辨率的定义是:眼睛对被观察物上相邻两点之间能分辨的最小距离所对应的视角 θ 的倒数,即

$$分辨率 = \frac{1}{\theta}$$

用 L 表示眼睛与图像之间的距离,d 表示能分辨的两点间最小距离,则有

$$\frac{1}{\theta} = \frac{2\pi L}{360 \times 60 \times d}$$

人眼的最小视角取决于相邻两个视敏细胞之间的距离。对于正常视力的人,在中等亮度情况下观看静止图像时,θ 为 $1 \sim 1.5'$。分辨率在很大程度上取决于景物细节的亮度和对比度,当亮度很低时,视力很差,这是因为亮度低时锥状细胞不起作用。但是亮度过大时,视力不再增加,甚至由于眩目现象,视力反而有所降低。此外,细节对比度越小,也越不易分辨,会造成分辨率降低。位置越近,分辨率越高。静止物体分辨率高;运动物体速度越快,分辨率越低,水平运动比垂直运动分辨率高。

人眼对彩色细节的分辨率比对黑白细节的分辨率要低,例如,黑白相间的等宽条子,相隔一定距离观看时,刚能分辨出黑白差别,如果用红绿相间的同等宽度条子替换它们,此时人眼已分辨不出红绿之间的差别,而是一片黄色。实验还证明,人眼对不同色调,分辨率也各不相同,红黄之间的彩色色调分辨率最高。如果眼睛对黑白细节的分辨率定义为100%,则实验测得人眼对各种颜色细节的相对分辨率用百分数表示见表4.1。

表 4.1　人眼对各种颜色细节的相对分辨率

细节颜色	黑白	黑绿	黑红	黑蓝	红绿	红蓝	绿蓝
相对分辨率/%	100	94	90	26	40	23	19

因为人眼对彩色细节的分辨率较差,所以在彩色电视系统中传送彩色图像时,只传送黑白图像细节,而不传送彩色细节,这样做可减少信号的带宽,是大面积着色原理的依据。

(8)视觉掩蔽效应

与声音类似,视觉也存在掩蔽效应,分为空间域中的掩蔽效应、时间域中的掩蔽效应和彩色的掩蔽效应。

视觉的大小不仅与邻近区域的平均亮度有关,还与邻近区域的亮度在空间上的变化(不均匀性)有关。假设将一个光点放在亮度不均匀的背景上,通过改变光点的亮度测试此时的视觉,则发现背景亮度变化越剧烈,视觉越高,即人眼对对比度的灵敏度越低。这种现象称为空间域中视觉的掩蔽效应。

影响时间域中掩蔽效应的因素比较复杂,对它的研究还处于初始阶段,在数据压缩方面具有潜在的应用价值。实验表明,当电视图像序列中相邻画面的变化剧烈(例如场景切换)时,人眼的分辨率会突然剧烈下降,例如下降到原有分辨率的 1/10。即当新场景突然出现时,人基本上看不清新景物,在大约 0.5 s 之后,视力才会逐渐恢复到正常水平。显然,在这 0.5 s 内,传送分辨率很高的图像是没有必要的。另外,当眼球跟着画面中的运动物体转动时,人眼的分辨率要高于不跟着物体转动的情况。而通常在看电视时,眼睛是很难跟踪运动中的物体的。

在亮度变化剧烈的背景上,例如在黑白跳变的边沿上,人眼对色彩变化的敏感程度明显地降低。类似地,在亮度变化剧烈的背景上,人眼对彩色信号的噪声(例如彩色信号的量化噪声)也不易察觉。这些都体现了亮度信号对彩色信号的掩蔽效应。

4.1.5　视觉系统模型

人眼是一个复杂的光学系统,根据视觉生理学的研究成果,可以建立视觉模型来模拟人类的某些视觉特性,即试图用光学系统的概念来模拟某些视觉特性。

1. 视觉信息处理系统

人类视觉系统的视觉信息处理系统模型如图 4.5 所示。从物理结构看,人类视觉系统由光学系统、视网膜和视觉通路组成,该模型简单模拟了其信息获取、传输、处理的基本过程。

眼球作用区包括屈光系统和感光系统,主要完成光电转换功能。屈光系统由角膜、晶状体和玻璃体等组成。当从物体反射出的光线经瞳孔透过角膜,由角膜偏转或折射后通过晶状体,在眼球后部的视网膜上聚焦。视网膜即感光系统,可以将聚焦在此的光线转换成生物电脉冲信号。

视频信息处理主要由大脑作用区完成,视神经纤维把电脉冲信号传递到大脑的视神经中枢,由于各个视细胞产生的电脉冲不同,大脑就形成了不同的景象感觉。

2. 黑白视觉模型

黑白视觉只存在黑和白两种颜色,在边缘处亮度会发生跃变,引起马赫效应,即会有一

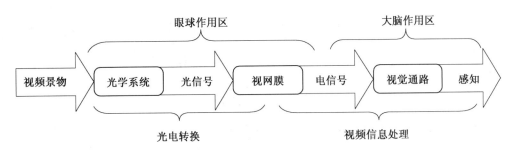

图 4.5　视觉信息处理系统模型

种边缘增强的感觉,视觉上会感到亮的一侧更亮,暗的一侧更暗。黑白视觉模型如图 4.6 所示。其中,低通滤波器用来模拟人眼的光学系统,高通滤波器反映马赫效应,对数运算器反映了视觉的亮度恒定现象。

图 4.6　黑白视觉模型

所谓亮度恒定现象就是当景物对背景的亮度、对比度保持一定时,即使景物和背景的亮度在很大的范围间变化,人眼对景物的亮度感觉也不会改变。

3. 彩色视觉模型

相对于黑白视觉,彩色视觉颜色更多,更复杂。图 4.7 是 O. D. F 于 1979 年提出的一个彩色视觉模型。

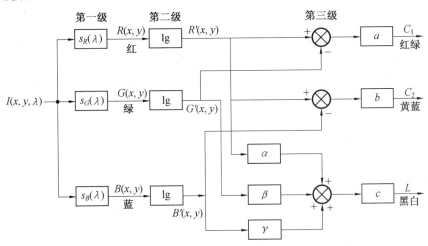

图 4.7　彩色视觉模型

其中,$I(x,y,z)$ 为彩色图像,$S_R(\lambda)$,$S_G(\lambda)$,$S_B(\lambda)$ 为三个彩色滤波器,彩色滤波器输出的三个颜色为 $R(x,y)$,$G(x,y)$,$B(x,y)$。模型的第一级反映了人类视觉的三基色理论,即自然界的绝大多数彩色都可以由三种不同的基色按不同比例混合得到。有

$$\begin{cases} R(x,y) = \int_\lambda I(x,y,\lambda) S_R(\lambda) \mathrm{d}\lambda \\ G(x,y) = \int_\lambda I(x,y,\lambda) S_G(\lambda) \mathrm{d}\lambda \\ B(x,y) = \int_\lambda I(x,y,\lambda) S_B(\lambda) \mathrm{d}\lambda \end{cases} \tag{4.1}$$

模型的第二级反映视觉对于光强的非线性响应,即

$$\begin{cases} R'(x,y) = \lg R(x,y) \\ G'(x,y) = \lg G(x,y) \\ B'(x,y) = \lg B(x,y) \end{cases} \tag{4.2}$$

第三级反映了视觉通路上的响应,三对相互独立的颜色对,分别为红 – 绿对、黄 – 蓝对和黑 – 白对,输出 L 为亮度,C_1,C_2 为彩色输出,即

$$\begin{cases} C_1 = a\left[R'(x,y) - G'(x,y) \right] = a\lg \dfrac{R(x,y)}{G(x,y)} \\ C_2 = b\left[R'(x,y) - B'(x,y) \right] = b\lg \dfrac{R(x,y)}{B(x,y)} \\ L = c\left[\alpha R'(x,y) + \beta G'(x,y) + \gamma B'(x,y) \right] = \\ \qquad c\left[\alpha\lg R'(x,y) + \beta\lg G'(x,y) + \gamma\lg B'(x,y) \right] \end{cases} \tag{4.3}$$

式中,$a,b,c,\alpha,\beta,\gamma$ 为常数。

4.2   彩色模型

彩色模型也称为彩色空间,或者彩色系统,是一个三维颜色坐标系统和其中可见光子集的说明。彩色模型的用途是在某些标准下用通常可接受的方式简化彩色的规范。建立彩色模型可看作建立一个 3D 的坐标系统,其中每个空间点都代表某一特定的彩色。常用的彩色模型有彩色色度学模型、工业彩色模型、视觉彩色模型等。

在彩色图像处理中,选择合适的彩色模型是很重要的。在不同的研究领域或不同的情形下,应该选择合适的彩色模型进行研究。

4.2.1   三基色原理

1802 年,英国 Tomas Young 发现利用红、绿、蓝三种色光混合,可以产生各种色彩,于是发表并提出了色彩三原色理论;1861 年,英国 Maxwell 利用三原色光的混合法,制作了第一张彩色照片;1892 年,德国 Helmholtz 又加以验证并阐述其学说,因此,视觉色彩三原色理论又称为"Young – helmholtz 色彩三原色理论"。

人们通过大量实验发现,自然界绝大多数的彩色都可以通过三种不同颜色的单色光按照不同的比例合成产生。具有这种特性的三个单色光称为三基色光,此发现也被总结成三基色原理,其主要内容包括:

① 自然界中绝大多数彩色都可以由三基色按一定比例混合而得;反之,这些彩色也可以分解成三基色。

② 三基色必须是相互独立的,即其中任何一种基色都不能由其他两种基色混合得到。

③ 混合色的色调和饱和度由三基色的混合比例决定。

④ 混合色的亮度是三基色亮度之和。

另外,任何一种颜色都有一个相应的补色。所谓补色,就是它与某一颜色以适当比例混合时,可产生白色。红、绿、蓝的补色分别是青、品红、黄。

混色分为相加混色和相减混色。相减混色中存在光谱成分的相减,在彩色印刷、绘画和电影中都是利用相减混色,其采用的颜料,当白光照射时,光谱的某些部分被吸收,而其他部分被反射或者透射,从而表现出某种颜色;混合颜料时,每增加一种颜料,都要从白光中减去更多的光谱成分,颜料混合过程是相减混色过程。相加混色是各分色的光谱成分相加,人类视觉系统对不同彩色的感觉就是相加混色,如图 4.8 所示。彩色电视机也是利用红、绿、蓝三基色相加产生各种不同的彩色,主要包括时间混色、空间混色、生理混色和全反射混色的方法。

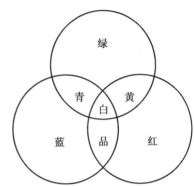

图 4.8　相加混色

(1) 时间混色法

利用人眼的视觉惰性,按一定顺序轮流将三种基色投射到同一平面上,当轮流的速度足够快时,人眼感觉到的不是基色,而是它们的混合色。

主要应用:场顺序制彩色电视。

(2) 空间混色法

将三种基色光同时分别投射到同一表面上的相邻位置,当三点相距足够近,由于人眼的分辨率有限和相加混色功能,使人眼感觉到的是它们的混合色。

主要应用:彩色显像管。

(3) 生理混色法

生理混色法的基本原理是让左右两眼分别观察不同的颜色,由于人眼的混色功能,则人眼感觉到的彩色不是两种单色光,而是这两种颜色的混合色。例如,两只眼睛分别戴上红色和绿色的滤波眼镜,当两眼分别单独观看时,只能看到红光或绿光,当两眼同时观看时,正好是黄色。

主要应用:立体彩色电视机的显像原理。

(4) 全反射混色法

全反射混色法是将三种基色光以不同比例同时投射到一块反射表面上,三种基色光产生全反射而相加混色形成混合色。

主要应用:投影电视,包括背投电视的显像原理。

4.2.2　彩色色度学模型

日常生活中,在人们眼中反映出的颜色是物体本身的自然属性与照明条件的综合效果。因此,需要用一门科学来研究人眼对颜色的感觉规律,即色度学。

色度学是一门以光学、视觉生理、视觉心理、心理物理等学科为基础的综合性科学,也是一门以大量实验为基础的实验性科学。光源研制、印刷、染织、电影、电视、化工、灯光信号、照明、伪装等都需要对颜色进行测量和控制,因而色度学也是一门应用领域非常广泛的科学。

国际照明委员会(CIE)规定的颜色测量原理、基本数据和计算方法,称为CIE标准色度学系统。CIE标准色度学的核心内容是用三刺激值及其派生参数来表示颜色。任何一种颜色都可以用三原色的量,即三刺激值来表示。选用不同的三原色,对同一颜色将有不同的三刺激值。为了统一颜色表示方法,CIE对三原色做了规定。

光谱三刺激值或颜色匹配函数是用三刺激值表示颜色的极为重要的数据。对于同一组三原色,正常颜色、视觉不同测得的光谱三刺激值数据很接近,但不完全相同。为了统一颜色表示方法,CIE取多人测得的光谱三刺激值的平均数据作为标准数据,并称之为标准色度观察者。

CIE1931标准色度学系统是1931年在CIE第八次会议上提出和推荐的。它包括1931 CIE - RGB和1931 CIE - XYZ两个系统。

(1)1931CIE - RGB系统

该系统用波长分别为700 nm(红)、546.1 nm(绿)和435.8 nm(蓝)的光谱色为三原色,并且分别用R,G,B表示。系统规定,用上述三原色匹配等能白光(E光源)三刺激值相等。R,G,B的单位三刺激值的光亮度比为1.000∶4.590 7∶0.060 1;辐亮度比为72.096 2∶1.379 1∶1.000。

系统的光谱三刺激值,由莱特实验和吉尔德(J·Guild)实验数据换算为既定三原色系统数据后的平均值来确定,并定名为"1931CIE - RGB系统标准色度观察者光谱三刺激值",简称"1931CIE - RGB系统标准观察者"。光谱三刺激值分别用$\bar{r}(\lambda)$,$\bar{g}(\lambda)$和$\bar{b}(\lambda)$表示,如图4.9所示。

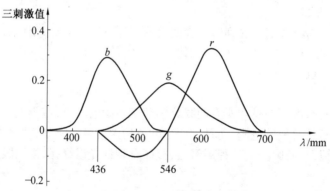

图4.9 CIE - RGB光谱三刺激值

图4.9曲线中的一部分500 μm附近的r三刺激值是负数,这当然不能否定将红、绿、蓝三色混合可以得到其他颜色,但它确实表明一些颜色不能够仅仅通过将三原色混合来得到而在普通的CRT上显示。

由三刺激空间可得到色度图,即所有颜色向量组成了$x>0,y>0$和$z>0$的三维空间第一象限锥体,取一个截面存在$x+y+z=1$,该截面与三个坐标平面的交线构成一个等边三角形,每一个颜色向量与该平面都有一个交点,每一个点代表一个颜色,它的空间坐标(x,y,z)表示为该颜色在标准原色下的三刺激值,称为色度值。

为了表示R,G,B三基色各自在$R+G+B$总量中的相对比例,引入色度坐标r,g,b,即

$$
\begin{cases}
r = \dfrac{R}{R+G+B} \\[2mm]
g = \dfrac{G}{R+G+B} \\[2mm]
b = \dfrac{B}{R+G+B}
\end{cases}
\tag{4.4}
$$

从上式可知 $r+g+b=1$。因此,只要知道两个色度坐标 r,g,就能确定彩色的色度,由此得到如图 4.10 所示的 CIE – RGB 色度图。图中,翼形轮廓线代表所有可见光波长的轨迹,即可见光谱曲线。沿线的数字表示该位置的可见光的主波长。中央的 S_E 对应于近似太阳光的标准白光,点 S_E 接近于但不等于 $x=y=z=1/3$ 的点。红色区域位于图的右下角,单位红基色的色度坐标为 $(1,0)$;绿色区域在图的顶端,单位绿基色的色度坐标为 $(0,1)$;蓝色区域在图的左下角,单位蓝基色的色度坐标为 $(0,0)$,连接光谱轨迹两端点的直线称为紫色线。越靠近轮廓线轨迹的彩色越纯,饱和度越高;越靠近点 S_E 的彩色,其白光成分越多,饱和度越低。

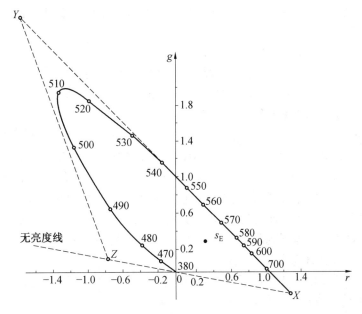

图 4.10　CIE – RGB 色度图

(2)1931CIE – XYZ 系统

1931CIE – RGB 系统可以用来标定颜色和进行色度计算,但是该系统的光谱三刺激值存在负值,既不便于计算,也难以理解,存在没有单一波长与之对应的彩色,即非谱色。因此 CIE 同时推荐了另一个色度学系统,即 1931CIE – XYZ 系统。

1931CIE – XYZ 系统选用 X,Y,Z 为三原色。用此三原色匹配等能光谱色,三刺激值均为正值。该系统的光谱三刺激值已经标准化,并定名为"CIE1931 标准色度观察者光谱三刺激值",简称"CIE1931 标准色度观察者"。

1931CIE – XYZ 系统,是在 1931CIE – RGB 系统基础上,经重新选定三原色和数据变换而确定的。由于实际上不存在负的光强,1931 年 CIE 规定了三种假想的标准原色 X(红)、Y(绿)、Z(蓝)来代替实际的三原色,构造了 CIE – XYZ 系统,从而将 CIE – RGB 系统中的光

谱三刺激值 $\bar{r},\bar{g},\bar{b}$ 和色度坐标 r,g,b 均变为正值。

由 CIE – RGB 系统向 CIE – XYZ 系统的转换：首先，选择三个理想的基色(三刺激值)X,Y,Z;X 代表红基色,Y 代表绿基色,Z 代表蓝基色,这三个基色不是物理上的真实色,而是虚构的假想色。它们在图 4.10 中的色度坐标见表 4.2。

表 4.2　色度坐标

	r	g	b
X	1.275	– 0.278	0.003
Y	– 1.739	2.767	– 0.028
Z	– 0.743	0.141	1.602

从图 4.10 中可以看到,由 XYZ 形成的虚线三角形将整个光谱轨迹包含在内。因此整个光谱色变成了以 XYZ 三角形作为色域的域内色。在 XYZ 系统中所得到的光谱三刺激值 $\bar{x}(\lambda),\bar{y}(\lambda),\bar{z}(\lambda)$ 和色度坐标 x,y,z 将完全变成正值。经数学变换,两组颜色空间的三刺激值有以下关系：

$$\begin{cases} X = 0.490R + 0.310G + 0.200B \\ Y = 0.177R + 0.812G + 0.011B \\ Z = 0.010G + 0.990B \end{cases} \tag{4.5}$$

两组颜色空间色度坐标的相互转换关系为

$$\begin{cases} x = (0.490r + 0.310g + 0.200b)/(0.667r + 1.132g + 1.200b) \\ y = (0.117r + 0.812g + 0.010b)/(0.667r + 1.132g + 1.200b) \\ z = (0.000r + 0.010g + 0.990b)/(0.667r + 1.132g + 1.200b) \end{cases} \tag{4.6}$$

所以,只要知道某一颜色的色度坐标 r,g,b,即可以求出它们在新设想的三原色 XYZ 颜色空间的色度坐标 x,y,z。通过式(4.6)的变换,对光谱色或一切自然界的色彩而言,图 4.11 是 CIE – XYZ 的光谱三刺激值,变换后的色度坐标均为正值,而且等能白光的色度坐标仍然是(1/3,1/3),没有改变。

图 4.12 是目前国际通用的 1931CIE-XYZ 色度图,由图可以看出该光谱轨迹曲线落在第一象限之内,所以肯定为正值。

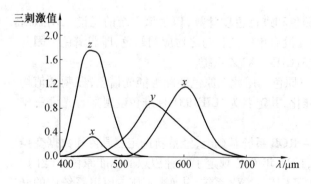

图 4.11　CIE-XYZ 的光谱三刺激值

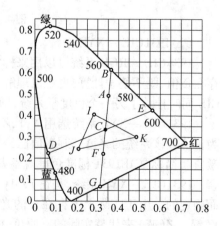

图 4.12　CIE-XYZ 色度图

4.2.3 工业彩色模型

彩色模型中的工业彩色模型非常适合在输出显示场合使用,包含:RGB 彩色模型,CMY 彩色模型,I1,I2,I3 模型,归一化颜色模型和彩色电视颜色模型。在数字图像处理中,实际上最常用的是 RGB 模型,其模型用于彩色监视器和彩色视频摄像机。CMY,CMYK 模型是针对彩色打印机的。

(1)RGB 彩色模型

在 RGB 彩色模型中,每一种颜色都是由红(Red,R)、绿(Green,G)、蓝(Blue,B)三种颜色所表示,如白色表示为:$R=G=B=1$,黑色表示为:$R=G=B=0$。在一幅 RGB 图像中,每一个像素点所表示的色彩都是由这三个分量构成的,即由三幅分别表示红、绿、蓝亮度的灰度图像所表示而成的。RGB 彩色立方体示意图如图 4.13 所示。

在图 4.13 的坐标系里,RGB 彩色模型可以用一个三维的立方体来表示,坐标原点代表黑色(0,0,0),坐标顶点代表白色(1,1,1),坐标轴上的三个立方体顶点分别表示 R,G,B 三个基色,而剩下的三个顶点则表示每一个基色的补色,它们分别由同一平面上的两个相邻的顶点加色混合而成。从黑色原点到白色顶点的主对角线上的所有色彩,是无彩色系的灰度颜色。

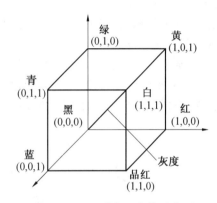

图 4.13　RGB 彩色立方体示意图

RGB 彩色模型是数字色彩最典型也是最常用的色彩模型,不仅使用于许多计算机显示设备中,而且也使用于一些图片储存和压缩中。

(2)CMYK 彩色模型

当阳光照射到一个物体上时,这个物体将吸收一部分光线,并将剩下的光线进行反射,反射的光线就是人所看见的物体颜色。这是一种减色色彩模式,同时也是与 RGB 模式的根本不同之处。不但人看物体的颜色时用到了这种减色模式,而且在纸上印刷时应用的也是这种减色模式。

CMYK 也称为印刷色彩模式,以打印在纸上的油墨的光线吸收特性为基础,在印刷技术中采用。当白光照射到半透明油墨上时,色谱中的一部分被吸收,而另一部分被反射回眼睛。哪些光波反射到眼睛中,决定了人们能感知的颜色。

CMYK 模型中也定义了颜料的三种基本颜色:青色(Cyan)、品红(Magenta)和黄色(Yellow)。在理论上说,任何一种颜色都可以用这三种基本颜料按一定比例混合得到。由于目前制造工艺还不能造出高纯度的油墨,实际生产中 CMY 相加的结果是一种暗红色,而非黑色,因此需要另外加上纯正的黑色(Black),以强化暗调,加深暗部色彩。

与 RGB 模型相对,CMYK 模型被称为减色模型。理论上,在相减混色中,等量黄色(Y)和品红(M)相减而青色(C)为 0 时,得到红色(R);等量青色(C)和品红(M)相减而黄色(Y)为 0 时,得到蓝色(B);等量黄色(Y)和青色(C)相减而品红(M)为 0 时,得到绿色(G)。100% 的三种基本颜料合成将吸收所有颜色而生成黑色。

这些三基色相减结果如图 4.14 所示。

青、品红、黄、黑的 CMYK 配色的色域比三原色的蓝、红、黄配出来的要大一些,所以 CMYK 被大范围使用。

（3）HSV 彩色模型与 HSB 模型

HSV 彩色模型是从 CIE 三维颜色空间演变而来。在 HSV 彩色模型中,每一种颜色都是由色相(Hue,简写为 H)、饱和度(Saturation,简写为 S)和色明度(Value,简写为 V)所表示的。

HSV 彩色模型是一个倒立的六棱锥,如图 4.15 所示,不含黑色的纯净颜色都处于六棱锥顶面的一个色平面上。在 HSV 六棱锥彩色模型中,色相 H 处于

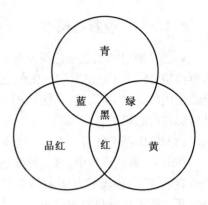

图 4.14　CMYK 相减混色模型

平行于六棱锥顶面的色平面上,它们围绕中心轴 V 旋转和变化,红、黄、绿、青、蓝、品红六个标准色分别相隔 60°。色彩明度沿六棱锥中心轴 V 从上至下变化,中心轴顶端呈白色($V=1$),底端呈黑色($V=0$),它们表示无彩色系的灰度颜色。色彩饱和度 S 沿水平方向变化,越接近六棱锥中心轴的色彩,饱和度越低。六边形正中心的色彩饱和度为零($S=0$),与最高明度的 $V=1$ 相重合,最高饱和度的颜色则处于六边形外框的边缘线上($S=1$)。由于 HSV 彩色模型所代表的颜色域是 CIE 色度图的一个子集,它的最大饱和度的颜色的纯度值并不是 100%。

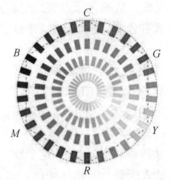

图 4.15　HSV 彩色六棱锥顶面横截面分解图

需要注意的几处是,在圆锥的顶点处,$V=0$,H 和 S 无定义,代表黑色,圆锥顶面中心处 $S=0$,$V=1$,H 无定义,代表白色,从该点到原点代表亮度渐暗的白色,即不同灰度的白色。任何 $V=1$,$S=1$ 的颜色都是纯色。图 4.16 是 HSV 彩色六棱锥模型原理图,左边的六棱锥图为 HSV 彩色模型的立体示意图,中间的为六棱锥的侧截面图,右边的为顶角图。

HSV 彩色模型就如画家的配色方法一样,用改变色浓和色深的方法来获得某种不同的颜色。具体地说,就是在一种纯色中加入白色以改变色浓,加入黑色以改变色深,加入白色或黑色的比例不同时,可得到不同色调的颜色。因此,可以说 HSV 彩色模型采用的是用户直观的色彩描述方法。在一些需要人直观处理的彩色系统中,可以选用 HSV 彩色模型。

HSV 彩色模型在计算机软件里常用 HSB 色彩模式来表示,跟 HSV 彩色模型一样,H 表示色相,S 表示色彩饱和度,B 表示色彩明度(相当于 V)。相对于 RGB,CMYK 都是硬件设备使用的颜色模型,HSB 模型是面向用户的,如图 4.17 所示。

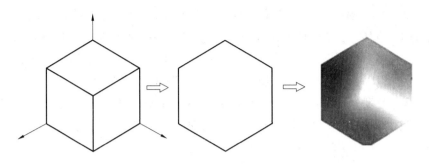

图 4.16　HSV 彩色六棱锥模型原理图

(4)彩色传输模型：YUV,YIQ 与 YC_bC_r 彩色模型

彩色全电视信号采用 YUV 和 YIQ 模型表示彩色电视的图像。不同的电视制式采用的颜色模型不同。我国和一些西欧国家采用 PAL 电视制式,在 PAL 彩色电视制式中使用 YUV 模型,其中的 Y 表示亮度,U,V 用来表示色差,U,V 是构成彩色的两个分量;在美国、加拿大等国采用的 NTSC 彩色电视制式中使用 YIQ 模型,其中的 Y 表示亮度,I,Q 是两个彩色分量。

采用 YUV 与 YIQ 颜色模型有两个优点：

一是解决了彩色电视与黑白电视的兼容问题。这样使黑白电视能够接收彩色电视信号,亮度信号 (Y) 和色度信号(U,V 或 I,Q)是相互独立的,也就是 Y 信号分量构成的黑白灰度图与用 U,V 或 I,Q 信号构成的另外两幅单色图是相互独立的。由于 Y,U,V 或 Y,I,Q 是独立的,所以可以对这些单色图分别进行编码。

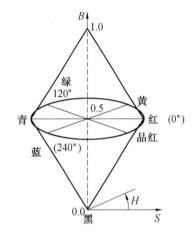

图 4.17　HSB 彩色模型

另一个优点是可以利用人眼的特性来降低数字彩色图像所需的存储容量。人眼对彩色细节的分辨能力远比对亮度细节的分辨能力低,可以把彩色分量的分辨率降低而不明显影响图像的质量,从而减少所需的存储容量。例如,要存储 RGB8：8：8 的彩色图像,即 R,G 和 B 分量都用 8 位二进制数表示,图像的大小为 640×480 像素,那么所需要的存储容量为 $640×480×(8+8+8)/8 = 921\ 600$(B)。如果用 YUV 来表示同一幅彩色图像,$Y$ 分量仍然为 640×480,并且 Y 分量仍然用 8 位表示,而对每 4 个相邻像素(2×2)的 U,V 值分别用相同的一个值表示,那么存储同样的一幅图像所需的存储空间就减少到 $640 × 480 × (8 + 2 + 2)/8 = 460\ 800$(B)。这实际上也是图像压缩技术的一种方法。在我国的 PAL/D 制式中,亮度 Y 的带宽为 6 MHz,色差 U,V 的带宽为 1.3 MHz。

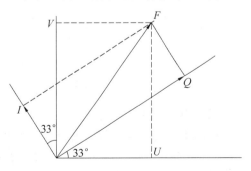

图 4.18　YUV 和 YIQ 彩色空间的关系

YIQ 颜色模型的 I,Q 与 YUV 模型的 U,V 虽也为色差信号,但它们在色度矢量图中的位置却是不同的。Q,I 正交坐标轴与 U,V 正交坐标轴之间有 33°夹角,如图 4.18 所示。

YC_bC_r 是 DVD、摄像机、数字电视等消费类视频产品中常用的色彩编码方案。YC_bC_r 有时会称为 YCC。$Y'C_bC_r$ 在模拟分量视频(Analog Component Video)中也常被称为 YP_bP_r。YC_bC_r 不是一种绝对色彩空间,是世界数字组织视频标准研制过程中作为 ITU–R BT1601 建议的一部分,是 YUV 压缩和偏移的版本。其中 Y 与 YUV 中的 Y 含义一致,C_b,C_r 同样都指色彩,C_b 指蓝色色度分量,而 C_r 指红色色度分量,只是在表示方法上不同而已。YC_bC_r 在计算机系统中应用较多,其应用领域很广泛,JPEG,MPEG 均采用此格式。YC_bC_r 有许多取样格式,如 4:4:4,4:2:2,4:1:1 和 4:2:0。

4.2.4　彩色空间的线性转换

为了利用人的视觉特性达到降低数据量的目的,通常把 RGB 空间表示的彩色图像变换到其他彩色空间。而无论是用 YIQ,YUV 和 YC_bC_r 还是用 HSL 模型来表示的彩色图像,由于现在所有的显示器都采用 RGB 值来驱动,就要求在显示每个像素之前,需要把彩色分量值转换成 RGB 值。这种转换需要花费大量的计算时间,是一个在软硬件设计中需要综合考虑的因素。

(1)YUV 与 RGB 彩色空间转换

在考虑人的视觉系统和阴极射线管(CRT)的非线性特性之后,RGB 和 YUV 的对应关系可以近似地用下面的方程式表示:

$$Y = 0.299R + 0.587G + 0.114B$$
$$U = -0.147R - 0.289G + 0.436B$$
$$V = 0.615R - 0.515G - 0.100B$$

写成矩阵的形式为

$$\begin{bmatrix} Y \\ U \\ V \end{bmatrix} = \begin{bmatrix} 0.299 & 0.587 & 0.114 \\ -0.147 & -0.289 & 0.436 \\ 0.615 & -0.515 & -0.100 \end{bmatrix} \begin{bmatrix} R \\ G \\ B \end{bmatrix}$$

或者

$$R = Y - 0.001U + 1.402V$$
$$G = Y - 0.344U - 0.714V$$
$$B = Y + 1.772U + 0.001V$$

写成矩阵的形式为

$$\begin{bmatrix} R \\ G \\ B \end{bmatrix} = \begin{bmatrix} 1.0 & -0.001 & 1.402 \\ 1.0 & -0.344 & -0.714 \\ 1.0 & 1.772 & 0.001 \end{bmatrix} \begin{bmatrix} Y \\ U \\ V \end{bmatrix}$$

(2)YIQ 与 RGB 彩色空间转换

RGB 和 YIQ 的对应关系用下面的方程式表示:

$$Y = 0.299R + 0.587G + 0.114B$$
$$I = 0.596R - 0.275G - 0.321B$$
$$Q = 0.212R - 0.523G + 0.311B$$

写成矩阵的形式为

$$\begin{bmatrix} Y \\ I \\ Q \end{bmatrix} = \begin{bmatrix} 0.299 & 0.587 & 0.114 \\ 0.596 & -0.275 & -0.321 \\ 0.212 & -0.523 & 0.311 \end{bmatrix} \begin{bmatrix} R \\ G \\ B \end{bmatrix}$$

(3) YC_bC_r 与 RGB 彩色空间转换

YC_bC_r 与 YUV 的定义基本上是相同的,但应用有所不同。YUV 适用于 PAL 和 SECAM 彩色电视制式的模拟视频图像的表示,YC_bC_r 则适用于数字电视以及计算机用数字视频图像的表示。数字域中的彩色空间变换与模拟域的彩色空间变换不同,它们的分量使用 Y, C_r 和 C_b 来表示,与 RGB 空间的转换关系如下:

$$Y = 0.299R + 0.578G + 0.114B$$
$$C_r = (0.500R - 0.4187G - 0.813B) + 128$$
$$C_b = (-0.1687r - 0.3313G + 0.500B) + 128$$

写成矩阵的形式为

$$\begin{bmatrix} Y \\ C_r \\ C_b \end{bmatrix} = \begin{bmatrix} 0.299 & 0.578 & 0.114 \\ 0.500 & -0.4187 & -0.813 \\ -0.1687 & -0.3313 & 0.500 \end{bmatrix} \begin{bmatrix} R \\ G \\ B \end{bmatrix} + \begin{bmatrix} 0 \\ 128 \\ 128 \end{bmatrix}$$

RGB 与 YC_bC_r 之间的变换关系可写成如下的形式:

$$\begin{bmatrix} R \\ G \\ B \end{bmatrix} = \begin{bmatrix} 1 & 1.4020 & 0 \\ 1 & -0.7141 & -0.3441 \\ 1 & 0 & 1.7720 \end{bmatrix} \begin{bmatrix} 0 \\ C_r - 128 \\ C_b - 128 \end{bmatrix}$$

(4) HSB 与 RGB 彩色空间转换

HSB 和 RGB 的对应关系用下面的方程式表示:

$$I = (R + G + B)/s$$
$$H = 1/360\{90 - \arctan(2R - G - B)/(G - B)\} + \{0, G > B; 180, G < B\}$$
$$B = 1 - [\min(R, G, B)/I]$$

4.3　视频表示

视频又称为动态图像,是一组图像按照时间的有序连续表现。视频的表示与图像序列、时间关系有关,电影、电视等都属于视频的范畴,由于人视觉的惰性,每秒 24 ~ 30 帧的连续画面就形成了连续活动影像感觉的电影,因此帧是组成视频信息最小和最基本的单元。按视频图像所占空间的维数划分,有二维视频图像、三维视频图像和多维视频图像。需要予以区别的是动画,动画也是动态图像的一种。与视频不同的是,动画采用的是计算机产生出来的图像或图形,而不像视频采用直接采集的真实图像。

为了采集、处理、传输和存储视频信息,必须对视频信号进行描述。在不同的阶段,对视频有不同的描述方式。

(1) 静止图像

静止图像是指图像内容不随时间而变化,可分为黑白静止图像和彩色静止图像。二维黑白静止图像可表示为

$$I = f(x, y)$$

式中,I 是光的强度或灰度,平面坐标 x 和 y 的取值范围为 $0 \leq x \leq L_x$,$0 \leq y \leq L_y$,其中 L_x,L_y 为平面矩形区域的长和宽;亮度为 $0 \leq I \leq B_m$,其中 B_m 为最大亮度。

二维彩色静止图像可表示为

$$I = f(x, y, \lambda)$$

式中,λ 是光的波长,不同颜色的光具有不同的波长。

(2) 活动图像

人们常见的视频是电视和电影,它们都是二维平面的活动图像,可以表示为光的强度或灰度 I 随着平面坐标 (x, y)、光的波长 λ 和时间 t 而变化,表示为

$$I = f(x, y, \lambda, t)$$

二维黑白视频信号是指图像在视觉效果上只有黑白深浅之分,而没有色彩的变化,表现为光的强度或灰度 I 随着二维坐标 (x, y) 和时间 t 而变化,表示为

$$I = f(x, y, t)$$

根据三基色原理,二维彩色活动图像可表示为

$$I = \{ f_R(x, y, \lambda, t), f_G(x, y, \lambda, t), f_B(x, y, \lambda, t) \}$$

三维彩色视频信号所包含的信息表现为光的强度或灰度 I 随着三维坐标 (x, y, z)、光的波长 λ 和时间 t 而变化,表示为

$$I = f(x, y, z, \lambda, t)$$

图像的取值范围为非负有界的。

三维视频或动画是时域离散的帧图像序列 $f(x, y, z, \lambda, t_n)$,$n = 1, 2, \cdots$ 连续播放人眼的主观感觉,可表示为

$$I = V[f(x, y, z, \lambda, t_n)]$$

4.4　电视图像采集与显示

数字视频是采用计算机设备可处理的离散信号"0"和"1"记录连续变化的图像信息,当以特定速度播放时,由于视觉暂留原理使表面看上去是平滑连续的视觉效果,显然,数字视频是采用数字化格式记录的视频。

数字电视系统仍基于三基色原理工作,图像源把彩色场景或图像转换为红(R)、绿(G)和蓝(B)三个模拟基色视频信号,将这三个基色信号数字化后,经处理传送给终端。显示终端需要重建 R,G 和 B 信号,再按相加混色原理,重现彩色图像。

4.4.1　显示扫描原理

电视技术利用光电转换原理实现光学图像到电视信号变换,这一转换过程通常是在摄像机中完成的。当被摄景物通过摄像机镜头成像在摄像管的光电导层时,光电靶上不同点随照度不同激励出数目不等的光电子,从而引起不同的附加光电导产生不同的电位起伏,形成与光像对应的电图像。

数字电视系统按扫描方式传送一行行、一场场电视图像信息,一场(逐行扫描)或两场(隔行扫描)图像构成一帧图像,由一帧帧图像序列组成运动图像。利用人眼的视觉惰性,在发送端可以将代表图像中像素的物理量按一定顺序一个一个地传送,而在接收端再按同

样的规律重显原图像。只要这种顺序进行得足够快,人眼就会感觉图像上在同时发亮。在电视技术中,将这种传送图像的既定规律称为扫描。如图4.19所示摄像管光电导层中形成的电图像在电子束的扫描下顺序地接通每一个点,并连续地把它们的亮度变化转换为电信号;扫描得到的电信号经过单一通道传输后,再用电子束扫描具有电光转换特性的荧光屏,从电信号转换成光图像。

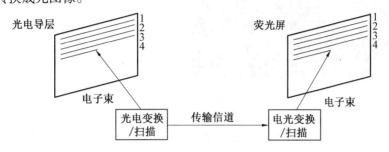

图4.19 电视系统扫描原理

实际上,扫描过程就是对运动图像序列在空间上和时间上的取样过程。对数字电视系统,每行还要进行像素取样,其结果是数字电视图像由一系列样点组成,每个样点与数字图像的一个像素对应。像素是组成数字图像的最小单位。这样数字图像帧由二维空间排列的像素点阵组成,运动图像序列则由时间上一系列数字图像帧组成。

在通常情况下,目前电视系统普遍使用的电真空摄像和显像器件均采用电子束扫描来实现光电和电光转换;而随着CCD摄像机和平板显示器件的投入使用,利用各种脉冲数字电路便可实现上述转换。图4.20是阴极射线管(CRT)扫描处理的示意图,其中视频信号由亮度和色度信号分量组成,分量视频分别送出亮度和色度信号。

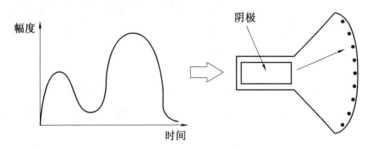

图4.20 阴极射线管(CRT)扫描处理的示意图

通常显示器分逐行扫描和隔行扫描两种扫描方式。

(1)逐行扫描

电子束从左至右、从上而下逐行依次扫描的方式称为逐行扫描。电子束顺序扫描屏幕所形成的直线状亮点轨迹称为光栅,逐行扫描形成的光栅示意图如图4.21所示。

电子束沿水平方向的扫描称为行扫描。其中从左至右的扫描称为行扫描正程,简称行正扫,如图4.21(a)图中实线所示。从右至左的扫描称为行扫描逆程,简称行回扫,如图4.21(a)中虚线所示。行扫描正程时间长,逆程时间短。显然,对于每一幅图像来说,扫描行数越多,对图像的分解率(清晰度)越高,图像越细腻;但同时电视信号的带宽也就越宽,对信道的要求也越高。

电子束沿垂直方向的扫描称为帧扫描。其中从上至下的扫描称为帧扫描正程,简称帧

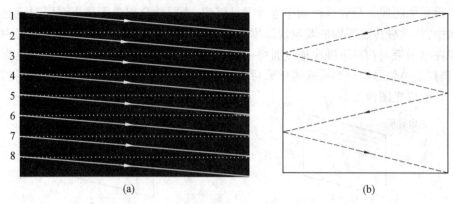

(a)   (b)

图 4.21   逐行扫描光栅

正扫,从下至上的扫描称为帧扫描逆程,简称帧回扫。图 4.21(a)所示为帧扫描正程的扫描轨迹,图 4.21(b)为帧扫描逆程的回扫轨迹。同样,帧扫描正程时间远大于帧扫描逆程时间。

　　实际上,行扫描和帧扫描是同时进行的,即电子束在进行水平方向扫描的同时又在垂直方向上移动,则电子束的运动轨迹为水平和垂直两个方向的合运动。由于电子束水平方向的扫描速度远大于垂直方向的速度,这样在荧光屏上形成了一条条略微斜向下的水平亮线,几百行密集的扫描亮线构成一个均匀栅状发光面,就是所谓的光栅。逐行扫描一帧即为一场。

　　为了压缩图像信号的带宽,同时又能克服闪烁现象,借鉴电影技术,人们提出了隔行扫描方式,目前的广播电视采用隔行扫描。

　　逐行扫描简单、可靠、图像清晰,要使图像连续而不产生闪烁现象,则需每秒换帧 50 次,即帧频为 50 Hz,要求传输通道具有很宽的频带(足够的图像数据速率),使电视设备复杂化。目前在计算机显示器中采用逐行扫描方式。

　　(2)隔行扫描

　　最早出现的是隔行扫描显像,同时就配套产生了隔行传输,而隔行扫描视频文件是到数字视频时代才出现的,其目的是为了兼容原有的隔行扫描体系,因为隔行扫描还依然在广泛应用。

　　隔行扫描指显示屏在显示一幅图像时是将一帧图像分成两场来扫描,第一场扫奇数行,称为奇数场,第二场扫偶数行,称为偶数场。奇数场和偶数场图像镶嵌在一起形成一幅完整的图像,如图 4.22 所示。

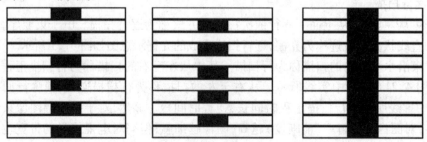

图 4.22   隔行扫描重现图像示意图

隔行扫描的光栅如图4.23所示,电子束扫完第1行后回到第3行开始的位置接着扫,如图4.23(a)所示,然后在第5,7,…行上扫,直到最后一行;奇数行扫完后接着扫偶数行,如图4.23(b)所示,从而完成一帧(Frame)的扫描,如图4.23(c)所示;即奇数场和偶数场合起来组成一帧。因此在隔行扫描中,无论是摄像机还是显示器,获取或显示一幅图像都要扫描两遍才能得到一幅完整的图像。

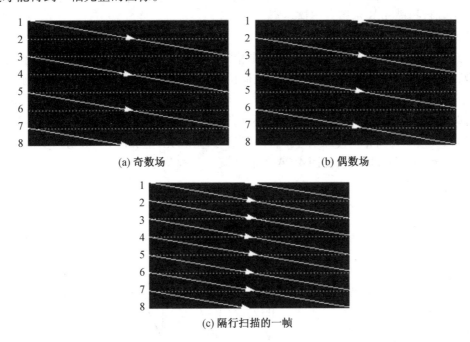

(a) 奇数场　　　　　　　　　　　(b) 偶数场

(c) 隔行扫描的一帧

图4.23　隔行扫描的光栅示意图

在隔行扫描中,每帧图像需分奇偶两场进行扫描,第一场扫描总行数的一半,第二场扫描总行数的另一半,隔行扫描中规定,扫描的行数必须是奇数,第一场结束于最后一行的一半,不管电子束如何折回,它必须回到显示屏顶部的中央,这样就可以保证相邻的第二场扫描恰好嵌在第一场各扫描线的中间。正是这个原因,才要求总的行数必须是奇数。

隔行扫描为使传送活动图像有连续感而不产生闪烁,需每秒扫描50场,即场频为50 Hz。而两场为一帧,则每秒扫描25帧画面,即帧频为25 Hz,由于视觉暂留效应,人眼将会看到平滑的运动而不是闪动的半帧图像。但是仍会有几乎不被注意到的闪烁出现,使得人眼容易疲劳;当屏幕的内容是横条纹时,这种闪烁特别明显。

隔行扫描技术降低了帧频,压缩了图像信号频带宽度,并克服了闪烁现象,在传送信号带宽不够的情况下起了很大作用,通常用在早期的显示产品中。

每秒钟扫描多少行称为行频f_H;每秒钟扫描多少场称为场频f_V;每秒扫描多少帧称为帧频f_F。f_V和f_F是两个不同的概念。行频f_H与场频f_V有如下关系:

$$\frac{f_H}{f_V} = \frac{z}{2} = \frac{2n+1}{2} = n + \frac{1}{2}$$

式中,n为正整数;$z = 2n+1$为扫描行数,且为奇数。

我国电视制式是625行隔行扫描光栅,分两场扫描,行扫描频率为15 625 Hz,周期为64 μs;场扫描频率为50 Hz,周期为20 ms;帧频是25 Hz,是场频的一半,周期为40 ms。

理论上,帧率只要达到24 fps(帧/秒)就达到流畅,电影就是按这个标准执行的。但是考虑到交流电频率50 Hz或60 Hz,电视标准制定者确定了25 fps或30 fps的帧率。

黑白电视和彩色电视都用隔行扫描,隔行扫描技术在传送信号带宽不够的情况下起了很大作用。逐行扫描和隔行扫描的显示效果主要区别在稳定性上面,隔行扫描的行间闪烁比较明显,逐行扫描克服了隔行扫描的缺点,画面平滑自然无闪烁。在电视的标准显示模式中,i表示隔行扫描,p表示逐行扫描。

(3)扫描的同步

要想在电视接收机的屏幕上显示出清晰稳定的图画,发送和接收端的行、场动作必须严格一致,以保证各个像素在图像中相应的几何位置。在电视技术中,收、发端的电子束扫描顺序完全相同,即扫描电流波形既同频又同相,而波形幅度并不要求完全相同。因为在扫描的逆程时间内不传送图像信号,所以,可以利用行、场逆程时间来分别传送各自的同步脉冲信号,即在发送端每扫完一行加入一个行同步信号,每扫完一场加入一个场同步信号,它们与图像信号一起被发送出去,如图4.24所示。

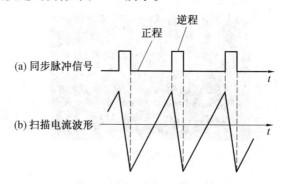

图4.24   同步脉冲信号与扫描电流

扫描逆程期是不传送图像信号的,在这期间应使摄像管和显像管的扫描电子束截止,使之不干扰图像。为此,需在行、场扫描逆程期加入消隐信号。消隐信号有行消隐和场消隐之分,两者均混在一起便成为复合消隐信号。该信号的形状是不同宽度的矩形脉冲,幅度相当于黑色电平。设一行的时间为1 H(在625行、50场的系统中,1 H=64 μs),根据规定,行消隐脉冲宽度为0.18 H,场消隐脉冲宽度为25 H,如图4.25(a)所示。由于采用隔行扫描,复合消隐脉冲信号有奇数场与偶数场的区别。同步信号有行同步、场同步之分,两者混在一起而成为复合同步信号,其形状也是不同宽度的矩形脉冲。根据规定,行同步脉冲宽度为0.075 H,场同步脉冲宽度为2.5~3.0 H。复合同步脉冲信号也有奇数场与偶数场的区别,如图4.25(b)所示。同步信号也是在逆程中传送的,为了在接收端便于分离,它是"骑"在消隐脉冲顶部的,如图4.25(d)所示。复合同步信号主要用在接收端,发送端的同步通常使用行推动脉冲信号和场推动脉冲信号。

4.4.2   电视制式

电视信号的标准也称为电视的制式。目前各国的电视制式不尽相同,制式的区分主要在于其帧频(场频)的不同、分解率的不同、信号带宽以及载频的不同、色彩空间的转换关系不同等。

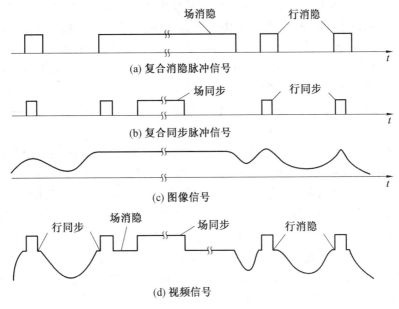

图 4.25　消隐脉冲和同步脉冲信号

电视制式就是用来实现电视图像信号和伴音信号或其他信号传输的方法,以及电视图像的显示格式所采用的技术标准。严格来说,电视制式有很多种,对于模拟电视,有黑白电视制式、彩色电视制式,以及伴音制式等;对于数字电视,有图像信号、音频信号压缩编码格式(信源编码)和 TS 流(Transport Stream)编码格式(信道编码),还有数字信号调制格式,以及图像显示格式等制式。

世界各国的交流电供电标准也不统一,因此,不同制式电视机若互换使用,会产生种种问题,甚至无法接收,必须进行改造。当想欣赏进口录像节目、VCD 节目和卫星电视节目时,这些节目本身都带有生产国的制式烙印,在电视广播技术标准上与我国的 PAL/DK 有种种不同,因此若想正常收看,就需设法使电视机和要看的电视节目所具有的制式相一致,这通常有两个方法:一是进行制式转换,将电视节目制式改换为与所用电视机一致的制式;另一个是让电视机有多种制式的接收能力。

1. 黑白电视制式

黑白电视制式的主要内容为图像和伴音的调制方式、图像信号的极性、图像和伴音的载频差、频带宽度、频道间隔、扫描行数等,通常是按其扫描参数、视频信号带宽以及射频特性的不同而分类,目前世界各国所采用的黑白电视制式有:A,B,C,D,E,F,G,H,I,K,K1,L,M,N 等,共计 13 种(其中 A,C,E 已不采用),我国黑白电视属于 D/K 制。

黑白电视制式使用时间最长,现在的彩色电视制式也是在黑白电视制式上发展起来的,并且向下兼容,因此黑白电视制式到现在还具有非常重要的意义。

2. 彩色电视制式

世界上有三大彩色电视制式:正交平衡调幅制 NTSC(National Television Systems Committee,国家电视制式委员会)、逐行倒相正交平衡调制 PAL(Phase-Alternative Line)以及顺序传送彩色与存储制 SECAM(Sequential Couleur à Mémorire(法文)),兼容后组合成 30 多个不同的电视制式。但根据对世界 200 多个国家和地区的调查,仅使用其中的 17 种:8 种 PAL,2 种 NTSC,7 种 SECAM。使用最多的是 PAL/B、G,在我国、西德、英国、朝鲜等 60 个国家和地区使用,这种制式的帧速率为 25 fps,每帧 625 行 312 线,标准分辨率为 720×576;NTSC/M,在美国、加拿大、大部分西半球国家、中国台湾、日本、韩国、菲律宾等 54 个国家和地区使用,这种制式的帧速率为 29.97 fps,每帧 525 行 262 线,标准分辨率为 720×480;SECAM/K1,在法国、俄罗斯、东欧等 23 个国家和地区使用,这种制式的帧速率为 25 fps,每帧 625 行 312 线,标准分辨率为 720×576。

所谓多制式电视机都不是全制式,但只要能接收 PAL/D、K、B、G、I,NTSC/M,SECAM/K、K1、B、G 制式,就能收到世界上 80% 以上国家和地区的电视节目。除此之外,多制式背投还能接收激光视盘和多制式录像带播放的节目,做到一机多用,非常方便。为了实现背投的多制式接收,背投内要设置许多新电路。多制式背投的解码也不同于一般背投,这是由于三种彩色电视的编码方式、副载波频率不同,所以在解码前要设置三种制式识别和转换电路。一般根据场频不同先把 NTSC 制和 PAL,SECAM 制分开,然后再根据 SECAM 制调频行轮换制和 PAL 制隔行倒相制识别 SECAM 制和 PAL 制。这些制式识别工作均在集成电路内进行,一般背投都会自动识别,当然也可以用手动强制其执行某种制式。

由于黑白电视产生和发展在先,彩色电视推广在后,在制式上彩色电视必须与黑白电视兼容,以避免资源的浪费。兼容的含义是指:黑白电视机能接收彩色电视广播、显示黑白图像,称正兼容;彩色电视机能接收黑白电视广播,称为逆兼容。

为了实现黑白和彩色信号的兼容,将摄像机输出的三基色信号转换成一个亮度信号和两个色度信号,并组合成彩色全电视信号发送(图像信号、伴音信号、行消隐、场消隐、行同步和场同步等信号的组合),接收端恢复成三基色信号,从而显示彩色。彩色电视系统对三基色信号的不同处理方式,构成了不同的彩色电视制式。为了接收和处理不同制式的电视信号,也就发展了不同制式的电视接收机和录像机。

(1)NTSC 制式

NTSC 彩色电视制式是 1952 年由美国国家电视标准委员会指定的彩色电视广播标准,它采用正交平衡调幅的技术方式,故也称为正交平衡调幅制。美国、加拿大等大部分西半球国家以及中国台湾、日本、韩国、菲律宾等均采用 NTSC 彩色电视制式。

彩色电视根据相加混色法中一定比例的三基色光能混合成包括白光在内的各种色光的原理,同时为了兼容和压缩传输频带,彩色电视要在同一频带内传送亮度信号和色差信号,高端传送色差信号,低端传送亮度信号,亮度信号可用来传送黑白图像。由同一载波频率的副载波传送两个色差信号,也就是使用两个色差信号调制频率相同,相位相差 90° 的两个副载波,然后混合发送,即有

$$(B - Y)\sin \omega_{SC} t + (R - Y)\cos \omega_{SC} t$$

其中,振幅为

$$C = \sqrt{(B - Y)^2 + (R - Y)^2}$$

相位为

$$\varphi = \arctan \frac{R - Y}{B - Y}$$

合成以后的复合彩色信号电平中最多的是黄色和青色。因此要限制两个色差信号的幅

度 $B-Y$ 和 $R-Y$,将合成的彩色电平幅度限制在一定的范围内,以符合人的视觉要求(黄色和青色不要太明显),即

$$U = k_1(B-Y),\quad k_1 = 0.493$$
$$V = k_2(R-Y),\quad k_2 = 0.877$$

由于 k_1,k_2 小于 1,于是得到 RGB 与 YUV 的彩色转换矩阵为

$$\begin{bmatrix} Y \\ U \\ V \end{bmatrix} = \begin{bmatrix} 0.299 & 0.587 & 0.114 \\ -0.147 & -0.289 & 0.436 \\ 0.615 & -0.515 & -0.100 \end{bmatrix} \begin{bmatrix} R \\ G \\ B \end{bmatrix}$$

然后对 U,V 两个色差信号进行正交平衡调制。

对人眼视觉特性的研究表明,人眼对红黄之间的颜色分辨率最强,而对蓝与品红之间的颜色分辨率最弱。将 U,V 坐标系旋转 33°,则为 I,Q 坐标系,如图 4.26 所示。图中的 I 轴表示人眼最敏感的色轴,而与之垂直的 Q 轴表示最不敏感的色轴。

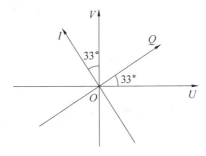

图 4.26　U,V 坐标系与 I,Q 坐标系

定量地说,IQ 轴与 UV 正交轴有 33° 的夹角。这样,任一色度,既可由 U,V 表示,也可由 Q,I 表示。它们之间的关系为

$$\begin{bmatrix} Q \\ I \end{bmatrix} = \begin{bmatrix} \cos 33° & \sin 33° \\ -\sin 33° & \cos 33° \end{bmatrix} \begin{bmatrix} U \\ V \end{bmatrix}$$

利用亮度信号计算公式:

$$Y = 0.299R + 0.587G + 0.114B$$

及

$$V = 0.887(R-Y)$$
$$U = 0.493(B-Y)$$

进行坐标转换以后对 Y,Q,I 进行正交平衡调制发送。

NTSC 制式的优点是电视接收机电路简单,成本低;缺点是对相位敏感,容易产生偏色,因此 NTSC 制电视机都有一个色调手动控制电路,供用户选择使用。

(2)PAL 制式

PAL 制式是 1963 年联邦德国为降低 NTSC 制的相位敏感性而发展的一种制式,于 1967 年正式广播。PAL 制式中根据不同的参数细节,又可以进一步划分为 G,I,D 等制式,其中 PAL-D 制是我国大陆采用的制式。

若将色度信号 U,V 混色后表示为时间函数(混色),则

$$e_c(t) = U(t) + V(t) = U(t)\sin\omega_{SC}t + V(t)\cos\omega_{SC}t =$$

$$C(t)\sin[\omega_{SC}t + \theta(t)]$$

其中

$$C(t) = \sqrt{U^2(t) + V^2(t)}, \quad \theta(t) = \arctan\frac{V(t)}{U(t)}$$

可见,由色差信号 U,V 混色形成的基色与补色的色度信号可以用 U,V 坐标系中的矢量表示,如图 4.27 所示。

图 4.27 中标出了八种基色和补色的矢量,可以看出,品红色矢量处于第 1 象限内,当矢量逆时针方向旋转时,颜色变化的顺序是品红→红→黄→绿→青→蓝→品红。

彩色相序的倒相可以按帧频、场频或行频、点频进行。发送端混色信号为

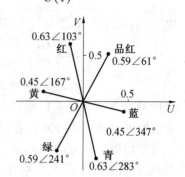

图 4.27 在 U,V 坐标系中的彩色信号

$$C = U\sin\omega_{SC}t \pm V\cos\omega_{SC}t = C_M\sin(\omega_{SC}t \pm \varphi)$$

其中

$$C_M = \sqrt{U^2 + V^2}, \quad \varphi = \arctan\frac{V}{U}$$

PAL 制式的特点是对相位偏差不敏感,可以克服 NTSC 制容易偏色的缺点,并在传输中受多径接收而出现重影彩色的影响较小。

(3)SECAM 制式

SECAM 制式也是为了改善 NTSC 制的相位敏感性而发展的彩色电视制式。SECAM 是法文的缩写,意为顺序传送彩色信号与存储恢复彩色信号制,是由法国在 1956 年提出,1966 年制定,为法国、俄罗斯等国家采用,其特点是受传输中的多径接收的影响较小。

在 SECAM 制中,发送时由于依次逐行传送色差信号 $B-Y$ 和 $R-Y$,因而,在传送通道中同一时间内只存在一种色差信号,这就不可能产生互串现象,但亮度信号仍是每行都传送,所以 SECAM 制是一种顺序-同时制。在接收机中必须同时存在 $Y,R-Y$ 和 $B-Y$ 三种信号,才能提供重现彩色图像所需要的 R,G,B 三种基色信号,因此 SECAM 制解码器使用延迟线把收到的每一个色差信号使用两次。即在被传送的一行使用一次,并存储一行的时间(64 μs),然后再使用一次。也就是说每一行的色差信号,在当前行的 U 要与上行存储的 V,或当前行的 V 要与上一行的 U 作为当前行的两个色差信号连同亮度一起去转换为显示 R,G,B 三基色。由于每一行只传送一个色差信号,因此不必采用正交平衡调幅,可以采用调频发送。

PAL 制和 SECAM 制可以克服 NTSC 制容易偏色的缺点,但电视接收机电路复杂,要比 NTSC 制电视接收机多一个一行延时线电路,并且图像容易产生彩色闪烁。因此,三种彩色电视制式各有优缺点。所以,三种彩色电视制式互相共存。

4.4.3　电视图像数字化

由于电视和计算机的显示机制不同,因此要在计算机上显示动态视频图像需要做许多技术处理:电视是隔行扫描,计算机的显示器通常是逐行扫描;电视是亮度(Y)和色度(C)

的复合编码,而计算机的监视器工作在 RGB 空间;电视图像的分辨率和显示屏的分辨率也各不相同;等等。这些问题在电视图像数字化过程中都需考虑。

(1)色彩空间转换

计算机中的彩色图像一般都用 R,G,B 分量表示,而电视图像一般都用一个亮度(Y)分量和两个色差(U 和 V)分量表示,YUV 组成一个复合的电视信号。过去,数字电视系统都希望用彩色分量来表示图像数据,如 RGB,YUV,YIQ 彩色空间分量,对亮度和色差分别进行数字化,原因是复合电视信号和分量信号之间的相互转换比较容易,且可以通过采样格式的不同进一步节省传输带宽。电视图像数字化常用的方法有两种:

①先从复合彩色电视图像中分离出彩色分量,然后数字化。现在大多数电视信号都是复合的彩色全电视信号,如录像带、激光视盘、摄像机等。对这类信号的数字化,通常是先将其分离成 YUV,YIQ 或 RGB 彩色空间中的分量信号,然后用 3 个 A/D 转换器分别进行数字化。

②首先用一个高速 A/D 转换器对彩色全电视信号进行数字化,然后在数字域中进行分离,以获得所希望的 YC_bC_r,YUV,YIQ 或 RGB 分量数据。

(2)采样格式

电视图像的采样格式主要有三种,通常用 $Y:C_b:C_r$ 的形式表示,Y,C_b,C_r 分别代表亮度 Y、色差 C_b、色差 C_r 的样本数。电视图像的采样格式见表 4.3。

表 4.3　电视图像的采样格式

格式 \ 样本 \ 像素		P_0	P_1	P_2	P_3	P_4	P_5	P_6	P_7	…
4:1:1	Y	●	●	●	●	●	●	●	●	…
	U	●	×	×	×	●	×	×	×	
	V	●	×	×	×	●	×	×	×	
4:2:2	Y	●	●	●	●	●	●	●	●	…
	U	●	×	●	×	●	×	●	×	
	V	●	×	●	×	●	×	●	×	
4:4:4	Y	●	●	●	●	●	●	●	●	…
	U	●	●	●	●	●	●	●	●	
	V	●	●	●	●	●	●	●	●	
4:4:4	R	●	●	●	●	●	●	●	●	…
	G	●	●	●	●	●	●	●	●	
	B	●	●	●	●	●	●	●	●	

发送端把每个像素对应的 R,G 和 B 三个基色信号变换成一个亮度信号 Y 和两个色差信号 C_b,C_r,图像水平方向上,亮度信号 Y 取样点数与两个色差信号 C_b,C_r 取样点一样,称之为 4:4:4 信号格式,或 4:4:4 信号模式。无论中间还经哪些处理,终端都需为每个像素恢复成 4:4:4 格式的 Y,C_b 和 C_r 信号,才能进而得到相应的 R,G 和 B 三个基色分量信号。为进一步节省传输信道带宽,既然数字电视系统可利用视觉对图像色彩细节不如亮度细节敏感的特点,只为亮度信号保证整个视频信号带宽,而将两个色差信号的带宽缩窄为亮

度信号带宽的一半,那么按取样定理,带宽缩窄,取样频率即可成比例地降低。于是,图像水平方向上,两个色差信号 C_b,C_r 取样点减少到亮度信号 Y 取样点数的一半。按标准规定,C_b,C_r 取样点在空间上彼此重合,并与相应的亮度信号奇数位置取样点对应,这种信号格式称为 4∶2∶2 信号格式或 4∶2∶2 信号模式。在垂直方向上,也可以把两个色差信号的取样点数减少到亮度信号取样点数的一半。这种信号格式的两个色差信号取样点数,在水平和垂直方向上都减少到亮度信号取样点数的一半,即 4 个亮度信号取样点,对应两个色差信号的各一个取样点。标准规定,C_b,C_r 取样点与相应的亮度信号奇数位置取样点对应,这种信号格式称为 4∶2∶0 信号格式或 4∶2∶0 信号模式。

取样值不同所表现的色彩真实度也不同。

如果以 13.5 MHz 取样 Y 信号和 $B-Y$,$R-Y$ 的话,就得到 4∶4∶4,该模式下色彩真实度比较好,但传输过程中数据量过大。由于人眼对于彩色信号的解析率低于黑白的灰度信号,所以很多情况下只用 6.75 MHz 来取样 $B-Y$ 和 $R-Y$,即 4∶2∶2,大部分的摄像机(包括广播级)都是 4∶2∶2。如果用 3.375 MHz 来取样的话就是 4∶2∶0,MPEG-II 的取样方式就是 4∶2∶0。

(3)ITU-R BT.601 标准

为了在 PAL 制、NTSC 制和 SECAM 制之间确定共同的数字化参数,早在 20 世纪 80 年代初,国际无线电咨询委员会(International Radio Consultative Committee,CCIR)就制定了演播室质量的数字电视编码标准,称为 CCIR 601 标准,现改为 ITU-R BT.601 标准,在美国称为 D1 标准。这个标准对多媒体的开发应用相当重要,目前开发的许多多媒体硬件都以 CCIR601 作为基础。

该标准规定了彩色电视图像转换成数字图像时使用的采样频率,RGB 和 YC_bC_r(或者写成 Y_cB_cR)两个彩色空间之间的转换关系等,如图 4.28 所示。

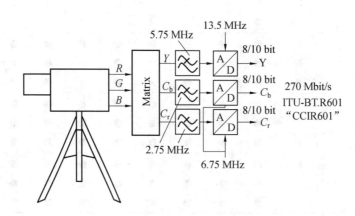

图 4.28 亮度和色度信号的数字化

视频摄像机得到模拟 RGB 信号,RGB 信号在摄像机中通过矩阵变换得到亮度(Y)和色度(色差 C_b 和 C_r)信号。

$$Y = (0.30 * R) + (0.59 * G) + (0.11 * B)$$
$$C_R = 0.71 * (R - Y)$$
$$C_B = 0.56 * (B - Y)$$

亮度信号的带宽利用低通滤波器限定到 5.75 MHz,两个色差信号带宽限定到 2.75 MHz,色度信号的分辨率比亮度信号分辨率低,主要是考虑人眼视觉特性对亮度的敏感性超过对颜色的敏感,模拟电视中色度信号限定到 1.3 MHz。

ITU-R BT.601 用于对隔行扫描电视图像进行数字化,对 NTSC 和 PAL 制彩色电视的采样频率和有效显示分辨率都做了规定。表 4.4 给出了 ITU-R BT.601 推荐的采样格式、编码参数和采样频率。

表 4.4　电视数字化标准(CCIR601)摘要

项目 采样格式	信号形式	采样频率 /MHz	取样数(有效样本数)/扫描行		数字电视信号值 (A/D)
			NTSC 制	PAL 制或 SECAM 制	
4∶2∶2	Y	13.5	858(720)	846(720)	220 级 (16-235)
	C_R	6.75	429(360)	432(360)	225 级
	C_B	6.75	429(360)	432(360)	128±112 (16-240)
4∶4∶4	Y	13.5	858(720)	846(720)	220 级 (16-235)
	C_R	13.5	850(720)	846(720)	225 级
	C_B	13.5	850(720)	846(720)	128±112 (16-240)

表中的 C_b 和 C_r 为 CCIR601 标准中的 V 和 U 色差信号。在"数字电视信号值"一栏中,亮度为 220 级,而色度为 225 级,因为每个 Y, C_b, C_r 采样后都量化为 8 位二进制数,即 256 个等级。考虑到系统的需要,亮度和色差均留出了一些量化值,以备他用。

CCIR 为 NTSC 制、PAL 制和 SECAM 制规定了共同的电视图像采样频率。这个采样频率也用于远程图像通信网络中的图像信号采样,如 ISDN、电视会议、CCITT-H.261 及光纤通信等。对 PAL 制、SECAM 制,采样频率 $f_s=625\times25\times N=15\ 625\times N=13.5$ MHz,$N=864$。其中,N 为每一扫描行上的采样数目。对 NTSC 制,采样频率 $f_s=525\times29.97\times N=15\ 734\times N=13.5$ MHz,$N=858$。

对 PAL 制和 SECAM 制的亮度信号,每一条扫描行采样 864 个样本;对 NTSC 制的亮度信号,每一条扫描行采样 858 个样本。对所有的制式,每一扫描行的有效采样样本均为 720 个。

ITU-R BT.601 推荐使用 4∶2∶2 的彩色电视图像采样格式。使用这种采样格式时,Y 用 13.5 MHz 的采样频率,C_b, C_r 用 6.75 MHz 的采样频率。采样时,采样频率信号要与场同步和行同步信号同步。

按照每一采样点为 8 bit 计算,那么每个像素点数字化后的数字率应为

$$(13.5+6.75+6.75)\times8=216\ (\text{Mbit/s})$$

即数据采样速率为每秒 216 Mbit。

虽然 CCIR601 对每行的有效样本做了规定,但在实际显示图像时也有例外。例如在计算机中显示电视图像时通常 NTSC 制采用 640×480 分辨率,PAL 制和 SECAM 制为 768×

576,A/D 转换器的分辨率达 8 bit 或 10 bit,若采用 10 bit 则对应 270 Mbit/s 码率,由于码率高,所以只适合演播室应用,不适合 TV 传输应用。

4.5　数字视频格式

视频文件有许多种,如 VCD 或 DVD 的影碟、从网络上下载的各种电影文件、通过 PPLive 或 QQLive 等流媒体播放软件进行点播观看的以及非常流行的像 YouTube、土豆网等直接在 Web 页面里进行点击观看的,主要的视频数字格式参数见表 4.5。

表 4.5　主要的视频数字格式参数

格式	规范	扫描	宽高比	有效行数/帧	有效像素/行	场(帧频)	采样频率
480i/60	ITU-R.601	I	4:3	483(525)	720(858)	59.94/60	13.5
480p/60	293M	P	16:9	483(525)	960	59.94/60	18
576i/50	ITU-R.601	I	4:3	576(625)	720(864)	50	13.5
576p/50	267M	P	16:9	576(625)	960	50	18
720p/60	296M	P	16:9	720(750)	1 280(1650)	59.94/60	74.175 8/74.25
1080i/601	274M	I	16:9	1 080(1 125)	1 920(2 200)	59.94/60	74.175 8/74.25
1080i/50	295M	I	16:9	1 152(1 250)	1 920(2 304)	50	72/74.25
1080p/24		P	16:9	1 080	1 920	24/23.976	74.25

视频文件应用主要有两类使用环境,即本地播放和网络播放,因此可以将视频格式分为影像文件格式(Video Format)和流式视频文件格式(Stream Video Format)两类。

4.5.1　影像文件格式

顾名思义,影像文件格式是影像文件的主要存储形式,常见到的 VCD,DVD 影碟均属其列,而在多媒体日益发达的今天,网上下载视频已成为一种主流趋势,对于那些只能在本地进行播放观看的视频文件格式,也纳入到了影像文件格式的行列范围,其中比较常见的是 AVI 和 MPEG 这两大文件格式,其实如果从本源上来讲,VCD 和 DVD 影碟文件均采用的是 MPEG 家族的视频编码方式,因此可以说常见到的影像文件格式就是 AVI 和 MPEG。

1. AVI 格式

AVI 的英文全称为 Audio Video Interleaved,即音频视频交错格式,是由 Microsoft 公司在 1992 年随着 Windows 3.1 操作系统而共同推出的一种已经被广大受众所认可和熟知的将语音和影像同步组合在一起的文件格式。它对视频文件采用了一种有损压缩方式,但压缩比较高,因此尽管画面质量不是太好,但其应用范围仍然非常广泛。AVI 支持 256 色和 RLE 压缩。AVI 信息主要应用在多媒体光盘上,用来保存电视、电影等各种影像信息。原先仅仅用于微软的视窗视频操作环境(Microsoft Video for Windows,VFW),现在已被大多数操作系统直接支持。

所谓“音频视频交错”,就是将视频和音频交织在一起进行同步播放。在 AVI 文件中,运动图像和伴音数据以交织的方式进行存储,可使读取视频数据流时能够更有效地从存储媒介得到连续的信息,从而保证了可以得到质量较高的回放图像;并且这种存储完全独立于硬件设备,保证了在不同平台下均可以获得较好的支持。由于各个 DV 以及视频采集卡的生产厂商均将 AVI 格式定为默认的记录/采集视频格式,因此 AVI 格式是默认的视频片源文件格式,是目前视频文件的主流,如一些游戏、教育软件的片头,多媒体光盘中都会采用 AVI 格式。

　　AVI 文件结构包含三部分:文件头、数据块和索引块。其中文件头包括文件的通用信息、定义数据格式、所用的压缩算法等参数;数据块包含实际数据流,即图像和声音序列数据,是文件的主体,也是决定文件容量的主要部分;视频文件的大小等于该文件的数据率乘以该视频播放的时间长度,索引块包括数据块列表和它们在文件中的位置,以提供文件内数据随机存取能力。

　　AVI 格式的优点是可以跨多个平台使用,其缺点是体积过于庞大,而且使用的压缩标准不统一。AVI 只是一个统称,微软在推出 AVI 格式时并没有限定它的压缩标准,造成各种压缩算法纷纷出现,且各个算法之间彼此并不兼容,因此就形成了几个文件虽然使用的是同一个扩展名.avi,但由于使用了不同的压缩算法使它们无法使用同一款播放器进行播放,为了能够顺利地播放这些 AVI 格式的视频文件,必须安装相应的解压缩算法编码软件。

　　AVI,nAVI 和 DV-AVI 的后缀都是.avi。

　　nAVI 格式是 newAVI 的缩写,是一个名为 Shadow Realm 的地下组织发展起来的一种新视频格式(与上面所说的 AVI 格式不同)。它由 Microsoft ASF 压缩算法修改而来,但是又与网络流媒体视频中的 ASF 视频格式有所区别。nAVI 为了追求压缩率和图像质量,改善了原始的 ASF 格式的一些不足,让 nAVI 可以拥有更高的帧率,即以牺牲 ASF 的视频流特性作为代价而通过增加帧率来大幅提高 ASF 视频文件的清晰度,因此说,nAVI 就是一种去掉视频流特性的改良型 ASF 格式。

　　DV-AVI 格式:DV(Digital Video Format)是由索尼、松下、JVC 等多家厂商联合提出的一种家用数字视频格式,目前非常流行的数码摄像机就是使用这种格式记录视频数据的。它可以通过计算机的 IEEE 1394 端口传输视频数据到计算机,也可以将计算机中编辑好的视频数据回录到数码摄像机中。这种视频格式的文件扩展名一般是.avi,所以也称为 DV-AVI 格式。

　　构成一个 AVI 文件的主要参数包括图像参数、伴音参数和压缩参数。

　　(1)图像参数

　　图像参数包括视窗尺寸(Video Size)和帧率(Frames per second)两部分,其中用户可以根据不同的应用要求,将 AVI 的视窗尺寸或分辨率按 4∶3 和 16∶9 的比例甚至随意比例来进行调整,当然视频窗口的尺寸越大,视频文件的数据量越大,最终所形成的视频文件的体积也就越大。不同的帧率会产生不同的画面连续效果,帧数越高则画面的帧率越大,所播放的画面就越流畅;反之,过低的帧率、过少的帧数会使画面变得顿挫、不连贯。通常,帧率在 24 fps 以上时人的眼睛就认为此时是一个连续、无卡绊的视频画面了。

　　(2)伴音参数

　　在 AVI 文件中,图像和伴音是分别存储的,因此可以把一段视频中的图像与另一段视频中的伴音组合在一起。AVI 文件与 WAV 文件密切相关,因为 WAV 文件是 AVI 文件中伴音信号来源。伴音的基本参数也就是 WAV 文件格式的参数,除此以外,AVI 文件还包括与

音频有关的其他参数:

①图像与伴音交织参数(Interlace Audio Every *X* Frames)。AVI 格式中每 *X* 帧交织存储的音频信号,即伴音和图像交替的频率 *X* 是可调参数,*X* 的最小值是一帧,即每个视频帧与音频数据交织组织,这是 CD-ROM 上使用的默认值。交织参数越小,回放 AVI 文件时读到内存中的数据流越少,回放越容易连续。因此,如果 AVI 文件的存储平台的数据传输率较大,则交错参数可设置得高一些,比如当 AVI 文件存储在硬盘上时,即从硬盘上读 AVI 文件进行播放时,可以使用大一些的交织频率,如几帧,甚至 1 s。

②同步控制(Synchronization)。在 AVI 文件中,图像和伴音是同步得很好的。但在一些较低配置的计算机中回放 AVI 文件时则有可能出现图像和伴音不同步的现象。

(3)压缩参数

在采集原始模拟视频时可以用不压缩的方式,这样可以获得最优秀的图像质量。用户也可以根据应用环境选择一定的压缩比例和压缩编码,按照一定采集比例来进行采集,在视频文件的清晰度和文件的体积之间进行折中,因此比较适用对于视频清晰度要求不高的家庭用户。

2. MPEG 格式

MPEG(Moving Pictures Experts Group)即运动图像专家组,是由国际标准组织(International Organization for Standardization,ISO)与国际电工委员会(International Electrotechnical Commission,IEC)于 1988 年联合成立的一种视频文件格式,其目标是致力于制定一种数码视频图像及音频的编码标准。MPEG 格式是影像阵营中的一个大家族,由它衍生出来的格式非常多,包括以 mpeg,mpg,mpe,mpa,m15,m1v,dat 等为后缀名的视频文件。

MPEG 格式采用的是有损压缩方法,它在保证影像质量的基础上,通过减少运动图像中的冗余信息来达到高压缩比的目的,MPEG 的平均压缩比为 50:1,其最高压缩比可达 200:1。MPEG 格式在拥有高压缩比的同时,其图像和音响质量保持较好,且还拥有统一的标准格式,因此,MPEG 格式的兼容性非常好。

MPEG 标准包括 MPEG 视频、MPEG 音频和 MPEG 系统三个部分,其中 MP3 音频格式就是 MPEG 音频的一个典型应用,而我们经常观看的 VCD(Video CD),SVCD(Super Video CD),DVD(Digital Versatile Disk),EVD(Enhanced Versatile Disk)等影碟文件则是 MPEG 系统的全面应用。

按照压缩标准的不同,MPEG 格式可以细分为以下两种。

(1)MPEG-1

MPEG-1 制定于 1992 年,是针对 1.5 Mbit/s 以下数据传输率的数字存储媒体运动图像及其伴音编码而设计的一项国际标准,通常所见到的 VCD 和 CD 均采用这种格式,其视频格式的文件扩展名包括.mpg,.mlv,.mpe,.mpeg 及 VCD 光盘中的.dat 文件等,存储内容为彩色同步运动视频图像。MPEG-1 的图像质量等同于 VHS 录像带,存储媒体为 CD-ROM,图像尺寸为 320×240,音质等同于 CD。MPEG-1 包含三个部分,其中视频基于 H.261 和 JPEG,音频基于 MUSICAM 技术,系统负责控制将视频、音频比特流合为统一的比特流。

(2)MPEG-2

MPEG-2 制定于 1994 年,主要针对传输率为 3~10 Mbit/s 的影音视频数据,设计目标为高级工业标准的图像质量。MPEG-2 提供了一个较为广泛的压缩比改变范围,以适应各种情况下不同画面质量、存储容量和带宽的要求,其可将一部长为 120 min 的电影压缩到 4～8 GB,从而可以保存在一张 DVD 光盘中。MPEG-2 的音频编码可提供左、右、中及两个环绕声道、一个重低音声道和数量多达七个的伴音声道,因此 MPEG-2 格式的文件可以拥有八种配音语言。根据其特性,MPEG-2 主要应用在 DVD/SVCD 的压缩制作方面,同时在一些 HDTV(高清晰电视广播)和一些高要求视频编辑、处理上面也有相当的应用。MPEG-2 格式的视频文件扩展名包括. mpg,. mpe,. mpeg,. m2v 及 DVD 光盘上的. vob 文件等。

4.5.2 流式视频文件格式

流式视频文件格式是指能够支持视频数据流、可以通过网络在线进行播放观看的视频文件格式,简单来说就是流媒体视频文件格式。流媒体是伴随着网络的发展而逐渐成熟起来的一种在线观看、收听的文件形式,其主要应用了流技术在网络上进行多媒体文件的传输。流技术是一种把连续的影像和声音信息经过压缩处理后放上网站服务器,让用户一边下载一边观看、收听,而不需要等整个压缩文件下载到自己机器后才可以观看的网络传输技术,该技术先在用户端的计算机上创造一个缓冲区,在播放前预先下载一段资料作为缓冲,当网络实际带宽小于播放所耗用视频的速度时,播放程序就会取用缓冲区内的资料,避免播放的中断,使播放品质得以保证。

通常,流媒体可以分为流媒体音频和流媒体视频两大类,其中的流媒体视频就是流式视频文件格式。目前,比较常见的流式视频文件格式包括 VOD,RealMedia 系列,MPEG-4 家族系列的 ASF,WMV,MOV(QuickTime),以及新兴起的 3GP,FLV 等。

1. VOD

VOD 的全称是 Video on Demand,意即按需要的视频流播放,即视频点播,多见于早期的网络视频点播系统中,有专用的播放器 VODLive Player,但 IE 和 Netscape 加上插件、Media Player 7 以上的版本都能播放。

随着信息技术的不断发展,通过多媒体网络将视频流按照个人的意愿送到千家万户已由 VOD 做出了实践的一步,用户只需利用终端设备就能与某种服务或服务的提供者进行互动:在计算机系统中,它是由各个用户的家用计算机终端来完成的;拓展到电视系统中,它是由电视机加机顶盒(Set top Box)来完成;而在未改造的电话系统中,它是由电话预约来实现的。在客户终端系统中,除了处理硬件问题外,还需要处理与之相关的各种软件技术问题,例如为了满足用户的多媒体交互需求,客户系统的界面必须加以改造。此外,在进行连续媒体演播时,媒体流的缓冲管理、声频与视频数据的同步、网络中断与演播中断的协调等问题都需要进行充分考虑,其缺点在于 VOD 文件必须要获取授权后才能观看。

2. RealMedia 系列

RealNetworks 公司所制定的音频/视频压缩规范称为 RealMedia,用户可以使用 Real-Player 或 RealOnePlayer 对符合 RealMedia 技术规范的网络音频/视频资源进行实况转播并且 RealMedia 可以根据不同的网络传输速率制定出不同的压缩比率,从而实现在低速率的网络上进行影像数据实时传送和播放。该格式的另一个特点是用户使用 RealPlayer 或 RealOnePlayer 播放器可以在不下载音频/视频内容的条件下实现在线播放。

RM 作为目前主流网络视频格式,还可以通过其 RealServer 服务器将其他格式的视频转换成 RM 视频并由 RealServer 服务器负责对外发布和播放。RM 格式定位在视频流应用方面,是视频流技术的始创者,它可以在用 56K Modem 拨号上网的条件下实现不间断的视频播放,但图像质量和 MPEG2,DIVX 等相比有一定差距。RM 格式文件可以实现即时播放,特别适合在线观看影视,是主要用于在低速率的网上实时传输视频的压缩格式。RM 文件的大小完全取决于制作时选择的压缩率,具有小体积而又比较清晰的特点。

RMVB(Real Media Variable Bitrate)是在 RM 格式上升级延伸而来的一种新型流媒体文件格式。VB 即 VBR(Variable Bit Rate,可改变比特率),由于影片的静止画面和运动画面对压缩采样率的要求是不同的,因此采用可变比特率进行压缩是一种十分有效的解决方式。RMVB 所采用的可变比特率压缩算法的特点是在保证平均压缩比的基础上,设定了一般为平均采样率两倍的最大采样率值,这样在静止和动作场面少的画面场景采用较低的编码采样率就可以留出更多的带宽空间,而这些带宽会在出现快速运动的画面场景时被利用,因此,既保证了静止画面的质量,还大幅提高了运动图像的画面质量,从而使图像质量和文件大小之间达到平衡。

由于 RMVB 的整体质量在 RM 的基础上有了不小的提升,其来源大多数取自于 DVD 影碟所抓取的 AVI 或 DVDRip 文件,因此 RMVB 基本可以保留住 DVD 影片的绝大多数的影像以及音响效果。由于 RMVB 格式采用的是全新的 VBR 编码技术,因此播放器必须安装 RealVideo 9.0 以上的解码器。RMVB 文件的体积要大于 RM 文件,对于高版本的 RealVideo 解码器而言,将 RM 格式的文件后缀变为 .rmvb 或将 RMVB 文件格式的后缀改为 .rm 均能够正常播放。

3. MPEG-4 家族

MPEG-4 制定于 1998 年,是为了播放流式媒体的高质量视频而专门设计的一种视频格式,它可利用很窄的带宽,通过帧重建技术压缩和传输数据,以求使用最少的数据获得最佳的图像质量。MPEG-4 最有吸引力的地方在于它能够保存接近于 DVD 画质的小体积视频文件。这种视频格式的文件扩展名包括 .asf,.mov 和 DivX,AVI 等。

(1)ASF

高级流格式(Advanced Streaming Format,ASF)是微软公司为了和 RealMedia 格式竞争而发展出来的一种可以直接在网上观看视频节目的流媒体格式,由于使用了 MPEG-4 的压缩算法,其在压缩率和图像质量等方面的表现都很不错。ASF 是一个以在网上即时欣赏视频"流"格式为目的而存在的格式,为了保证视频流的传输不可避免会采用高压缩率,图像质量会有损失,有时会不如 VCD,但比 RM 格式要清晰。

小体积的 ASF 格式具有本地或网络回放、可扩充的媒体类型、部件下载以及可扩展性等一系列优点。可以进行网络广播是它与 RealMedia 格式的共通点,ASF 格式文件应用的主要部件是 NetShow 服务器和 NetShow 播放器:由独立的编码器将媒体信息编译成 ASF 流,然后发送到 NetShow 服务器,再由 NetShow 服务器将 ASF 流发送给网络上的所有 NetShow 播放器,从而实现单路广播或多路广播。要播放 ASF 格式的视频文件十分容易,Windows 操作系统所捆绑的 Media Player 播放器即可与之实现完美的无缝衔接。

除了进行网络视频流播放和本地直接播放,用户还可以将图形、声音和动画数据组合成一个 ASF 格式的文件,也可以将其他格式的视频和音频转换为 ASF 格式,还可以通过声卡和视频捕获卡将诸如麦克风、录像机等外设的数据保存为 ASF 格式。另外,ASF 格式的视频中可以带有命令代码,用户可以指定在到达视频或音频的某个时间后触发某个事件或操作。

（2）WMV

WMV(Windows Media Video)也是由微软推出的一种采用独立编码方式并且可以直接在网上实时观看视频节目的文件压缩格式。与 ASF 格式一样,WMV 也采用了 MPEG-4 编码技术,并在其规格上进行了进一步开发,使得它更适合在网络上传输。微软公司希望用 WMV 格来取代其他的流媒体格式,其在可扩充的媒体类型、本地或网络回放、可伸缩的媒体类型、流的优先级化、多语言支持、扩展性等几个方面都进行了特殊优化。WMV9 是微软最新发布的流媒体编码标准,与 RMVB 格式一样引入了 VBR 编码方式,此外微软也将高清视频文件格式定义在 WMV 格式,为了与现有的 WMV 格式区分开,微软将之命名为 HD WMV,但文件名后缀依然为. wmv。

（3）MOV(QuickTime)

MOV 格式(Movie Digital Video Technology)是苹果公司创立的一种视频文件格式,播放软件是苹果自己出品的 QuickTime 播放器,因此也称为 QuickTime 文件格式,在早期该格式只应用在苹果计算机上,随着 PC 的普及与发展,苹果也适时地推出了 Windows 版本的 QuickTime 播放器。

作为一种流文件格式,QuickTime 格式的视频文件体积非常小,仅仅是 AVI 文件的几十分之一,因此十分利于通过网络进行传播。QuickTime 能够通过 Internet 提供实时的数字化信息流、工作流与文件回放功能,为了适应这一网络多媒体应用,QuickTime 为多种流行的浏览器软件提供了相应的 QuickTime Viewer 插件(Plug-in),能够在浏览器中实现多媒体数据的实时传输和不间断播放。该插件的"快速启动(Fast Start)"功能,可以令用户几乎能在发出请求的同时便收看到第一帧视频画面,而且该插件可以在视频数据下载的同时就开始播放视频图像,用户不需要等到全部下载完毕就能进行欣赏。此外,QuickTime 还提供了自动速率选择功能,当用户通过调用插件来播放 QuickTime 多媒体文件时,能够自己选择不同的连接速率下载并播放影像,当然,不同的速率对应着不同的图像质量。

4.3GP

3GP 是"第三代合作伙伴项目"(3GPP)制定的一种 3G 流媒体视频编码格式,主要是为了配合 3G 网络的高传输速度而开发的,是目前手机中最为常见的一种视频格式。

为了使用户能使用手机享受高质量的视频、音频等多媒体内容,3GP 格式核心由高级音频编码(AAC)、自适应多速率(AMR)、MPEG-4 和 H. 263 视频编码解码器等组成。由于 3GP 使用 MPEG-4 或是 H. 263 两种影片编码方式,以及 AMR-NB 或是 AACLC 两种声音储存方式,因此采用这种格式所拍摄的视频文件体积压缩得很小,可以将影片以更经济的方式存放在手机或是其他移动存储装置里,可以很广泛地应用在 3G 影片线上下载、Movie on Demand 等方式共享影片文件。

5. FLV

FLV 是随着 Flash MX 的推出而发展起来的一种视频格式,它是在 Sorenson 公司的压缩算法基础上开发出来的。FLV 格式不仅可以轻松快速地导入到 Flash MX 软件中,而且从一定程度上来说能起到保护版权的作用,由于它为用户提供多种质量可选,因此 FLV 完全能够满足不同用户在不同带宽下在线播放视频的需要。在 FLV 格式的播放上,用户只需安装好了 Flash ActiveX 插件便可以在浏览器中观看视频,完全可以不通过本地其他播放器的干涉。FLV 格式的出现解决了其他一般视频文件需要挑选播放器的问题。

FLV 是新兴的在线视频所采用的格式,文件体积与带宽和流畅度方面得到了良好的控制,很容易被便携影音产品所支持,是未来随身便携产品所支持文件格式的一个趋势。

6. OGM

OGM 作为一个全新的多媒体容器,在视频上可以使用 DivX,XviD 的编码画面,音频上可以使用 Ogg Vorbis,AC3,MP3(CBR/ABR/VBR)等,文本上可以使用 srt 字幕,并且能够支持章节(Chapter),尤为重要的一点是 OGM 可以方便地嵌入多达 8 条以上的音轨和 8 个以上的字幕,然后只要安装了相应的解码器,就可以使用 Media Player Classic 等播放器无困难地播放。OGM 在索引上要远快于 AVI,同时 Chapter 又可以把 DVD 中的章节信息完美载入,与以往的 DivX AVI,MPEG 视频文件相比,其体积更小,画质与音质都有质的提高。但美中不足的是它不支持 Unicode,对亚洲字符支持严重不足。

最初,OGM 源码是不公开的,开发进度缓慢使之几乎陷入了"死亡"的边缘,后来开发人员将 OGM 加入到 Open Source 的行列公开了源码,由此这种格式才确立继续开发。

7. MKV

MKV 格式以高清晰度、良好的多平台兼容性引起了网络视频广泛的关注,MKV 不是一种压缩格式,它只不过是一个"组合"和"封装"的格式,即一种容器格式。在编码上它依然依赖于 DivX,XviD 等视频压缩格式,MP3,Ogg 等音频压缩格式。MKV 由俄罗斯的程序员开发,从一开始就采用开放源码,其中应用了许多 OGM 的技术,因此得到了很多其他程序员的帮助,开发速度相当快。

4.6　数字视频质量评价

目前,绝大部分视频压缩算法采用有损压缩方法去除视觉冗余信息,但压缩后牺牲了信源的部分信息。由于经过编码压缩后的视频流或视频片段的质量直接反映了该压缩算法或压缩设备的性能,因此视频质量评价成为一个非常值得关注的问题。

视频质量的评价方法可以分为主观视频质量评价与客观视频质量评价两种。其中,主观评价依靠参加测试的实验人员的主观感受来评价视频的质量,对于视频质量评价而言更重要,它通常可以作为客观评价模型修改拟合的标准,但其复杂、费时,无法实时评价视频质量。而客观质量评价则通过研究人眼的视觉特性,以一定的模型给出测量指标来评价视频质量,具有可重复性,可以实时监控,并且适合各种应用。

4.6.1　视频质量主观评价

视频质量主观评价是凭感知者主观感受来评价视频对象质量的方法,包括视觉信息的录入系统,即人眼成像系统;视频信息处理系统,即人脑对视觉信息的加工成像系统与信息处理系统互相结合,对视频评价的结果产生显著的影响,目前尚没有合适的数学模型对其进行精确的刻画。

主观质量评价一般采用连续双激励质量度量法(Double Stimulus Continuous Quality Scale,DSCQS),对任一观测者连续给出原始视频图像和处理过的失真图像,由观测者根据主观感知给出分值。ITU-T 已经发布相关标准 BT-510,就主观质量评价过程中的测试序列、人员、距离以及环境做了详细规定,并综合考虑了影响视觉感知的分辨率、白平衡等因素。我国国标 GB 7401—87 中对有线电视广播系统图像质量评价进行了规定,给出了电视图像主观质量的五级打分标准,并对伴音图像的质量评价进行了规定。主观质量评价方法需针对多个视频对象进行多次重复实验,耗时多、费用高,难以操作。

4.6.2　视频质量客观评价

相对于主观质量评价,客观质量评价具有操作简单、成本低、易于实现的特点,它已经成为视频图像质量评价研究的重点。目前,视频质量客观评价一般是通过模拟 HVS 的生理特征建立视觉感知模型,并将模型的输出值作为质量的评价或失真的度量,研究集中在如何提高模型输出与主观评价结果的相关性。

1. 峰值信噪比和均方误差

在视频编解码过程中,目前一般采用峰值信噪比(Peak Signal Noise Ratio,PSNR)或均方差(Mean Square Error,MSE)来衡量视频序列的失真度,即

$$PSNR = 10 \lg\left(\frac{255^2}{MSE}\right) \tag{4.7}$$

$$MSE = \frac{1}{N^2} \sum_{i=1}^{N} (x_i + \hat{x}_i)^2 \tag{4.8}$$

其中,x_i 和 $\hat{x}_i$ 分别为原始图像与重建图像中对应的像素值;N^2 为 $N \times N$ 图像中的总像素数。$PSNR$ 和 MSE 忽略了图像内容对人眼的影响,不能完整地反映出图像的质量。由式(4.7)和式(4.8)可以看出,相对同一个原始信号 $a(i,j)$,相同 $PSNR$ 或 MSE 的两个失真信号 $\hat{a}_1(i,j)$ 和 $\hat{a}_2(i,j)$ 可能是不同的。式(4.8)中,若 $| a(i,j) - \hat{a}_1(i,j) | = | a(i,j) - \hat{a}_2(i,j) |$,则 $\hat{a}_1(i,j) = \hat{a}_2(i,j)$ 或 $\hat{a}_1(i,j) + \hat{a}_2(i,j) = 2a(i,j)$。$MSE$ 相同,但 $\hat{a}_1(i,j)$ 和 $\hat{a}_2(i,j)$ 并不一定相同,在人眼看来也可能会相差甚远。

2. 基于 HVS 生理特征的视频质量客观评价方法

(1)HVS 生理特征

HVS 主要的生理特征如下:

①HVS 能进行色彩空间变换。视网膜中的 L 型、M 型和 S 型圆锥视神经细胞将映射到视网膜上的图像分解成三个视频流,并对应着不同波长的光,可以理解为 RGB 三色分量。

②人眼光学系统将视觉激励聚集在视网膜上时对图像进行了模糊化,可以通过一个点扩散函数(Point Spread Function,PSF)进行描述。

③视网膜上的感光细胞分布不均衡,在视网膜凹点处密度大,致使人眼观看事物以不同的分辨率进行。

④人眼具有感光自适应性。视网膜通过对视觉激励的对比度而不是光强的绝对值进行处理,使人眼具有从暗到亮的快速自动调节功能。

⑤对比度灵敏度函数(Contrast Sensitive Function,CSF)。人眼对比度的敏感度与激励的颜色、空间和时间频率有关。CSF 一般定义为对比度门限的倒数。

⑥人眼具有多通道特性。视觉皮层神经元相当于一组有方向的带通滤波器,它对中心值附近一定区域的空间频率和方向做出响应。

⑦人眼视觉具有掩蔽效应。当掩蔽信号和原始信号有相同的频率内容和方向时,掩蔽效应最强。

⑧整合效应。人脑可以将独立的多通道视觉机制聚合起来。

(2)客观评价方法

基于 HVS 生理特征的客观评价方法可以用基于感知误差的统一模型来描述,客观评价过程的框图如图 4.29 所示。

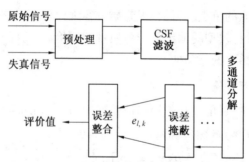

图 4.29　基于 HVS 生理特征的客观评价过程

图 4.29 中,预处理环节处理数据排列、色彩空间转化、PSF 滤波和 D/A 显示操作;CSF 环节中一般采用线性滤波逼近 CSF 的频率响应或通过调整多通道分解的权值模拟 CSF 的响应;多通道分解将视觉激励分解成不同的空域和时域子带,常采用小波变换或 DCT 进行操作;误差掩蔽环节中采用增益控制并通过对每个通道内的误差信号与空域视觉门限比较来衡量掩蔽效应;误差整合环节联合不同通道中的误差对视频质量损失给出一个确切数值。

HVS 是一个高度复杂和非线性的系统。目前尚未确立一个标准的视频质量客观评价模型,各种评价方案仍在争论之中。但是,在视频质量评价中引入 HVS 已经被多数学者所接受。由于还没有建立起精确、统一的数学模型,在一定程度上影响了视频质量评价的准确性。

在实际视频通信中,更倾向于主观评价方法与客观评价方法的结合,如利用主观评价结果对客观质量评价模型结果进行校正。

习　　题

1. 彩色三要素是什么?
2. 简述三基色原理的主要内容,在彩色电视中,选用的三基色是什么?
3. 为什么人眼能够看到具有高度、宽度和深度的自然界景物的立体图像?
4. 什么是马赫效应? 利用该效应可对视频和图像的哪些元素进行压缩?
5. 如何量化定义人眼对所观察的实物细节或图像细节的辨别能力?
6. 数字视频格式如何分类? 流式视频的特点是什么?
7. 说明电视图像采样 4∶2∶2 格式的含义是什么?
8. 简述逐行扫描和隔行扫描的优缺点。
9. 简述视频与电影的区别与联系。

第5章

数字视频压缩与编码

本章要点：

☑ 视频冗余

☑ 帧内和帧间预测编码

☑ 二维运动估计和三维运动估计

☑ 离散余弦变换编码

☑ 小波编码与分形编码

5.1 视频冗余

数字视频的数据量非常大,例如一路 PAL 制的数字电视的信息速率高达216 Mbit/s, 1 GB容量的存储器也只能存储不到 10 s 的数字视频图像。如果不进行压缩,要进行传输(特别是实时传输)和存储几乎是不可能的,因此视频压缩编码无论在视频通信还是视频存储中都具有极其重要的意义。

压缩是要消除数据中的冗余部分。视频数据压缩的前提在于:一是原始视频数据存在大量的冗余;二是人眼的视觉系统有不敏感的因素。

视频信号在相邻帧间和每帧的水平方向和垂直方向上的相邻像素间存在很强的相关性。包含的冗余包括:

(1)空间冗余

在一幅图像中,规则物体和规则的背景像素间具有很强的相关性,称之为空间冗余。例如,在蓝天或草地的背景中,大部分点的亮度、色度及饱和度基本相同。

(2)时间冗余

在视频序列中,相邻两幅图像之间有较大的相关性,称之为时间冗余。例如,一辆火车在画面中奔驰,前后两帧图像中只是火车向前行驶了一段,背景基本不变,而且火车本身的信息也是时间相关的。

(3)结构冗余

图像从大面积上看,存在着纹理结构,称之为结构冗余。

(4)知识冗余

人们对许多图像的理解是根据某些已知的知识,不同的图像类型有不同的固定结构,这些规律性的结构可由先验知识和背景知识得到,称之为知识冗余。

（5）视觉冗余

人眼的视觉系统对于图像的感知是非均匀和非线性的,对图像的变化不能都察觉出来。在图像的编码和解码处理中,尽管引入了噪声使图像产生了误差,但这些变化如果不被视觉所察觉,仍认为图像是无损的,称之为视觉冗余。

5.2　预测编码

视频编码的目的就是在确保视频质量的前提下,尽可能地减少视频序列的数据量,以便更经济地在给定的信道上传输实时视频信息或者在给定的存储容量中存放更多的视频图像。根据恢复视频的保真度,可以把视频编码方法分成无损压缩和有损压缩两类。无损压缩能够精确地恢复原始视频数据,其编码方法主要有霍夫曼编码、算术编码和游程编码等。有损压缩则会引入失真,但只要失真对人眼来说不明显即可,其编码方法主要有变换编码、预测编码和基于内容的编码等。

近年来,视频编码理论和技术发展很快,第一代视频编码方法是基于波形的编码方法,把视频信源看作样点存在时间和空间相关的图像序列,其信源是图像帧的亮度和色度数据。第一代主要方法有预测编码、变换编码和基于块的混合编码等,利用了视频数据存在的时间冗余、空间冗余和少部分的视觉冗余。第二代编码方法是基于内容的编码方法,把信源看作由不同的物体模型组合而成的图像序列,其模型可以是这些物体的形状、纹理、运动和颜色。第二代视频编码方法主要采用分析合成编码、基于知识的编码、模式编码、视觉编码和语义编码等。与第一代视频编码方法相比,第二代视频编码方法能最大限度地利用视频数据存在的冗余,获取更好的编码性能。第一代视频编码方法主要集中于码字分配,第二代视频编码方法主要研究如何建立信源模型。

5.2.1　预测编码原理

预测编码主要是减少数据在时间和空间上的相关性。空间冗余反映了一帧图像内相邻像素之间的相关性,而时间冗余反映了视频帧与帧之间的相关性。任何一个像素都是可以由与它相邻的且已被编码的像素来进行预测估计,帧内和帧间预测编码是视频中常用的编码方法。

1. 预测方法

预测编码就是利用相邻符号来预测当前符号样值,然后对预测误差进行编码。如果预测模型足够好,而且样值序列有较强的相关性,预测误差信号将比原始信号小得多,因而可以用较少的电平等级对预测误差信号进行量化,从而可以大大减少传输的数据量。一个典型的预测编解码系统如图 5.1 所示。

预测器根据过去的样值给出当前样值的预测值 $\hat{x}_n$,一方面 $\hat{x}_n$ 与当前输入样值 x_n 相减获得预测误差 e_n,另一方面与量化后的预测误差 e'_n 相加可获得输入重建值 x'_n,送入预测器更新数据。量化后的预测误差 e'_n 送至编码器编码。

预测编解码系统解码器过程与编码器完全相反。先反量化得到预测误差,同时根据已经接收到的过去数个样值预测出当前样值,二者相加即获得了当前样值的最后重建值。

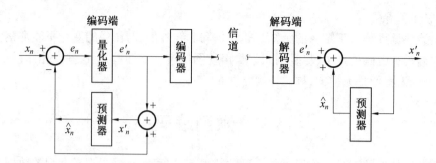

图 5.1　预测编解码器框图

2. 预测编码系数选择

预测编码可以分为线性预测编码和非线性预测编码。线性预测即预测值是过去样值的线性函数,否则为非线性预测。

在编码端,设当前时刻 n 输入的信号样值为 x_n,预测器的作用是根据 n 时刻之前的相邻样值 $x_1,x_2,\cdots,x_{n-1}$,对当前时刻样值 x_n 做预测,预测值为

$$\hat{x}_n = a_1 x'_1 + a_2 x'_2 + \cdots + a_{n-1} x'_{n-1} = \sum_{i=1}^{n-1} a_i x'_i \tag{5.1}$$

其中,$a_1,a_2,\cdots,a_{n-1}$ 称为预测系数。

预测系数的选择通常采用最优线性预测法,选择预测系数使误差信号 e_n 的均方值最小。误差均方值定义为

$$\sigma_e^2 = E\{e_n^2\} = E\{(x_n - \hat{x}_n)^2\} = E\{[x_n - (a_1 x'_1 + a_2 x'_2 + \cdots + a_{n-1} x'_{n-1})]^2\} \tag{5.2}$$

$E\{\}$ 表示对括号内的信号求统计平均。对 $E\{e_n^2\}$ 各个 a_i 求偏导,并令其为 0,通过解方程可能求出 $E\{e_n^2\}$ 为极小值时的各个预测系数 a_i。

$$\frac{\partial \sigma_e^2}{\partial a_i} = -2E\{[x_n - (a_1 x'_1 + a_2 x'_2 + \cdots + a_{n-1} x'_{n-1})]x_i\} = 0$$

求最佳预测系数问题的关键是要选择一组典型的测试图像,统计出其实际协方差。注意按预测误差的均方差最小准则导出的各个预测系数 a_i 应满足所有系数代数和等于 1,即

$$\sum_{i=1}^{n-1} a_i = 1 \tag{5.3}$$

自适应预测又称为非线性预测。前面讨论的预测编码是假设图像信号是平稳的随机过程,可以用固定参数来设计预测器。但是图像信号内容是千变万化的,是非平稳的信息源,应当采用自适应预测编码方法,定期更新协方差矩阵重新调整参数,使预测器和量化器的参数自适应地与图像特性相匹配。

可以利用预测误差作为控制信息,因为预测误差的大小反映了图像信号的相关性。在亮度变化平坦区,相关性强,预测误差小;而边沿区或细节多的区域,相关性弱,预测精度差,预测误差大。所以可以根据预测误差处于某一门限值范围进行分类,并控制可变编码器的参数使其与相应的信源统计特性相匹配,从而提高预测精度,减小预测误差,减小量化分层总数,可进一步压缩编码率。

预测阶数越高,利用相关性也越充分,预测效果也就越好;但阶数的增加会导致运算复杂度的增加,因此如何选取预测阶数 N 是一个值得考虑的问题。对于图像的帧内预测,像素

间的相关性与像素间的距离在一定范围内接近指数函数,相关性随着其距离增加迅速下降,实验表明,当 $N > 4$ 时再增加预测阶数,其预测效果改善相当有限。

5.2.2　帧内编码

所谓帧内预测编码,就是预测函数 $\hat{x}_n$ 中的 x'_n 均取自同一帧内,此时预测编码利用的是同一帧内相邻样值之间的相关性。对一幅二维图像,在水平方向和竖直方向相邻的像素之间均存在相关性,因此 x'_n 可以取水平相邻的像素,也可以取竖直相邻的像素,还可以二者均取。例如,在图 5.2 所示的图像中,可以用已知的四个像素 a,b,c,d 来预测像素 e。图中箭头方向为扫描方向。

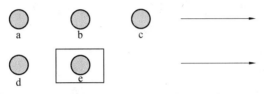

图 5.2　帧内预测编码原理

帧内预测编码的优点是算法简单,易于实现,但它的压缩倍数比较低,因此在视频图像压缩编码中几乎不单独使用。

5.2.3　帧间编码

目前在视频压缩编码标准中,广泛使用帧间预测编码,即预测方程式(5.2)中的 x'_n 取自相邻帧。据统计,通常活动图像相邻两帧之间,只有 10% 以下的像素亮度值有超过 2% 的变化,色度变化少。帧间预测正是利用了视频图像序列时间上的强相关性,其主要方法有帧重复法、帧内插法、运动补偿法、自适应交替帧内/帧间编码法等。由于运动补偿法预测编码效果最好,因此获得了广泛应用。

运动补偿法帧间预测编码框图如图 5.3 所示。帧存存储的是前一帧数据,在运动补偿之前首先要做运动估计(Motion Estimation,ME),通过匹配搜索估计出运动物体从前一帧到当前帧的位移方向和位移量,也就是估计出运动矢量(Motion Vector,MV)。运动补偿(Motion Compensation,MC)是按照估计出的运动矢量将前一帧做位移,求出当前帧的预测值。预测帧和当前帧相减得到的差值送入量化器编码后传输,同时传送的还有运动矢量。预测帧与差值数据相加后送入帧存储器存储,以便进行下一帧预测。

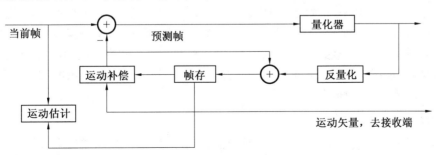

图 5.3　帧间预测编码框图

在任何力的作用下，体积和形状都不发生改变的物体称为刚体（Rigid body）。实际上，两帧之间的物体运动一般可看作是刚体的平移运动，位移量不大，因此往往把一幅图像分成若干块，以块为单位分配运动矢量。用来寻找匹配块的搜索区域的帧被称为参考帧，根据参考帧的选取方法和使用方法，运动补偿预测可以分为下面三种形式：

（1）单向运动补偿预测

只用前参考帧或后参考帧中的一个预测。当只用前参考帧来预测时，称之为前向运动补偿预测；当只用后参考帧来预测时，称之为后向运动补偿预测。

（2）双向运动补偿预测

使用前参考帧和后参考帧一起来预测，最后在两个参考帧中选择一个最佳匹配块作为匹配块。双向运动补偿预测对由物体运动引起的暴露区域以及遮挡区域的编码是非常有效的。由于物体运动而暴露的区域在当前帧以前的帧频中是没有匹配区域的，如果仅仅采用前向运动补偿预测，则预测效果较差，但在当前帧中暴露的区域在下一帧中很有可能仍然存在，所以选取参考帧来做预测能取得较好的预测效果。而运动引起的遮挡区域则恰好相反，在后参考帧中没有而在前参考帧中存在，所以应当选取前参考帧来做预测。

（3）插值运动补偿预测

分别在前参考帧和后参考帧中找到各自的匹配块，把二者的加权平均作为最后的匹配块。显然此时需要传送两个运动矢量。

块大小的选择是一个很敏感的问题，若块太小，则预测效果较好，但运算量较大，实现复杂，且容易受到噪声影响，实际中，一般选用 16×16 像素的块。尽管理论上用更多的帧来预测当前的效果可能会更好，但在运动补偿预测中，通常只用前一帧或后一帧来预测当前帧，因为实现多帧比较困难。

5.2.4　运动估计

在帧间预测编码中，由于活动图像邻近帧中的景物存在着一定的相关性，因此可将活动图像分成许多子块，并设法搜索出每个块在邻近帧中的匹配块，这种方法称为块匹配法（Block Match Algorithm，BMA）。由此得到当前块与匹配块的相对位移，即当前块的运动矢量。得到运动矢量的过程被称为运动估计。

将运动矢量和经过运动匹配后得到的预测误差共同发送到解码端，在解码端按照运动矢量指明的位置，从已经解码的邻近参考帧图像中找到相应的子块，和预测误差相加后就得到了解码的块在当前帧中的位置。

通过运动估计可以去除帧间冗余度，使得视频传输的比特数大为减少，因此，运动估计是视频压缩处理系统中的一个重要组成部分。运动估计算法是视频压缩编码的核心算法之一。高质量的运动估计算法是高效视频编码的前提和基础。其中块匹配法由于算法简单和易于硬件实现，被广泛应用于各类视频编码标准中。运动估计的估计精度和运算复杂度取决于搜索策略和块匹配准则。

1. 运动估计方法

目前运动估计主要有两种：一种是根据时间相邻的两幅或多幅图像求解物体的运动参数和三级结构信息；一种是图像序列的光流分析法。通过分析运动图像，可获取物体的一阶（线位移电流和角位移）、二阶（速度）和三阶（加速度）等运动信息；与运动图像处理相关的研究内容包括:运动目标检测与分割、二维和三维运动参数估计、运动物体的三维空间关系求解等。

通常,运动物体可分为刚体和非刚体(柔体)。所谓刚体是指物体在运动过程中其几何特征(例如体积、形状等)保持不变;而柔体的几何特征随时间而变化。由于柔体运动(例如人体运动等)分析非常复杂,其理论和算法很不完善,因此在此主要讨论刚体运动。

在图像平面上,二维运动有时是不可察觉的,或者说观察到的二维运动和真实的投影二维运动可能不一致。光流这一概念是从人的视觉系统视网膜对光的感受延伸过来的,即当人眼在观察动态物体时,不管是人动还是物动,都会在视网膜上产生连续的光强变化,就好像是光的"流动",简称光流。在视频图像序列运动估计中,把观察到的二维运动称为光流。光流定义为视频序列空间坐标关于时间的变化率,它对应于像素的瞬时速度矢量。光流实质上是运动物体在一帧图像到下一帧图像相对应像素点间的位移量,这是因为帧间的时间差对一帧图像而言是一常数,因此,它对应于图像运动的速度矢量。

基于光流、像素和随机场景的运动估计中,运动参数数量是像素数的两倍,运动参数数量较多,进行运动估计时还需施加适当的约束条件。若场景中只有一个运动物体,则可建立全局运动模型。若场景中包含多个运动物体,可以使用基于区域的方法,将包含多个运动物体的场景分割为多个区域,每个区域代表一个物体,然后再为每个区域估计运动参数。此方法的难点是如何有效地分割运动区域。

基于块的方法可以同时减少运动参数数量和减小区域分割的难度。此时,视频图像不分割为小的规则的块,每个块的运动限制条件为简单的平移运动。由于此方法简单易行,已经广泛应用于视频编码。在基于块的运动估计中,各个块的运动矢量是独立估计的,相邻块在边界上会出现不连续性的现象,称为块失真或块效应。克服块失真的方法之一是使用基于网格的方法,该方法是将图像分割为不重叠的多边形单元,整个运动场由多边形节点的运动矢量完全表示,单元内的像素运动矢量可以由节点的运动矢量内插计算。

2. 二维运动估计表示方法

运动估计首先应该建立运动模型,实际的物体运动规律有水平和垂直方向内的移动、旋转和缩放等,运动方向和速度还可能随时间变化,这使运动模型的建立和参量的估值比较困难。这里主要讨论物体做直线匀速平移运动。

一般的运动估计方法如下:设 t 时刻的帧图像为当前帧 $f(x,y)$,t' 时刻的帧图像为参考帧 $f'(x,y)$,参考帧在时间上可以超前或者滞后于当前帧,如图 5.4 所示,当 $t' < t$ 时,称之为后向运动估计;当 $t' > t$ 时,称之为前向运动估计。当在参考帧 t' 中搜索到当前帧 t 中的块的最佳匹配时,可以得到相应的运动场 $d(x;t,t+\Delta t)$,即可得到当前帧的运动矢量。

在运动估计过程中采用多参考帧预测来提高预测精度。多参考帧预测就是在编解码端建立一个存储 M 个重建帧的缓存,当前的待编码块可以在缓存内的所有重建帧中寻找最优的匹配块进行运动补偿,以便更好地去除时间域的冗余度。由于视频序列的连续性,当前块在不同的参考帧中的运动矢量也有一定的相关性。假定当前块所在帧的时间为 t,则对应前面的多个参考帧的时间分别为 $t-1,t-2,\cdots$。则当在帧 $t-2$ 中搜索当前块的最优匹配块时,可以利用当前块在帧 $t-1$ 中的运动矢量来估测出当前块在帧 $t-2$ 中的运动矢量。

由于在成像的场景中一般有多个物体做不同的运动,如果直接按照不同类型的运动将图像分割成复杂的区域是比较困难的。最直接和不受约束的方法是在每个像素都指定运动

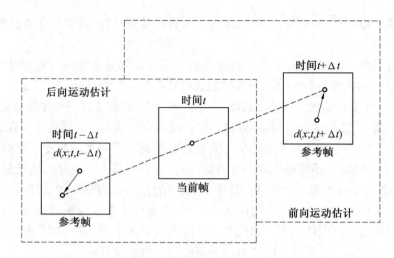

图 5.4   前向或后向运动估计

矢量,这就是所谓基于像素表示法。这种表示法是对任何类型图像都适用的,但是它需要估计大量的未知量,并且它的解时常在物理上是不正确的,除非在估计过程中施加适当的物理约束。这在具体实现时是不可能的,通常采用基于块的物体运动表示法。

(1) 基于块的运动估计

一般对于包含多个运动物体的景物,实际中普遍采用的方法是把一个图像帧分成多个块,使得在每个区域中的运动可以很好地用一个参数化模型表征,称为块匹配法,即将图像分成若干个 $n \times n$ 块(典型值:16×16 宏块),为每一个块寻找一个运动矢量 MV(Motion Vector),并进行运动补偿预测编码。每一个帧间宏块或块都是根据先前已编码的数据预测出的,根据已编码的宏块、块预测的值和当前宏块、块作差值,对结果进行压缩传送给解码器,与解码器所需要的其他信息(如运动矢量、预测模型等)一起用来重复预测过程。

每个分割区域都有其对应的运动矢量,并必须对运动矢量以及块的选择方式进行编码和传输。在细节比较多的帧中,如果选择较大的块尺寸,意味着用于表明运动矢量和分割区域类型的比特数会少些,但是运动压缩的冗余度要多一些;如果选择小一点的块尺寸,那么运动压缩后冗余度要少一些,但是所需比特数要比较多。因此必须要权衡块尺寸选择上对压缩效果的影响,一般对于细节比较少、比较平坦的区域选择块尺寸大一些,对于图像中细节比较多的区域选择块尺寸小一些。

当采用 4:2:0 采样格式时,宏块中的每个色度块(C_b 和 C_r)尺寸宽高都是亮度块的一半,色度块的分割方法和亮度块同样,只是尺寸上宽高都是亮度块的一半(如亮度块是 8×16 块尺寸大小,那么色度块就是 4×8,如果亮度块尺寸为 8×4,那么色度块便是 4×2 等)。每个色度块的运动矢量的水平和垂直坐标都是亮度块的一半。

(2) 亚像素位置的内插

帧间编码宏块中的每个块或亚宏块分割区域都是根据参考帧中的同尺寸的区域预测得到的,它们之间的关系用运动矢量来表示。

由于自然物体运动的连续性,相邻两帧之间的块的运动矢量不是以整像素为基本单位,可能真正的运动位移量是以 1/4 像素或者甚至 1/8 像素等亚像素作为单位。

图 5.5 给出了一个视频序列分别采用 1/2 像素精度、1/4 像素精度和 1/8 像素精度时编

码效率的情况,从图中可以看到 1/4 像素精度相对于 1/2 像素精度的编码效率有很明显的提高,但是 1/8 像素精度相对于 1/4 像素精度的编码效率除了在高码率情况下并没有明显的提高,而且 1/8 像素的内插公式更为复杂。

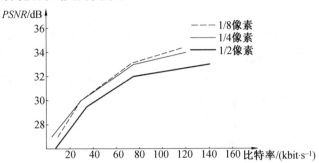

图 5.5 高精度的亚像素运动搜索对编码效率的影响

(3)运动矢量在时空域的预测方式

如果对每个块的运动矢量进行编码,那么将花费相当数目的比特数,特别当块的尺寸较小的情况。由于一个运动物体会覆盖多个分块,所以空间域相邻块的运动矢量具有很强的相关性,因此,每个运动矢量可以根据邻近先前已编码的块进行预测,预测得到的运动矢量用 MV_P 表示,当前矢量和预测矢量之间的差值用 MV_D 表示。同时由于物体运动的连续性,运动矢量在时间域也存在一定相关性,因此也可以用邻近参考帧的运动矢量来预测。

① 运动矢量空间域预测方式。如图 5.6 所示,运动矢量中值预测是利用与当前块 E 相邻的左边块 A、上边块 B 和右上方的块 C 的运动矢量,取其中值来作为当前块的预测运动矢量。

对于块尺寸不同的情况,如图 5.7 所示。设 E 为当前宏块、宏块分割或者亚宏块分割,A 在 E 的左侧,B 在 E 的上方,C 在 E 的右上方,如果 E 的左侧多于一个块,那么选择最上方的块作为 A,在 E 的上方选择最左侧的块作为 B。

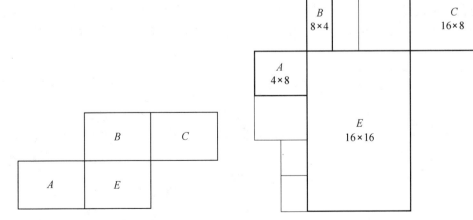

图 5.6 块尺寸相同的当前块和邻近块   图 5.7 块尺寸不同的当前块和邻近块

在预测 E 的过程中遵守以下准则:

a. 对于除了块尺寸为 16×8 和 8×16 的块来说,MF_P 是块 A,B 和 C 的运动矢量的中值;

b. 对于 16×8 块来说,上方的 16×8 块的 MV_P 根据 B 预测得到,下方的 16×8 块的 MV_P 根据 A 得到;

c. 对于 8×16 块来说,左侧的 16×8 块的 MV_P 根据 A 预测得到,右侧的 16×8 块的 MV_P 根据 C 得到;

d. 对于不用编码的可跳过去的宏块,16×19 矢量 MV_P 如第一种情况得到。

② 运动矢量时间域预测方式。

a. 前帧对应块运动矢量预测。利用前一帧与当前块相同坐标位置的块的运动矢量来作为当前块的预测运动矢量,如图 5.8 所示。

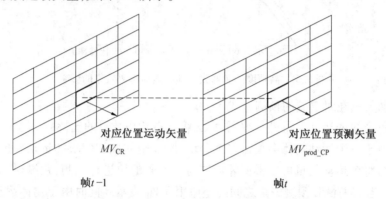

图 5.8   前帧对应位置的运动矢量预测模式

b. 时间域的邻近参考帧运动运动矢量预测。由于视频序列的连续性,当前块在不同的参考帧中的运动矢量也是有一定的相干性的。如图 5.9 所示,假设当前块所在帧的时间为 t,则当在前面的参考帧 t' 中搜索当前块的最优匹配块时,可以利用当前块在参考帧 $t' + 1$ 中的运动矢量来估测出当前块在帧 t' 的运动矢量,即

$$MV_{NRP} = MV_{NR} \times \frac{t - t'}{t - t' - 1} \tag{5.4}$$

在上述运动矢量的四种预测方式中,经过实验证明,空间域的预测更为准确,其中上层块预测的性能最优,因为其充分利用了不同预测块模式运动矢量之间的相关性。而中值预测性能随着预测块尺寸的减小而增加,这是因为当前块尺寸越小,相关性越强。

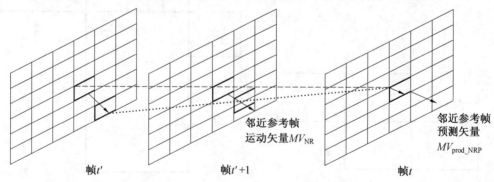

图 5.9   时间域邻近参考帧预测模式

3. 块匹配准则分类

运动搜索的目的就是在搜索窗内寻找与当前块最匹配的数据块,这样就存在着如何判断两个块是否匹配的问题,即如何定义一个匹配准则。

目前,常用的匹配准则有三种:最小平均绝对值误差(MAD)、最小均方误差(MSE)和归一化互相关函数(NCCF)。设块的大小为 $M \times N$,运动矢量为 (i,j),$x(m,n)$ 为当前编码帧中像素的幅度值,$x'(m,n)$ 为预测帧中像素的幅度值。

(1)最小平均绝对值误差

$$MAD(i,j) = \frac{1}{MN} \sum_{m=1}^{M} \sum_{n=1}^{N} |x(m,n) - x'(m+i,n+j)| \tag{5.5}$$

(2)最小均方误差

$$MSE(i,j) = \frac{1}{MN} \sum_{m=1}^{M} \sum_{n=1}^{N} [x(m,n) - x'(m+i,n+j)]^2 \tag{5.6}$$

(3)归一化互相关函数

$$NCCF(i,j) = \frac{\frac{1}{MN} \sum_{m=1}^{M} \sum_{n=1}^{N} [x(m,n) - x'(m+i,n+j)]}{\left[\sum_{m=1}^{M} \sum_{n=1}^{N} x^2(m,n)\right]^{1/2} \left[\sum_{m=1}^{M} \sum_{n=1}^{N} x'^2(m+i,n+j)\right]^{1/2}} \tag{5.7}$$

其中,最小平均绝对值误差、最小均方误差以函数最小绝对值为最佳匹配点,而归一化互相关函数则以函数最大值为最佳匹配点。由于最小绝对值误差运算简单,因此使用最多。

由于在用块匹配算法进行运动估计的过程中,利用匹配准则函数进行匹配误差的计算是最主要的计算量,因此,可以从此方面进一步减少计算量。由于图像帧内也具有相关性,在计算误差匹配函数时,可以只让图像块中的部分像素参与运算,将块中的所有像素组成一个集合,那么参与计算的这部分像素集合就是它的子集,这种误差匹配的方法称为子集匹配法。实验结果表明,在匹配误差无明显增加的情况下,采用子集匹配可以大大减少每帧图像的平均搜索时间。

4. 运动搜索算法

匹配误差函数,可以用各种优化方法使其最小化,这就需要开发出高效的运动搜索算法,主要的几种算法归纳如下:

(1)全局搜索算法

为当前帧的一个给定块确定最优位移矢量的全局搜索算法方法是:在一个预先定义的搜索区域内,把它与参考帧中所有的候选块进行比较,并且寻找具有最小匹配误差的一个。这两个块之间的位移就是所估计的 MV,缺点是导致极大的计算量。

选择搜索区域一般是关于当前块对称的,左边和右边各有 R_x 个像素,上边和下边各有 R_y 个像素,如图 5.10 所示。

如果已知在水平和垂直方向运动的动态范围是相同的,那么 $R_x = R_y = R$。估计的精度是由搜索的步长决定的,步长是相邻两个候选块在水平或者垂直方向上的距离。通常,沿着两个方向使用相同的步长。在最简单的情况下,步长是一个像素,称为整数像素精度搜索,该种算法也称为无损搜索算法。

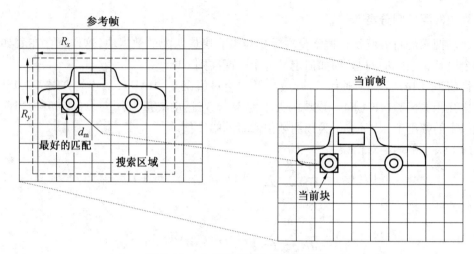

图 5.10   全局搜索算法的搜索过程

（2）分数精度搜索算法

由于在块匹配算法中搜索相应块的步长不一定是整数，一般来说，为了实现 $1/k$ 像素步长，对参考帧必须进行 k 倍内插。图 5.11 给出了 $k = 2$ 的例子，它被称为半像素精度搜索。实验证明，与整像素精度搜索相比，半像素精度搜索在估计精度上有很大提高，特别是对于低清晰度视频。但是，应用分数像素步长，搜索算法的复杂性大大增加，例如，使用半像素搜索，搜索点的总数比整数像素精度搜索大 4 倍以上。

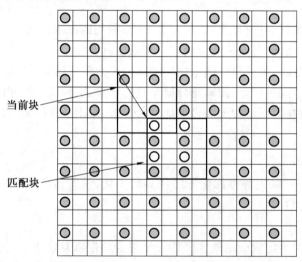

图 5.11   半像素精度搜索

如何确定适合运动估计的搜索步长，对于视频编码的帧间编码来说，就是使预测误差最小化。预测误差和搜索精度之间关系的统计分析如图 5.12 所示。

（3）快速搜索算法

快速搜索算法和全局搜索算法相比，虽然只能得到次最佳的匹配结果，但在减少运算量方面效果显著。

① 二维对数搜索法。这种算法的基本思路是采用大菱形搜索模式和小菱形搜索模式，

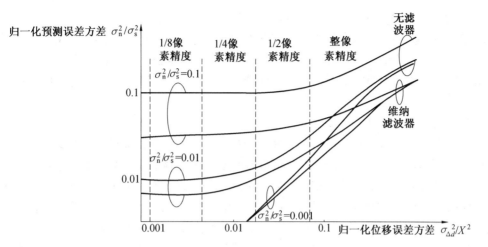

图 5.12　运动补偿精度对有噪信号的预测误差方差的影响

步骤如图 5.13 所示。从相应于零位移的位置开始搜索，每一步试验菱形排列的 5 个搜索点。下一步，把中心移到前一步找到的最佳匹配点并重复菱形搜索。当最佳匹配点是中心点或是在最大搜索区域的边界上时，就减小搜索步长（菱形的半径），否则步长保持不变。当步长减小到一个像素时就到达了最后一步，并且在这最后一步检验 9 个搜索点。初始搜索步长一般设为最大搜索区域的一半。

此类算法在搜索模式上做了比较多的改进，采用了矩形模式，还有六边形模式、十字形模式等。

②三步搜索法。如图 5.14 所示，这种搜索的步长从等于或者略大于最大搜索范围的一半开始。第一步，在起始点和周围 8 个"1"标出的点上计算匹配误差，如果最小匹配误差在起始点出现，则认为没有运动；第二步，以第一步中匹配误差最小的点（图中起始点箭头指向的"1"）为中心，计算以"2"标出的 8 个点处的匹配误差。注意，在每一步中搜索步长都比上一步长减少一半，以得到更准确的估计；在第三步以后就能得到最终的估计结果，这时从搜索点到中心点的距离为一个像素。

但是，上述一些快速算法更适合用于估计运动幅度比较大的场合，对于部分运动幅度小的场合，它们容易落入局部最小值而导致匹配

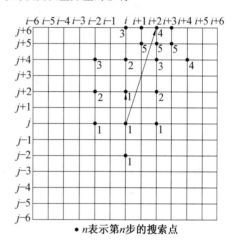

图 5.13　二维对数搜索法

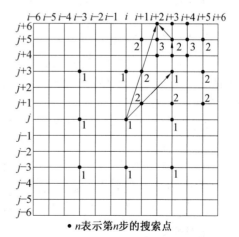

图 5.14　三步搜索法

精度很差,已经有很多各种各样的视频流证明了这一点。

现在,针对这一缺点,国内外诸多专家学者也提出了相应的应对措施,例如基于全局最小值具有自适应性的快速算法,这种算法通过在每一搜索步骤选择多个搜索结果,基于这些搜索结果之间的匹配误差的不同得到的最佳搜索点,因而可以很好地解决落入局部最小值的问题。

(4)分级搜索范围(DSR)算法

分级搜索范围算法的基本思想是从最低分辨率开始逐级精度地进行不断优化的运动搜索策略,如图 5.15 所示,首先取得两个原始图像帧的金字塔表示,从上到下分辨率逐级变细,从顶端开始,选择一个尺寸比较大的数据块进行一个比较粗略的运动搜索过程,通过降低数据块尺寸(或提高抽样分辨率)和减少搜索范围的办法进行亚抽样到下一个较细的级来细化运动矢量,而一个新的搜索过程可以在上一级搜索到的最优运动矢量周围进行。在亚抽样的过程中也有着不同的抽样方式和抽样滤波器。这种方法的优点是运算量的下降比例比较大,而且搜索得比较全面。缺点是由于亚抽样或者滤波器的采用而使内存的需求增加,另外如果场景细节过多可能会容易落入局部最小点。

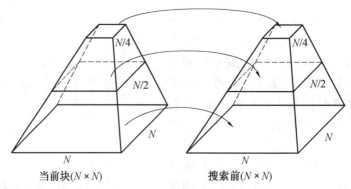

图 5.15   分级运动搜索过程示意图

(5)混合搜索算法

由于物体的运动千变万化,很难用一种简单的模型去描述,也很难用一种单一的算法来搜索最佳运动矢量,因此实际上大多采用多种搜索算法相组合的办法,可以在很大程度上提高预测的有效性和鲁棒性。

事实上,在运动估计时也并不是单一使用上述某一类搜索算法,而是根据各类算法的优点灵活组合采纳。在运动幅度比较大的情况下可以采用自适应的菱形搜索法和六边形搜索法,这样可以大大节省码率而图像质量并未有所下降。在运动图像非常复杂的情况下,采用全局搜索法在比特数相对来说增加不多的情况下使得图像质量得到保证。

解码器要求传送的比特数最小化,而复杂的模型需要更多的比特数来传输运动矢量,而且易受噪声影响。因此,在提高视频编码效率的技术中,运动补偿精度的提高和比特数最小化是相互矛盾的,这就需要在运动估计的准确性和表示运动所用的比特数之间做出折中的选择。它的效果与选用的运动模型是密切相关的。

5. 三维运动估计

三维运动广泛应用于机器人视觉、图像监视、交通控制以及基于对象的视频编码等。三维运动估计的基本任务是分析和估计三维场景中物体运动的情况。由于物体的结构(例如表面模型、深度信息）与投影结果密切相关,所以估计三维运动的同时还需要估计三维物体的结构参数。

与二维运动估计一样,通常很难精确地估计三维物体的运动和结构,因此,需要做出一些假设来简化运动模型,如刚体运动、物体表面由分段平面组成等。一个刚性物体的三维运动可以建模为 3 个平移参数和 3 个旋转参数的模型,运动估计就是估计这 6 个运动参数,三维结构估计就是估计物体的表面模型参数和深度信息。

三维运动和结构的估计方法可分为间接估计法和直接估计法两类。间接估计法是根据已经给出的二维运动矢量(如特征点对应、光流场)来估计三维运动和结构参数;直接估计法是根据视频图像的空时亮度信息来估计三维运动的结构。

5.3　变换编码

5.3.1　变换编码原理

变换编码就是换一种表示方式来表示原始数据,或者说在不同于原始空间的变换空间中来描述原始数据,以使数据获得某些特点,这些特点有助于获得更好的编码效果。

对于一般图像而言,相邻像素之间存在很强的相关性,即相邻两像素的灰度级相等或很接近,也就是说在直线 $x_1 = x_2$ 附近出现的概率大,如图 5.16 所示的灰点区域。若将坐标轴逆时针旋转 $45°$,在新坐标系 $y_1 O y_2$ 中,绝大多数灰度相等或相近的像素落在 y_1 轴附近,像素的 y_1,y_2 值相差较大,在统计上更独立,且方差也重新分布。在原坐标系中,由于相邻像素具有较强的相关性,能量的分布比较均匀和分散,具有大致相近的方差 $\sigma_{x_1}^2 \approx \sigma_{x_2}^2$;而在变换后的新坐标系中,相邻像素之间的相关性大大减弱,能

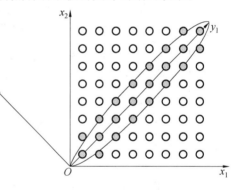

图 5.16　变换编码原理

量的分布向 y_1 轴集中,y_1 的方差远大于 y_2 的方差,即 $\sigma_{y_1}^2 \approx \sigma_{y_2}^2$。若根据人眼的视觉特性,只保留方差较大的那些变换系数分量,就可以实现高效率的压缩编码。

目前在视频图像压缩中可采用的正交变换主要有傅里叶变换(FT)、K - L 变换、离散余弦变换(DCT)和小波变换(WT)等,其中 DCT 是目前最常用的变换方法,小波变换是变换编码研究的新发展。

5.3.2　离散余弦变换编码

正交变换先通过变换把各个信源变成独立信源,去除各个信源输出(也就是每个像素)之间的相关性,再对每个输出信源编码。一方面,由于图像各个像素的相关性与相互之间的距离正相关,距离越远,相关度越小;另一方面,对大的图像块进行正交变换计算过于复杂,不容易实现,因此,在图像压缩编码中,先把图像分成块,再对每个块进行正交变换和编码,折中计算复杂度和编码效率。实验表明,对大部分图像信号,每个块为 8×8 或 16×16 是一

个比较好的选择。

常用的正交变换主要有傅里叶变换、K－L变换和离散余弦变换等。在目前图像压缩编码标准中离散余弦变换占据重要地位。

（1）一维离散余弦变换定义

设 N 个信号样值为 $\{x_0,x_1,x_2,\cdots,x_{N-1}\}$，其 N 阶一维离散余弦变换（DCT）有 N 个输出，记为 $\{y_0,y_1,y_2,\cdots,y_{N-1}\}$，则

$$y_0 = \frac{1}{N}\sum_{m=0}^{N-1}x_m \tag{5.8}$$

$$y_n = \sqrt{\frac{2}{N}}\sum_{m=0}^{N-1}x_m\cos\frac{(2m+1)n\pi}{2N} \quad (n=1,2,\cdots,N-1) \tag{5.9}$$

离散余弦反变换（IDCT）定义为

$$x_m = \sqrt{\frac{1}{N}}y_0 + \sqrt{\frac{2}{N}}\sum_{n=0}^{N-1}y_n\cos\frac{(2m+1)n\pi}{2N} \quad (m=0,1,2,\cdots,N-1) \tag{5.10}$$

一维 DCT 变换基波如图 5.17 所示。

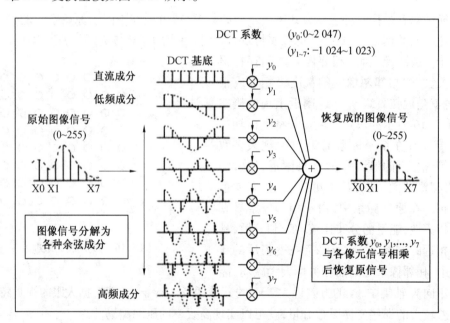

图 5.17　一维 DCT 变换基波

（2）二维离散余弦变换定义

设变换核函数为

$$h(x,y,u,v) = a(u)a(v)\cos\left[\frac{(2x+1)u\pi}{2N}\right]\cos\left[\frac{(2y+1)v\pi}{2N}\right]$$

其中

$$u,v,x,y = 0,1,\cdots,N-1$$

$$a(u),a(v) = \begin{cases} \dfrac{1}{\sqrt{N}} & (u,v=0) \\[2mm] \sqrt{\dfrac{2}{N}} & (u,v\neq0) \end{cases}$$

一个 $N \times N$ 像块 $(x, y = 0, 1, \cdots, N-1)$ 的二维 DCT 定义为

正变换：$F(u,v) = \sum\limits_{x=0}^{N-1} \sum\limits_{y=0}^{N-1} f(x,y) h(x,y,u,v)$ $(u,v = 1, 2, \cdots, N-1)$

反变换：$f(x,y) = \sum\limits_{u=0}^{N-1} \sum\limits_{v=0}^{N-1} F(u,v) h(x,y,u,v)$ $(x,y = 1, 2, \cdots, N-1)$

由于 DCT 变换构成的基向量与图像具体内容无关,且变换是可分离的,故可通过两个一维 DCT 变换得到二维 DCT 变换。即先对图像的每一行进行一维 DCT 变换,再对每一列进行一维 DCT 变换。而二维离散 IDCT 也可以通过两次一维 IDCT 得到。DCT 算法得到广泛应用的另一个重要因素是 DCT 有快速算法,它使得 DCT 运算的复杂度大大降低,从而减少了编解码器的编解码延迟。

(3)计算举例

对图像进行 DCT 变换后,得到变换域数据块,再对这些数据块进行编码。这里用一个具体例子来说明 DCT 变换编码的过程。使用 8×8 数据块来表示图像,见表 5.1。

表 5.1 使用 8×8 数据块来表示图像

139	144	149	153	155	155	155	155
144	151	153	156	159	156	156	156
150	155	160	163	158	156	156	156
159	161	162	160	160	159	159	159
159	160	161	162	162	155	155	155
161	161	161	161	160	157	157	157
162	162	161	163	162	157	157	157
162	162	161	161	163	158	158	158

对其进行二维 DCT 后,得到变换域系数矩阵,见表 5.2。

表 5.2 变换域系数矩阵

1 260	−1	−12	−5	2	−2	−1	1
−23	−17	−6	−3	−3	0	0	−1
11	−9	−2	2	0.2	−1	−1	0
−7	−2	0	1	1	0	0	0
−1	−1	1	2	0	−1	0	0
2	0	2	0	−1	1	1	−1
−1	0	0	−1	0	2	1	−1
−3	2	−4	−2	2	1	−1	0

显然,DCT 变换系数分布非常不均匀,能量主要集中在矩阵左上角,这是图像块的直流和低频交流分量,代表了图像的概貌,而变换矩阵的右下角大部分系数接近于 0,这是图像的高频分量,代表了图像的细节。与原始矩阵相比,DCT 系数之间的相关性已经大大降低。

采用量化矩阵对该矩阵进行量化,JPEG 标准推荐的亮度量化矩阵见表 5.3。

表5.3　PEG 标准推荐的亮度量化矩阵

16	11	10	16	24	40	51	61
12	12	14	19	26	58	60	55
14	13	16	24	40	57	69	56
14	17	22	29	51	87	80	62
18	22	37	56	68	109	103	77
24	35	55	64	81	104	113	92
49	64	78	87	103	121	120	10
72	92	95	98	112	100	103	99

可以看出,低频分量的量化间隔小,图像的低频分量得到了比较细致的量化;高频分量的量化间隔大,图像的高频分量的量化较粗。这是符合人眼视觉特性的。在进行图像压缩时,可以给量化矩阵乘以不同的系数来控制量化度,量化矩阵数值越小,量化越精细,恢复图像质量越好,同时压缩倍数也随之越低。

量化后的变换域矩阵见表 5.4。

表5.4　量化后的变换域矩阵

79	0	-1	0	0	0	0	0
-2	-1	0	0	0	0	0	0
-1	-1	0	0	0	0	0	0
0	0	0	0	0	0	0	0
0	0	0	0	0	0	0	0
0	0	0	0	0	0	0	0
0	0	0	0	0	0	0	0
0	0	0	0	0	0	0	0

从量化后的数据可见,高频系数经过粗量化后,已经大部分为 0,只有少数几个低频系数集中在左上角,从而大大压缩了数据量。为了获得更长的 0 游程,以提高游程编码效率,根据量化后的变换系数矩阵的特点,采用 Zig-Zag 扫描,其扫描顺序如图 5.18 所示。扫描后的具体编码过程,将在第 6 章 JPEG 标准中介绍。

DCT 变换编码的主要优点有:

①DCT 变换的变换核不随输入变化,对于大多数图像来说,其去相关性能接近于最

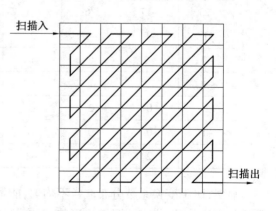

图 5.18　Zig-Zag 扫描示意图

佳的 K-L 变换,变换后能够有效地降低原始数据间的相关性。

②DCT 变换所得系数的值大部分在 0 附近,并且可以用 Zig-Zag 扫描方法获得长的 0 游程。这使得离散余弦变换编码压缩倍数较高,质量较好。

③利用快速傅里叶变换计算方法(FFT),且 DCT 只在实数域内计算,没有复数运算,计算简单,有利于实时实现。

DCT 的上述优点确定了其在目前视频图像编码中的重要地位,已成为 H. 261,JPEG, MPEG 等国际标准的主要方法。

DCT 变换的主要缺点有:

①量化舍去了许多高频系数,使图像产生模糊。

②对某些系数采用粗量化而产生颗粒状结构。

③DCT 编码是分块进行的,压缩倍数较高时,会出现明显的方块效应,造成图像质量明显下降。

5.3.3　小波变换编码

1. 小波变换编码的理论基础

傅里叶变换把时域(或空间域)信号分解成为相互正交的正弦波之和,得到了信号在时域难以表现的频域特性,但这种变换所得到的频域特性是时域信号整体的频域刻画,并不能从中得到时域信号某一局部的频域特性。

在实际中,往往关心信号的某些局部特性,例如,视频图像信号的细节往往体现在某一局部的变化中,对此,需要时频局部化的分析方法,这是小波变换的长处。小波变换是时间和频率的局部变换,能有效地从信号中提取局部信息,不仅如此,通过伸缩平移运算对信号进行多尺度细化,小波变换还能对高频部分进行细致观察,对低频部分做粗略观察。目前,小波分析理论在信号分析、图像处理、数据压缩等领域取得了很多研究成果。

(1)基本小波函数

小波变换把信号分解成由基本小波经过移位和缩放后的一系列小波,因此小波是小波变换的基函数。基本小波函数 $\Psi(x)$ 称为母小波。从数学定义上讲,小波函数 $\Psi(x)$ 一般应满足直流分量为零,即

$$\int_{-\infty}^{\infty} \Psi(x)\,\mathrm{d}x = 0 \tag{5.11}$$

小波相容条件为

$$C_{\Psi} = \int_{-\infty}^{\infty} \frac{|\varphi(\omega)|^2}{|\omega|}\mathrm{d}\omega < \infty \tag{5.12}$$

其中,$\varphi(\omega)$ 为 $\Psi(x)$ 的傅里叶变换。从小波相容条件来看,C_{Ψ} 为有限值,意味着 $\Psi(x)$ 连续可积,并具有速降性质。函数直流分量为 0,意味着小波 $\Psi(x)$ 取值有正有负,才能保证积分为 0,所以 $\Psi(x)$ 应有振荡性,而且是正负交替地波动。

目前人们已经研究出多种基本小波函数,并应用于实际。部分基本小波函数如图 5.19 所示。

(2)小波变换定义

对于给定的基本小波函数 $\Psi(x)$,信号 $f(x)$ 的连续小波正反变换定义为:

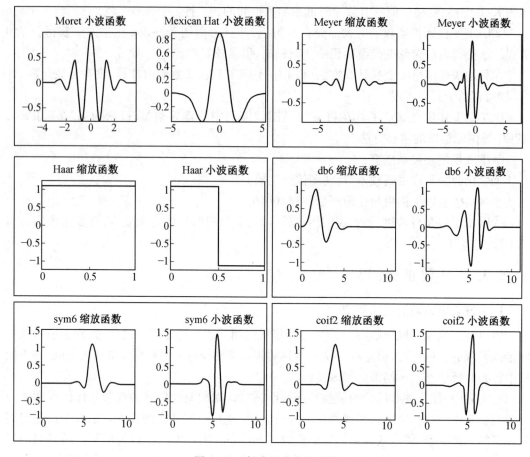

图 5.19   部分基本小波函数

正变换

$$W_f(a,b) = \int_{-\infty}^{\infty} f(x) \Psi_{a,b}(x) \, dx \tag{5.13}$$

反变换

$$f(x) = \frac{1}{C_\Psi} \int_0^{\infty} \int_{-\infty}^{\infty} W_f(a,b) \Psi_{a,b}(x) \frac{dadb}{a^2} \tag{5.14}$$

其中，$\Psi_{a,b}(x)$ 是由基本小波通过伸缩和平移后派生出来的函数族 $\{\Psi_{a,b}\}$，称为小波函数，数学表达式为

$$\Psi_{a,b}(x) = \frac{1}{\sqrt{a}} \Psi\left(\frac{x-b}{a}\right) \tag{5.15}$$

式中，a 为尺度因子，是大于 0 的实数；b 为位移因子，是实数。

尺度因子反映一个基本小波函数的宽度。$a > 1$，$\Psi(x)$ 被扩展，表示用伸展了的 $\Psi(x)$ 去观察 $f(x)$；$a < 1$，$\Psi(x)$ 被收缩，表示用收缩了的 $\Psi(x)$ 去观察 $f(x)$。

位移因子 b 是基本小波函数沿 x 轴的平稳位置，或者说是小波的延迟或超前。

由此可见，小波变换结果得到的是信号不同部分在不同伸缩尺度上的一族小波系数 $W_f(a,b)$。

可以证明，对于任意一个固定尺度的 a，$W_f(a,b)$ 是信号 $f(b)$ 与尺度为 a 的反转小波的卷积。

对于尺度为 a 的任意取值,小波变换公式(5.13)可以写成卷积形式:

$$W_f(a,b) = \int_{-\infty}^{\infty} f(x) \frac{1}{\sqrt{a}} \Psi\left(\frac{x-b}{a}\right) dx = f(b) * \frac{1}{\sqrt{a}} \Psi\left(-\frac{b}{a}\right)$$

式中, $\Psi\left(-\dfrac{b}{a}\right)$ 可以看作是尺度为 a 的带通滤波器的冲激响应,设 $\Psi(b)$ 的傅里叶变换 $\varphi(\omega)$ 为滤波器的频谱,中心频率位于 ω_c、带宽为 B,则 $\Psi\left(-\dfrac{b}{a}\right)$ 的频谱为 $|a| \varphi^*(a\omega)$,中心频率位于 ω_c/a、带宽为 B/a。

可见小波变换可以看成是原始信号与一组线性带通滤波器输出 $W_f(a,b)$ 叠加在一起,组成了小波,从而可以把信号分解到一系列频带上进行分析处理。

综上所述,当尺度 a 较小时,时域窗宽度小,即时间轴上观察范围小,相当于用高频小波做细致观察;当尺度 a 较大时,时域窗宽度大,即时间轴上观察范围大,相当于用低频小波做概貌观察。这便是小波变换所具有的多分辨率特性。

2. 小波变换编码的实现

小波变换的主要算法由法国的科学家 Stephane Mallat 提出,Mallat 于 1988 年在构造正交小波基时提出了多分辨率分析的概念,从空间上形象地说明了小波的多分辨率特性,并提出了一种利用子带滤波器结构实现正交小波的构造方法和快速算法,称为 Mallat 算法。它的地位相当于快速傅里叶变换在经典傅里叶分析中的地位。

(1)子带编码

子带编码的基本思想是将信号的频带分割成若干个子频带,将子频带搬移至零频处进行子带取样,再对每一个子带用一个与其统计特性相适配的编码器进行图像数据压缩。解码时在收端将解码信号搬移到原始频率位置,然后同步相加合成为原始信号。目前,子带编码技术已被广泛应用于语音编码和视频信号压缩领域。

一个一维二子带编解码系统框图如图 5.20 所示,图中 $H_L(\omega)$ 和 $H_H(\omega)$ 分别为低通和高通分解滤波器,$H'_L(\omega)$ 和 $H'_H(\omega)$ 分别为低通和高通重构滤波器,↓ 表示抽样频率下变换,↑ 表示上变换。

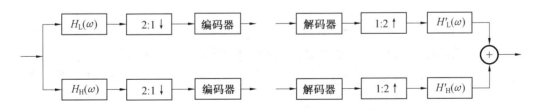

图 5.20　一维二子带编解码系统框图

在编码端,由于 2∶1 下变换,信号相当于在时间轴上压缩了一半,因此,频谱在频率轴上扩展了一倍。由于事先已经把信号分为低频子带和高频子带,只要滤波器的滤波特性是理想的,两个子带信号就不会产生频谱混叠干扰。如果不考虑由编码、传输和解码引起的信号失真,通过解析滤波分解子带,再由综合滤波器复原重建的信号应无失真。

子带编码由于其本身具备的频带分解特性,非常适合于分辨率可分多级的视频编码。

例如,可以将二维图像频谱分解成 LL(水平低通,垂直低通)、LH(水平低通,垂直高通)、HL(水平高通,垂直低通)、HH(水平高通,垂直高通)4 个面积相等的子图像。二维频带分解的实现框图如图 5.21 所示。其中,$H_L(\omega)$ 表示水平方向低通滤波器,$H_H(\omega)$ 表示水平方向高通滤波器。

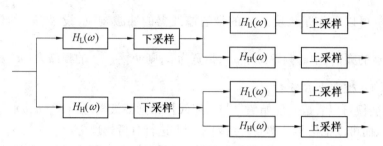

图 5.21   二维子带分解

在子带编码中,每个子图像都可以用一种最适合于该子图像的概率和视觉特性来分配比特率进行编码。实验表明,对于典型图像而言,图像能量的 95% 以上存在于 LL 频段,应该较精细地表示它们,可以分配较多的比特,而其他高频段中包含图像的细节信息,可以较粗地表示它们,分配较少的比特,以达到压缩数据的目的。

(2)一维小波分解

由小波变换基本概念可知,小波变换可以看成是原始信号与一组线性带通滤波器进行卷积滤波运算,从而可以把信号分解到一系列频带上进行分析处理。一级分解和重构框图如图 5.22 所示。

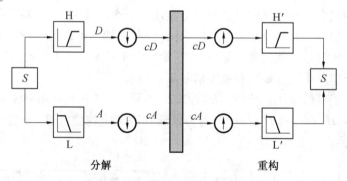

图 5.22   一级分解和重构框图

S 表示原始的输入信号,通过低通和高通两个滤波器产生 A 和 D 两个信号,A 表示信号的低频成分,D 表示信号的高频成分。经过下采样后得到离散滤波变换的系数分别用 cD 和 cA 表示,$S = cD + cA$。

如果对信号的高频分量不再分解,而对低频分量连续进行分解,就得到许多分辨率较低的低频分量,称为小波分解树。

(3)二维图像信号的小波分解

由于小波变换具有多分辨率能力和适合人眼特性的方向选择特性,因此,小波变换编码在图像压缩领域中得到广泛的应用。

图像的滤波分解可以通过两次一维分解来完成。分解过程就是先对二维输入进行行方向的高、低通滤波,再通过对滤波器的输出进行列方向高、低通滤波,从而完成一级滤波分解。图 5.23(a)为原图像,图 5.23(b)是图像的一级小波分解示意图。

子带 LL₁	子带 HL₁
子带 LH₁	子带 HH₁

(a) 原图像　　　　　(b) 一级小波分解　　　　　(c) 二级小波分解

图 5.23　二维图像小波分解示意图

一级小波分解将原始图像分解成 LL_1(水平低通,垂直低通)、LH_1(水平低通,垂直高通)、HL_1(水平高通,垂直低通)、HH_1(水平高通,垂直高通)4 个面积相等的子图。这 4 个子图像系数个数之和等于原始图像系数个数。

对于低频子图 LL_1 可以通过相同的方法进行二级分解,从而得到图像在下一个尺度上的小波分解,如图 5.23(c)所示。

图 5.24 为二级小波分解结果示例。从图中可看出,图像经小波变换分解成小波子图后,图像得到了很好的分类,图像的低频系数代表着图像的平滑部分,集中在 LL 子图中,而图像边缘或纹理部分信息则集中到中高频细节子图中。一般,人眼的视觉对图像平滑部分细节和细微变化敏感,而对图像边缘或纹理部分的微小变化不太敏感。因此可以利用人眼的视觉特性对各个子图系数进行不同的编码,以压缩数据量。小波变换编码可以克服 DCT 变换编码中的块效应。

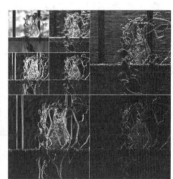

图 5.24　图像的二级小波分解结果

由于小波变换实际上是一个滤波过程,一般采用卷积运算,一幅图像的范围有限,分解时需要对其边界进行扩展,才能确保在保留与原始图像相同尺寸的情况下,图像边界不产生失真。目前常用的边界扩展方法有周期扩展、边界补零扩展、重复边界点扩展、对称扩展等。从信号完全重构的角度,应该采用周期扩展,但是周期扩展会在边界点引入畸变,产生更多的高频系数,不利于图像压缩;其他几种方法则基本能较好地保持分解后图像边界相对光滑。与 DCT 编码相似,小波变换本身并没有压缩图像数据,它只不过是把原始图像的能量重新分配,因此,如果计算精度足够或采用整数-整数的小波变换,由分解后的小波系数可以完全无失真地重建原始图像。理论上,小波变换编码的失真也来自量化。

（4）小波图像系数的特点

小波图像数据有如下统计规律：

①大部分的小波系数非常小，集中在 0 值附近。

②分辨率最低即分解次数最高所得到的 LL 层系数值动态范围最大，方差也最大，包含原始图像的绝大部分能量，同时，其系数的动态范围和方差都随着分解次数的增加而增加。

③各个高频子图像的系数分布非常相似，基本符合拉普拉斯分布。

④小波系数具有塔式结构，除了第一级分解所得的三个高频子带成分 LH，HL，HH 外，每个高频子带图像的一个像素都与其上一级分解的对应高频子带对应位置上的四个像素点相对应，是对原始图像对应位置的某种细节信息的不同分辨率的描述。而低频子带 LL 层的每一个像素，也与相同分辨率下的三个高频子带中的各自一个像素对应，各自描述原始图像中对应位置的不同信息。这种对应关系来自于小波分解的时频窗分析能力，称之为塔式结构，如图 5.25 所示。

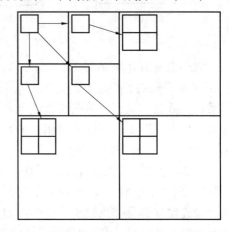

图 5.25　小波分解塔式结构

由以上讨论可知，变换编码实现比较复杂，预测编码的实现相对来说容易，但预测编码的误差会扩散。以一行为例，由于后面的像素以前面的像素为参考，前面的像素的预测误差会逐步向后面的像素扩散。而且在二维预测时，误差会扩散至后面几行，形成区域误码。这样一来对信道误码率的要求提高，一般要求不大于 10^{-6}。相比之下，变换编码不会误码扩散，其影响只限制在一个块内，而且反变换后误码会均匀分散到块内的各个像素上，对视觉无大影响。这时信道误码率一般要求不大于 10^{-4} 即可。

两者各有优缺点，特别是变换编码随着 VLSI 技术的飞跃发展，实现起来十分容易。现实中，往往采用混合编码方法，即对图像先进行带有运动补偿的帧间预测编码，再对预测后的差值信号进行变换编码。这种混合编码方法已成为许多视频压缩编码国际标准的基本框架。

5.4　分形编码

分形的概念最初是由美国 IBM 公司的数学家 BB Mandelbrot 于 1975 年提出的，其目的是用来解决经典欧几里得几何学难以解决的自然真实图像的描绘问题，研究对象是自然界和社会活动中广泛存在的无序而具有相似性的系统。分形结构一般都存在内在的几何规律性，即"比例自相似性"。在一定的标度范围内，对景物图像的局部区域进行放大，会发现其不规则程度与景物本身是一样的或极其近似的。另外，某一局部区域经移位、旋转、缩放等处理后在统计意义下与其他局部区域十分相似。这表明分形绝不是完全的混乱，在它的不规则性中存在着一定的规则性。同时，它暗示了自然界中一切形状及现象都能以较小或部分的细节反映出整体的不规则性。

分形集合具有以下特征：

①分形具有精细结构,即具有任意小尺度下的比例细节。

②分形集合极不规则,其整体和局部均无法用传统的几何方法来描述。

③分形集合通常具有某种自相似性,即局部与整体在统计意义或某种近似准则下具有相似结构。

④分形集的"分形维数"通常大于其拓扑维数。

⑤通常分形可以用简单的图形迭代生成。

分形图像压缩的思想就是利用图像本身存在的自相似性,利用局部、较小的图像区域映射、变换生成较大的区域,因而消除了图像区域之间的冗余信息,减少了存储图像的比特数,从而达到压缩图像的目的。

1. 分形编码理论基础

分形编码是以迭代函数系统(Iterated Function System,IFS)、Banach 不动点定理、拼贴原理为理论基础的。将迭代函数系统应用于图像压缩编码,最早是由 Barnsley 和 Sloan 提出的,其算法是一种人机交互的拼贴方法,在实现时,需要借助于边缘检测、频谱分析、纹理分析、分数维等图像处理技术对图像进行子图分割,建立规模庞大的分形库,在库中以 IFS 参数的形式存储一些有意义的小的形状。由于目前还没有一种自动的计算机子图分割方法,同时,分形库的规模大,没有统一的建库方法,所以交互式分形图像压缩方法的实用价值并不高。1990 年,A. E. Jacqain 提出了全自动的分形图像压缩算法。这种方法是以局部的仿射变换代替全局的仿射变换,基于图像划块的方式,通过搜索匹配得到图像的 IFS 码。随后,Fisher 改进了该方法,此即目前分形图像压缩编码中的主要方法。

迭代函数系统理论构成了分形压缩编码的基本理论基础。其中包括压缩变换、仿射变换、迭代函数系统、拼贴定理等。

(1)压缩变换

令 $f: X \rightarrow X$ 为度量空间 (X,d) 上的变换,若存在一常数 $0 \leqslant s < 1$,使得 $d(f(x), f(y)) \leqslant sd(x,y)$, $\forall x,y \in X$,则称 f 为压缩变换,s 称为 f 的压缩因子。

(2)仿射变换

变换 $R2 \rightarrow R2\omega$ 具有如下形式

$$\omega(x,y) = (ax + by + e, cx + dy + f) \tag{5.16}$$

式中,a,b,c,d,e,f 为实数,则称 ω 为二维仿射变换。式(5.16)可写为矩阵形式:

$$\omega(x) = \begin{bmatrix} a & b \\ c & d \end{bmatrix} \begin{bmatrix} x \\ y \end{bmatrix} + \begin{bmatrix} e \\ f \end{bmatrix} = AX + T \tag{5.17}$$

其中

$$X = \begin{bmatrix} x \\ y \end{bmatrix}, \quad A = \begin{bmatrix} a & b \\ c & d \end{bmatrix}, \quad T = \begin{bmatrix} e \\ f \end{bmatrix}$$

二维仿射变换可以把二维空间中的一点映射为另一点,把二维空间中的一部分映射为另一部分。仿射变换 ω 主要具备不变、尺度、对折、平移、旋转等特性。这些特性由参数 a, b,c,d,e,f 决定。在分形图像编码中经常用到的三维仿射变换,实际采用的简化形式为

$$w \begin{bmatrix} x \\ y \\ z \end{bmatrix} = \begin{bmatrix} a & b & 0 \\ c & d & 0 \\ 0 & 0 & p \end{bmatrix} \begin{bmatrix} x \\ y \\ z \end{bmatrix} + \begin{bmatrix} e \\ f \\ g \end{bmatrix}$$

在灰度图像中(x,y)是像素点的坐标,z是该像素的灰度值。此仿射变换可看成是(x,y)平面上二维仿射变换与z方向上线性逼近的组合。

（3）迭代函数系统

一个迭代函数系统由一个完备度量空间(X,d)和一个有限的压缩映射集$\omega_n:X \to X$组成,压缩因子分别为$s_n,n=1,2,\cdots,N$。通常将IFS表示为$\{X:\omega_n,n=1,2,\cdots,N\}$且压缩因子为

$$s = \max\{s_n,n=1,2,\cdots,N\}$$

（4）拼贴定理

令(X,d)为一完备度量空间,令$B \in H(X)$,给定$\omega \geq 0$,选择一个IFS,即$\{X:\omega_n,n=1,2,\cdots,N\}$,具有压缩因子$s,0 \leq s \leq 1$,使

$$h(B, \bigcup_{n=1}^{N} \omega_n(B)) \leq \varepsilon$$

其中,$h(\cdot)$为Hausdorff测度,那么

$$h(B,A) \leq \varepsilon/(1-s)$$

其中,A是该IFS的吸引子,同时所有$B \in H(X)$存在以下关系:

$$h(B,A) \leq (1-s)^{-1}h(B, \bigcup_{n=1}^{N} \omega_n(B))$$

综上所述,分形编／解码其实就是在编码端用压缩映射代替不动点,在接收端通过压缩映射恢复出不动点的过程。如果表达压缩映射所需要比特少于表达不动点所需要的比特数,则就达到了压缩图像的目的。实践表明,自相似性越明显的图像,分形编码所能够达到的性能越好。

2. 分形编码方案

分形技术用于图像压缩除了IFS外,还有分维和尺码两种主要方法,它们所采用的技术都是在类似传统技术的基础上发展形成的,也各有其特点。

分维方法是在分析图像子块的特征（如纹理粗糙性）以及人的视觉机理的基础上,对图像进行分割处理,利用图像的分数维来确定分割后图像的视觉粗糙度,以抽取图像的纹理信息,然后对具有不同纹理性质的区域采用相适应的抽样、量化和编码方法,以达到压缩的目的。

尺码编码方法基于分形几何中利用固定长度的小尺度度量不规则曲线长度的方法,与传统的亚取样和内插方法很类似,都是寻找相邻像素间的相关性。其主要不同之处在于传统亚取样和内插方法中的尺度Δx在整幅图像范围内是固定的,而尺码方法中的尺度Δx因图像各个组成部分复杂性的不同而变化。

迭代函数系统方法是目前研究最多、应用最广的一种分形压缩技术,其基本框图如图5.26所示。

基于自然界图像中普遍存在的整体与局部自相关的特点,寻找自相关的表达式,即仿射变换,并通过存储比原图像数据量小的仿射变换系数来达到压缩的目的。如果寻得的仿射变换简单而有效,那么迭代函数系统就可以达到极高的压缩比。

由于实际图像并不严格具有自相似特征,因此在实际分形编码方案中,通常采用分块的编码方法。对此,Jacquin提出了以下分形编码方案。

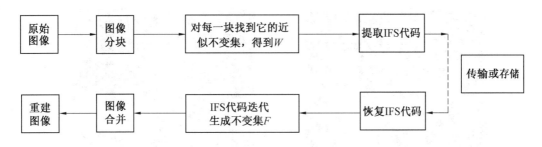

图 5.26　IFS 基本框图

（1）原始图像分割

把原始图像分为互不重叠的大小为 $K \times K$ 的子块 $R_1, R_2, \cdots, R_N$，称为值域块；另外，把原始图像划分为相互有重叠的、大小为 $L \times L$ 的子块的子块 $D_1, D_2, \cdots, D_N$，称为定义域块，显然 $L > K$，这是为了满足压缩变换的要求。

（2）寻找合适的局部 IFS

寻找合适的局部 IFS 是指对每一个值域块 R_i 寻找合适的压缩变换 f_i 和定义域块 D_i，使其满足 $R_i \approx f(D_i)$。压缩灰度图像时，常用简化的三维仿射变换来充当压缩变换，即

$$f_i \begin{bmatrix} x \\ y \\ z \end{bmatrix} = \begin{bmatrix} a & b & 0 \\ c & d & 0 \\ 0 & 0 & p \end{bmatrix} \begin{bmatrix} x \\ y \\ z \end{bmatrix} + \begin{bmatrix} e \\ f \\ g \end{bmatrix} \tag{5.18}$$

由于直接存储和传输式（5.18）所确定的系数仍然有困难，因此常用一个等价的组合变换来替代，即

$$f_i = G_i \cdot S_i \cdot H_i \tag{5.19}$$

其中，H_i 为二维平面上的压缩变换，把较大的定义域块映射到较小的值域块；S_i 为旋转对折变换，包括八种情况：旋转 0°，90°，180°，270°，沿垂直中心轴、水平中心轴、主对角线、次对角线镜对折；G_i 为灰度缩放因子和补偿因子（平移因子）。

图像块与值域块的接近程度可采用均方误差准则。若所有的 f_i 均是压缩的，则它们组成的 F 也是压缩的，由压缩映射原理，根据 F 可以在解码端恢复出原始图像，并且依靠拼贴原理保证恢复图像与原始图像充分相近。

（3）分形变换参数编码

找到最佳的仿射变换 $f_i = G_i \cdot S_i \cdot H_i$ 和对应的定义域块 D_j 后，只需对它们的参数（分形参数）进行编码，就完成了对值域块 R_i 的编码。

理论上，在解码端需要根据分形参数对任取的一幅初始图像进行无数次迭代方能获得 F 的不动点（即恢复图像），但在实际数字图像中，由于分辨率的限制，只需进行 8 ~ 10 次的迭代就可认为已收效。

将分形编码方法应用于一幅完整图像的编码后再解码的结果如图 5.27 所示，迭代次数为 2 次和 10 次的分形解码结果，可以看出迭代 10 次的解码结果已经非常接近原貌。

3. 分形图像编码的特点

分形压缩后的文件容量与图像像素数无关，利用 IFS 代码来实现图像编码可以实现高压缩率，如具有特殊分形特征的图像可以达到极高的压缩率，这是分形编码优于其他方法的一个重要特点。

(a) 迭代2次　　　　　　　　　　　　　(b) 迭代10次

图 5.27　分形解码结果

分形编解码思路新颖,利用了数学中的吸引子理论,因此又称为吸引子图像编码。在编码中,用某一参数来描述整幅图像,与以往的正交变换编码有着本质的区别;在解码时,通过对任意初始图像的迭代变换而得到,不管初始图像如何最后都收敛到解码图像。

解码过程具有分辨率无关性。在分形编码时存储的是 IFS 参数,它可以对任何分辨率的图像进行迭代变换而获得解码图像,即解码的分辨率可以与原始图像不同。利用这一特征所得到的放大图像真实、自然,不会引起采用双线性内插等传统方法来放大图像而引起的严重"锯齿效应"。

分形编解码是不对称的过程,在编码时,对每一值域子块都要在所有的定义域子块中搜索,非常耗时,但解码时无须搜索,而传统的正交变换编解码是对称的过程。

习　　题

1. 视频包括哪些冗余? 视频能够进行压缩的前提是什么?

2. DPCM 压缩编码的基本原理是什么? 如果信号的当前采样值与其前一个采样值统计独立,是否可以用当前采样值进行预测?

3. 为什么全搜索法的运动估计效果优于许多快速估计算法?

4. 块匹配算法中若把图像分割成 $M \times N$ 的矩形子块是否合理? 说明理由。

5. 一般来说,相邻块的运动矢量之间有无相关性? 为什么?

6. 变换编码与预测编码各有哪些优缺点?

7. 小波变换编码能否做到无损压缩?

8. 分形编码数据压缩的基本原理是什么? 能否做到无损压缩? 应用前景及通用性如何?

9. 通过对图像进行频域处理可以使图像产生什么样的变化?

第6章

数字视频编码标准

本章要点：
☑ JPEG 与 JPEG2000 标准
☑ MPEG-1/2 标准
☑ MPEG-4 与 H.264 标准
☑ AVS 标准

6.1　视频编码标准简介

数字视频通信标准主要是为视频通信(如电视、电话等应用)开发的,以使相关产业能向用户提供合理价位的有效带宽应用服务。数字视频处理技术在通信、电子消费、军事、工业控制等领域的广泛应用促进了数字视频编码技术的快速发展,并催生出一系列的国际标准。近年来,国际标准化组织 ISO、国际电工委员会 IEC 和国际电信联盟 ITU-T 相继制定了一系列视频图像编码的国际标准,有力地促进了视频信息的广泛传播和相关产业的巨大发展。

在视频编解码技术定义方面主要有两大标准机构。ISO/IEC JTC1(国际标准化组织/国际电工委员会的第一联合技术委员会)是一个信息技术领域的国际标准化委员会。JTC1 负责信息技术,下设有负责音频、图像编码以及多媒体和超媒体信息的子组 SG29,在 SG29 子组中,又设有多个工作小组,MPEG(活动图像专家组)为第 11 个工作组。

MPEG 负责数字视频、音频和其他媒体的压缩和解压缩处理等国际技术标准的制定工作,制定的标准称为 MPEG-X 系列。MPEG-1 和 MPEG-2 是 MPEG 组织制定的第一代视、音频压缩标准,为 VCD,DVD 及数字电视和高清晰度电视等产业的飞速发展打下了基础。MPEG-4 是基于第二代视音频编码技术制定的压缩标准,以视听媒体对象为基本单元,实现数字视音频和图形合成应用、交互式多媒体的集成,目前已经在流媒体领域得到应用。MPEG-7 支持对多媒体资源的组织管理、搜索、过滤、检索。MPEG-21 的重点是建立统一的多媒体框架,为从多媒体内容发布到消费所涉及的所有标准提供基础体系,支持连接全球内的各种设备透明地访问各种多媒体资源。

目前,MPEG 系列国际标准为影响最大的多媒体技术标准,对数字电视、视听消费电子产品、多媒体通信等信息产业的重要产品产生了深远影响。

ITU 是在世界各国政府的电信主管部门之间协调电信事务方面的一个国际组织,分为电信标准部门(ITU-T)、无线电通信部门(ITU-R)和电信发展部门(ITU-D)。视频编码专家组（VCEG）是 ITU-T 的一个工作组，下设 16 个子小组，第 16 子小组致力于制定多媒体、系统和终端的国际标准，其官方名称为 ITU-T SG16。VCEG 制定了一系列与电信网络和计算机网络有关的视频通信标准 H.26X，例如 H.261，H.263，H.264 等。

ISO/IEC 和 ITU 两个国际组织大多数情况独立制定相关标准，20 世纪 90 年代初期，它们联合开发了 H.262/MPEG-2 标准。1997 年，ITU-T VCEG 与 ISO/IEC MPEG 再次合作，成立了视频联合工作组（Joint Video Team，JVT），JVT 的工作目标是制定一个新的视频编码标准，以实现视频的高压缩比、高图像质量、良好的网络适应性等目标。2003 年公布了 H.264 标准。ITU-T 将该标准命名为 H.264/AVC（Advanced Video Coding），ISO/IEC 将其称为 14496-10/MPEG-4 AVC，是 MPEG-4 的第 10 部分。

联合图像专家组（Joint Photographic Experts Group，JPEG）是由 CCITT 和 ISO 的专家联合组成的，负责静止图像编码国际标准的制定，有 JPEG，JBIG 及 JPEG2000 等。JPEG 是连续色调、多灰度静止图像编码标准，广泛应用于数码相机、卫星图片、医疗图片等静止图像的存储和传输，也被用于视频图像序列的帧内图像压缩编码。

一系列视频图像编码的国际标准主要采用的技术及应用见表 6.1。

表 6.1　视频图像编码的国际标准

标准	采用的主要编码技术	压缩比与比特率	主要应用
H.261	运动补偿的帧间预测、块 DCT、霍夫曼编码	比特率 $p*64$ kbit/s（p:1～30）	ISDN 视频会议，$p=1$ 或 2 用于可视电话，$p \geqslant 6$ 用于视频会议
H.263	半像素精度运动矢量预测、三维可变长编码	比特率 8 kbit/s～1.5 Mbit/s	视频电话、视频会议、移动视频
H.264/MPEG-4.10	空间域帧内预测、多种宏块划分模式估计、多帧运动估计、1/4 像素黏度估计、哈达玛变换、DCT、内容自适应变长编码、基于上下文的自适应算术编码	比特率 8 kbit/s～100 Mbit/s	视频电话、视频会议、视频广播、因特网、移动网传输宽带信息
H.26L	宏块分割方法、更高的亚像素（1/4，1/8）运动估值精度和多参考帧（最多 5 帧）、整数为基础的空间变换、变字长编码和以内容为基础的自适应二进制算术编码		视频会议、视频存储、视频流式应用
MPEG-1	JPEG 所有技术、自适应量化、运动补偿预测、双向运动补偿、半像素运动估计	比特率不大于 1.5 Mbit/s	光盘存储、计算机磁盘存储、视频娱乐、视频监控
MPEG-2/H.262	MPEG-1 所有技术、基于帧/场运动补偿、空间/时间/质量可扩展编码、容错编码	比特率 1.5～100 Mbit/s	高清晰度电视、卫星电视、有线电视、地面广播、DVD、视频编辑、视频存储

续表6.1

标准	采用的主要编码技术	压缩比与比特率	主要应用
MPEG-4	MPEG-1 所有技术、小波变换、高级运动估计、重叠运动补偿、视相关可扩展编码、位图形状编码、对象编码、脸部动画、动态网格编码	比特率 8 kbit/s ~ 35 Mbit/s	因特网、交互式视频、可视检索、内容操作、消费视频、专业视频、2D/3D 计算机图形、移动视频
MPEG-7	多媒体内容描述接口、描述结构形态和概念形态		检索、存储、广播多媒体资源、数字图书馆、远程教育、地理信息系统等
MPEG-21	将不同标准集成在一起		管理全球数字媒体资源，包括内容描述、收费管理、产权保护等
JPEG	DCT、DPCM、霍夫曼编码、算术编码	压缩比 2 ~ 30	存储图像
JPEG2000	小波变换	压缩比 2 ~ 50	互联网、无线接入应用

6.2　JPEG 标准

　　JPEG 是在国际标准化组织(ISO)领导之下制定静态图像压缩标准的委员会，第一套国际静态图像压缩标准 ISO 10918-1(JPEG)就是该委员会制定的。文件后缀名为".jpg"或".jpeg"，是一种支持8位和24位色彩的有损压缩格式。由于 JPEG 优良的品质，能够将图像压缩在很小的存储空间，减少图像的传输时间，被广泛应用于互联网和数码相机领域，网站上80%的图像都采用了 JPEG 压缩标准。

　　JPEG 格式压缩的主要是高频信息，对色彩的信息保留较好，采用有损压缩方式去除冗余的图像数据，在获得极高的压缩率的同时能展现十分丰富生动的图像。而且 JPEG 是一种很灵活的格式，具有调节图像质量的功能，允许用不同的压缩比例对文件进行压缩，支持多种压缩级别，具有中端和高端比特速率上的良好的速率畸变特性。JPEG 压缩比率通常在10∶1~40∶1之间，压缩比越小，品质就越好；相反地，压缩比越大，品质就越低；在低比特率范围内，会出现很明显的方块效应，其质量也变得不可接受。JPEG 不能在单一码流中提供有损和无损压缩，并且不能支持大于64×64K 的图像压缩；尽管 JPEG 标准具有重新启动间隔的规定，但当碰到比特差错时图像质量将受到严重的损坏。2003 年，彩色静态图像的新一代编码方式 JPEG2000 确定，它是 JPEG 的升级版，其压缩率比 JPEG 高30%左右，同时支持有损和无损压缩。

6.2.1　JPEG 标准

JPEG 标准支持以下四种操作模式：
①基于 DCT 的顺序型操作模式。
②基于 DCT 的渐进型操作模式。
③基于 DPCM 的无损编码操作模式。

④基于多分辨率编码的操作模式。

所谓顺序型操作模式,就是在显示一幅图像时,以最终显示质量逐步显示图像的每一部分;而渐进型操作模式,则首先显示图像的整体概貌,然后逐步提高其显示质量直到被中止或达到最终显示质量为止。

基于 DCT 的顺序型操作模式是 JPEG 标准的核心部分,它与霍夫曼编码一起构成了 JPEG 标准的基本系统,而其他操作模式则是 JPEG 标准设备所必须包含的,扩充系统则不一定。

JPEG 基本系统的输入图像以帧为单位,每帧图像可以包含至多 4 个分量图像。每个分量图像均分为 8×8 像素的块(Block),块内的 64 个数据组成一个数据单元(DU)。一般每个分量图像的取样率是不同的,因此每个数据单元覆盖的原图像区域也就不一样,可以把取样率最低的分量图像上的一个数据单元覆盖的原图像区域内的数据单元编组为一个最小编码单元(MCU)。例如,取样率为 4 : 1 : 1 的彩色图像,则一个 MCU 包括 4 个 Y 分量的 DU、一个 C 分量的 DU 和一个 C 分量的 DU。

图 6.1 给出了 JPEG 基本系统的编/解码框图。在编码端,输入图像以 MCU 为单位从左至右、从上而下逐个输入编码器,编码器首先按次序对每个 DU 进行前向 DCT(FDCT),再对变换系数进行量化和编码;解码端则相反,在 JPEG 基本系统中每个像素用 8 bit 表示,在进行 DCT 前首先要把所有的像素值减去 128,使像素值的范围由 0~255 变成 −128~127,变换后的系数范围为 −1 024~1 023。另外,JPEG 标准中给出了亮度分量和色度分量的推荐量化表,见表 6.2 和表 6.3。

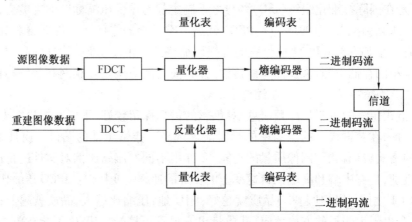

图 6.1   JPEG 标准编/解码框图

表 6.2   JPEG 推荐的亮度量化表

16	11	10	16	24	40	51	61
12	12	14	19	26	58	60	55
14	13	16	24	40	57	69	56
14	17	22	29	51	87	80	62
18	22	37	56	68	109	103	77
24	35	55	64	81	104	113	92
49	64	78	87	103	121	120	10
72	92	95	98	112	100	103	99

表6.3 JPEG推荐的色度量化表

17	18	24	47	99	99	99	99
18	21	26	66	99	99	99	99
24	26	56	99	99	99	99	99
47	66	99	99	99	99	99	99
99	99	99	99	99	99	99	99
99	99	99	99	99	99	99	99
99	99	99	99	99	99	99	99
99	99	99	99	99	99	99	99

（1）DC系数的编码

每一个数据单元量化后形成了8×8系数矩阵,最左上角的一个系数为直流系数,称为DC系数;其他63个则为交流系数,称为AC系数。DC系数与AC系数具有不同的特点,故采用不同的编码方法。

由于相邻块的DC系数差别往往比较小,可采用块间预测方法来编码,即利用当前块的DC系数与相邻块的DC系数差别进行编码,初始DC系数置0。

DC系数的范围为-1 024 ~ 1 023,前后DC系数的差值范围为-2 047 ~ 2 047,如果直接进行霍夫曼编码,则其码表较大,因此,标准中不直接用霍夫曼编码方法,而是采用"前缀码+尾码"的编码方式,用PCM编码方式获得尾码来表示差值的幅度,前缀码采用霍夫曼编码,用来表示尾码的长度。显然,前缀码的范围为0 ~ 11,故霍夫曼表有12项。

如果像素幅度是正数,则其尾码就是其原码,即直接用二进制码表示;如果像素幅度是负数,则其尾码为其反码,由原码逐位取反而得。这样编码后,码字首位为1的是正数,而码字首位为0的是负数。因此在解码端,根据首位可以确定是否需要先逐位取反。

例如,亮度DC系数之差为15,查表DC系数差值霍夫曼码表得到前缀码为4,其码字为101,尾码字即15的二进制原码1111。若亮度DC系数之差为-15,则前缀码字仍然为101,尾码字变为1111的反码0000。

（2）AC系数的编码

进行Zig-Zag扫描后,AC系数以"0游程/非零值"的形式表示,其中非零值按照DC系数编码相同的方式,变为"需要码字位数/码字"的形式,因此,AC系数便是一个一维数组,每个元素以"零游程/需要码字位数/码字"的形式出现。JPEG标准中,把"零游程/需要码字位数"一起当作前缀码,"码字"作为尾码,采用与DC系数编码相同的方法。两种特殊情况是:

①如果零游程超过15且其后仍然有非零值,则把16个连零编码为"1111/0000",再对剩下的系数编码。

②如果块中最后的一个"零游程/非零值"只包含连零不包含非零值,则直接用EOB表示所有的零。

对上述两种特殊情况编码后,零游程范围为0 ~ 15,共16种情况;AC系数的范围为-1 023 ~ 1 023,需要码字位数范围为1 ~ 10,共10种情况。对"零游程/需要码字位数"（表中以"游程/尺寸"简称之)进行编码的霍夫曼码表大小为 16×10+2=162。

下面是 JPEG 编码的一个简单例子,设某个 8×8 亮度块经 DCT 变换、量化的结果见表 6.4。

表 6.4　量化后的变换块

151	1	0	2	0	0	0	0
2	0	0	0	0	0	0	0
0	0	0	0	0	0	0	0
0	0	0	0	0	0	0	0
0	0	0	0	0	0	0	0
0	0	0	0	0	0	0	0
0	0	0	0	0	0	0	0
0	0	0	0	0	0	0	0

进行 Zig-Zag 扫描后,得到结果为 151,(0,1),(0,2)(3,2),(15,0),(10,3),EOB,其中 151 为直流系数,其他为以(零游程长度/非零值)格式表示的交流系数。设前一块的 DC 系数为 138,则 DC 系数差值为 151−138=13,查表 DC 系数表可知需要 4 bit 表示其尾码,前缀码字为 101,尾码字为 1101。交流系数(0,1)首先变为(零游程/需要码字位数,非零值)的形式为(0/1,1),根据 AC 系数表编码为 001,类似的(0,2),(3,2),(15,0),(10,3)先转换表示形式为(0/2,2),(3/2,2),(15/0,0)(10/2,3)再编码为

01/10,111110111/10,11111111001,1111111111000111/11

其中需要注意的是(15,0),其"非零值"为 0,尾码长度也为 0,即码字仅包含前缀码。最后的结束符号 EOB 编码为 1010。最后的二进制码流为

1011101 001 0110 11111011110 11111111001 1111111111000111/11 1010

JPEG 标准基本系统的核心算法为离散余弦变换编码,对"前缀码"进行熵编码,"尾码"采用稍加变化的 PCM 编码,其扩充系统实际应用较少,这里不再详细介绍,有兴趣的读者可以参考 JPEG 标准文档。

6.2.2　JPEG2000 标准

2000 年 3 月确定了彩色静态图像的新一代编码方式——JPEG2000 图像压缩标准的编码算法。和 JPEG 相比,JPEG2000 优势明显,从无损压缩到有损压缩可以兼容,而 JPEG 的有损压缩和无损压缩是完全不同的两种方法。JPEG2000 既可应用于传统的 JPEG 市场,如扫描仪、数码相机等,又可应用于新兴领域,如网路传输、无线通信等。

1. 概述

DCT 是 JPEG 标准的核心,但压缩倍数高时会产生"方块效应",使图像质量下降。JPEG2000 标准采用小波变换作为核心算法,不仅克服了"方块效应",还带来了其他的优点。概括起来,JPEG2000 标准的主要特点有:

(1)高压缩率。JPEG2000 图像压缩比较 JPEG 提高 10% ~ 30%,并且消除了效应。

(2)渐进传输。JPEG2000 提供了两种渐进传输模式:一是分辨率渐进传输,开始时图

片尺寸较小,随着接收数据的增加逐渐恢复到原始图像大小;二是质量渐进传输,开始时接收图像大小与原始图像相同,但是质量较差,随着接收数据的增多,图像质量逐渐提高。JPEG2000 的渐进传输还可以提供由有损编码到无损编码的渐进,很好地满足了互联网、打印机和文档应用需要,而 JPEG 标准基本系统的图像只能按"块"传输,一行一行地显示。

(3)感兴趣区域编码。包括两层含义,一是压缩时可以指定图片的感兴趣区域,采用不同于其他区域的压缩方法;二是传输时用户可以指定其感兴趣区域,通过交互操作,只传输用户感兴趣的区域。

(4)码流的随机访问与处理。允许用户随机指定感兴趣区域,使该区域质量高于其他区域,允许用户对图像进行旋转、平移、滤波和特征提取操作。

(5)良好的容错性和开放的体系结构。

JPEG2000 系统包括图像编码系统、扩充、运动 JPEG2000、一致性、参考软件、复合图像文件格式和对图像编码系统的支持七个部分,下面简要介绍图像编码系统,其他部分可以参考标准文档。

2. 系统框架

JPEG2000 图像编码系统框图如图 6.2 所示,解码与此恰好相反。其编码主要包括以下步骤:

(1)对原始图像进行预处理,主要是 DC 位移。

(2)对原始图像进行正向分量变换,把图像分解成分量图像,例如,把彩色图像分解成亮度、色度分量,此过程可选。

(3)把图像(或分量图像)分解成大小相等的矩形块,称之为图像片(Tile),图像片是 JPEG2000 系统的基本担任单元。如果各个分量取样率不同,按照 JPEG 标准中已经介绍的方法处理。

(4)对每个图像片进行二维小波变换。

(5)把小波系数分解成系数块并分别量化。

(6)熵编码。

图 6.2　JPEG2000 图像编码系统框图

3. DC 位移、分量变换和分析

如果输入图像用符号数表示,则在进行小波变换前,JPEG2000 标准要求对数据进行 DC 位移,即所有值减去 2^{p-1},其中 p 是样值所用二进制位数。

分量变换与 JPEG 系统类似,合适的分量变换可以提高图像压缩质量。JPEG2000 系统中提供两种分量变换:实数到实数不可逆颜色变换(ICT)和整数到整数可逆颜色变换(RCT)。ICT 只能用于有损编码,RCT 可用于有损编码和无损编码。ICT 把彩色图像由 RGB 空间变换到 YCC 空间,RCT 把彩色图像由 RGB 空间变换到 YUV 空间,其变换式分别为

$$\begin{cases} Y = (-R + 2G + B)/4 \\ U = R - G \\ V = B - G \end{cases} \tag{6.1}$$

$$\begin{bmatrix} Y \\ C_b \\ C_r \end{bmatrix} = \begin{bmatrix} 0.299 & 0.587 & 0.114 \\ -0.168\,75 & -0.331\,26 & 0.5 \\ 0.5 & -0.418\,69 & -0.081\,31 \end{bmatrix} \cdot \begin{bmatrix} R \\ G \\ B \end{bmatrix} \tag{6.2}$$

JPEG2000 多分量编码器框图如图 6.3 所示,其中 C_1, C_2, C_3 是新的分量空间。

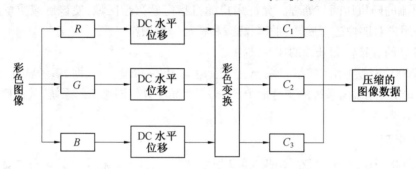

图 6.3　JPEG20000 多分量编码器框图

把图像分成图像片可以减少对内存的要求,而且由于块被独立处理,所以在重建图像时,它们也可以被用于重构图像的某一部分而不是整体。但是,分片会使图像质量下降,图像片越小,质量下降越多,一般每个图像片为 128×128 样点。

4. 小波变换和量化

小波变换按图像片进行,实验表明,小波分解 5 级后,LL 层各个数据相关性就很小,因此 JPEG2000 标准中采用 6 级小波分解,其边界采用周期扩展。对于无损压缩,标准默认使用 LeGall(5,3)滤波器实现可逆小波分解;对于有损压缩,标准默认使用 Daubechies(9,7)滤波器。其解析滤波器系数分别见表 6.5、表 6.6。

表 6.5　Daubechies(9,7)滤波器系数

k	低通滤波器	高通滤波器
0	0.602 249 018 236 357 9	1.115 087 052 456 994
±1	0.266 864 118 442 872 3	−0.591 271 763 114 247 0
±2	−0.078 223 266 528 987 85	−0.057 543 526 228 499 57
±3	−0.016 864 118 442 874 95	0.091 271 763 114 249 48
±4	0.026 748 757 410 809 76	

表 6.6　LeGall(5,3)滤波器系数

k	低通滤波器	高通滤波器
0	6/8	1
±1	2/8	1/2
±2	−1/8	

除了采用卷积(使用表 6.5、表 6.6 的滤波器参数)来实现小波变换外,标准也支持采用其他算法来实现小波变换。

JPEG2000 标准采用标量量化,也分为两种情况:①对无损编码,所有的量化步长为 1;②对有损编码,每一个图像片分解后的每个子带采用一个量化步长,各个子带步长一般不同。量化后,所有系数均由符号和幅度两部分构成。在有损编码中,码率控制器可以通过控制量化步长来控制码率。

5. 熵编码

量化后每个小波子带数据被分为规则而互不重叠的矩形块,称之为码块(Code Block)。码块宽、高都必须是 2 的整数次幂,且宽、高之积小于 4 096。

JPEG2000 熵编码用简化的 EBCOT 算法,可以分为块编码(Block Coding)和分层装配(Layer Formation)两个步骤,块编码实际上是位平面编码,将每个图像片的所有系数按照二进制位分层,从最高层(即最高有效位平面)到最低层对每层上的所有小波系数(非 0 即 1)进行算术编码。如果算术编码输出码元被截断的话,编码块会丢失较低平面信息,即系数的较低有效位,一般情况下仍然可以解码出完整的图像,但图像质量会下降,称该码流为"嵌入式"码流。如果简单地将这些码流连接到一起,所获得的图像整体流则不具备嵌入式的特征,不能达到渐进传输的要求。分层装配正是要使得整体码流也具备嵌入式码流特征。分层装配截断块编码所得的每个码流,将它们连接到一起,形成一个质量层;再从每个剩下的码流中截取一部分连接成第二个质量层,如此直到所有码流均被处理完毕。显然分层装配获得的码流具备嵌入式特征,可以满足渐进式传输的要求。另外,码率受分层装配影响,在图 6.2 中,码率控制器的一个控制点是熵编码中的分层装配环节。

(1)块编码

编码器采用位平面编码技术,将码块分成各个位平面后,按照从高位平面到低位平面的顺序,对每个位平面按照图 6.4 所示的顺序,进行扫描编码。下面先介绍两个术语定义。

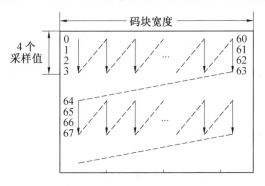

图 6.4　码块内扫描顺序

①重要系数与非重要系数:如某一个系数在当前位平面中为 1,则称该系数在当前平面以及更低的位平面中为重要系数;否则为非重要系数。

②上下文:一个系数的上下文是由它周围的 8 个系数的重要性状态所构成的一个二进制矢量,如图 6.5 所示。如果这 8 个系数为不重要的,则上下文为零。

在 JPEG2000 标准中,根据当前编码位系数和上下文对扫描所得的位平面系数进行分类,选择三个不同的编码通道之一进行编码,这就是所谓"部分位平面"编码。这三个编码

通道依次是:

①重要传播通道,对具有非零上下文的非重要系数进行编码。

②幅度细化通道,对重要系数进行编码。

③清除通道,对所有其他系数进行编码。

通道内数据可以采用粗编码或算术编码,具体的编码过程请参阅 JPEG2000 标准。

D_0	V_0	D_1
H_0	X	H_1
D_2	V_1	D_3

图 6.5　上下文

(2)分层装配

为了使编码形成和最后码流具有信噪比可分级、渐进恢复等特点,JPEG2000 标准按照率失真最优的原则对算术编码器的输出进行分层装配。如图 6.6 所示,把每一码块的编码数据分成 L 层,每一层的数据量一般不同,有可能某一层数据为空。所有码块的第 n 层数据组成了整个第 n 层码流。一般来说,编号较小的层包含低频数据,编号较大的层含有高频数据。

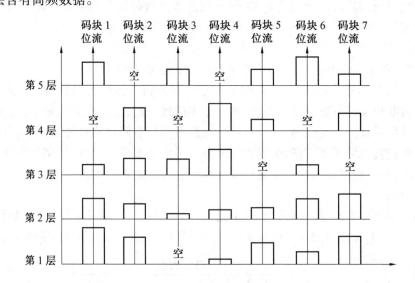

图 6.6　码块按层装配

在传输视频图像数据时,先传编号较小的层,再传编号较大的层,随着传输的层数增多,视频图像的质量逐渐提高。

在有损压缩时,根据码率控制要求,某些通道的数据可以抛弃而不进入层,而无损压缩则要求所有通道产生的数码均要进入层。

6.3　MPEG 标准

MPEG 标准主要由视频、音频和系统三个部分组成,是一个完整的多媒体压缩编码方案。MPEG 系列标准阐明了编解码过程,严格规定了编码后产生的数据流的句法结构,但并没有规定编解码的算法,因此,本节给出的编码器框架图并非唯一,只是满足 MPEG 标准的一种实现方式。

6.3.1　MPEG-1 标准

MPEG-1 是 MPEG 针对码率在 1.5 Mbit/s 左右的数字存储媒体应用所制定的音视频编码标准,于 1992 年 11 月发布。

MPEG-1 的正式名称是"用于数字存储媒体的 1.5 Mbit/s 以下的活动图像及相关音频编码"(ISO/IEC 11172),它包括五个部分:系统、视频、音频、一致性和软件,本节只介绍其中的视频部分。

1. 数据组织和整体框架

MPEG-1 采用源输入格式 SIF(Source Input Format),有 352×288×25 和 352×240×30 两种选择。此外,可以通过表 6.7 所示的约束参数集设置图像分辨率参数,以编码更大的图像。

表 6.7　MPEG-1 的图像约束参数集

参数	范围
像素/行	≤768
行/图像	≤576
宏块数/图像	≤396
宏块数/秒	≤9 900 = 396 * 25 = 330 * 30
图像帧数/秒	≤30
输入缓冲器大小	≤327 680 bit
运动矢量范围	≤[−64,63.5)
比特率	≤1.856 Mbit/s

MPEG-1 采用分层结构组织数据,如图 6.7 所示,从上到下依次是:图像序列(Video Sequence)、图像组(Group of Pictures)、片(Slice)、宏块(Macro Bock)和块(Block)。图像序列即待处理的视频序列,包含一个或多个图像组;图像组由图像序列中连续的多帧图像组成;在 MPEG-1 中图像只采用逐行扫描方式,它由一个或多个片组成;一个片包含按照光栅扫描顺序的连续多个宏块;MPEG-1 采用 4∶2∶0 取样,一个宏块包含 4 个 8×8 像素亮度块和 2 个 8×8 像素色度块。

如图 6.8 所示,视频压缩码流中采用与图 6.7 对应的分层结构。序列层以序列头开始,以序列终止码结束,中间包含一个以上的图像组,序列中间可以插入附加的序列头。序列中的参数主要包括图像大小、帧频、比特率、缓存器容量大小等解码所需的信息,插入附加头有助于实现随机访问和编辑,参数与第一个序列头基本相同。图像组以图像组头开始,以结束码结束,中间包含一个以上的图像帧,第一帧必须是 I 帧。图像组终止码、编辑断点连接码等参数。图像层以图像头开始,图像中主要参数有图像类型、时间参考码等参数,图像头后是该图像的所有编码数据。片层以片头开始,其中包含片位置等参数,片头采用等长编码,便于码流出错时恢复同步,其后是一个或多个宏块数据。宏块层以宏块头开始,其中包含的参数主要有宏块类型、量化步长、运动矢量编码等,其后是宏块的 4 个亮度块数据和 2 个色度块数据。块层没有块头,仅包含块的编码数据。

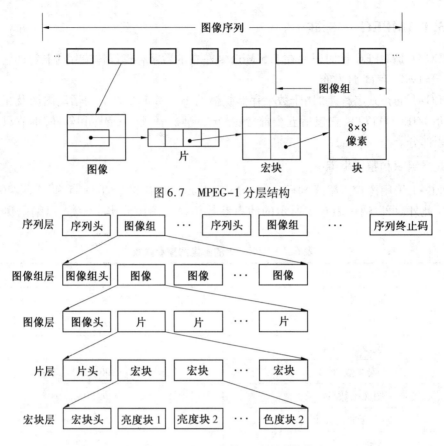

图 6.7　MPEG-1 分层结构

图 6.8　MPEG-1 视频压缩码流结构

根据压缩方式不同,MPEG-1 定义了四种类型的图像帧;I 帧,只采用帧内编码;P 帧,采用运动补偿编码,只参考前一帧图像(I 帧或 P 帧);B 帧,可以采用前向、后向和内插运动补偿编码,参考前一帧和后一帧图像(I 帧或 P 帧);D 帧,只含有直流分量的图像,也称为直流图像,它是专门为快速播放和快速检索功能而设计的,但由于它不能作为其他帧的预测帧,因此使用不多。一般情况下,I,P,B 帧三类图像进行编码,并且 2 个 I 帧之间插入多个 P 帧,2 个 P 帧之间插入多个 B 帧。由于 B 帧需要参考后续图像进行预测,因此在编码时,首先要对图像序列进行顺序重排。例如,图像序列为 IBBP,则输入编码器的顺序为 IPBB。

MPEG-1 的编码框图如图 6.9 所示,以宏块为基本编码单位,分为帧内编码模式与帧间编码模式。帧内编码时,先以 8×8 块为单位进行 DCT 变换,然后进行标量量化和 Zig-Zag 扫描,最后送至变长编码器进行变长编码得到对应码流送至码流复用器。同时,对量化后的系数,还需要进行反量化和 IDCT,得到重建图像做预测用。帧间编码时,首先把输入宏块与预测图像对应宏块相减,然后对差值进行 DCT 变换、量化、Zig-Zag 扫描和变长编码。如果是 P 帧,则需要反量化、IDCT 反变换以更新预测图像;而 B 帧图像不用来预测,不需要重建。控制单元输出控制信息,差分编码和变长编码的运动矢量等均进入码流复用器,进行码流复用,码流复用器输出视频压缩流。

2. 量化

采用帧内编码时,MPEG-1 考虑了人类视觉系统的特性,针对不同的交流系数采用不同

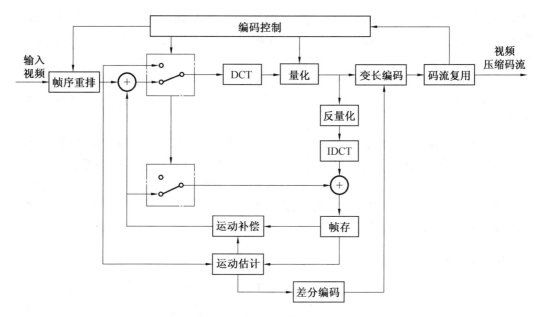

图 6.9 MPEG-1 的编码框图

的量化步长,并且对直流系数采用了预测编码,利用当前左边相邻的块进行预测。MPEG-1 默认的帧内编码量化表见表 6.8。默认情况下,帧间编码的所有系数采用同步长进行均匀量化,这是由于原始图像与预测图像相减后,各个频率分量对图像质量的影响已经没有明显的区别。

表 6.8 MPEG 缺省帧内量化矩阵

8	16	19	22	26	27	29	34
16	16	22	24	27	29	34	37
19	22	26	27	29	34	34	38
22	22	26	27	29	34	37	40
22	26	27	29	32	35	40	48
26	27	29	32	35	40	48	58
26	27	29	34	38	46	56	69
27	29	35	38	46	56	69	83

3. 宏块编码

MPEG-1 以宏块作为基本编码单位,宏块内不能改变量化参数。根据图像帧的不同,宏块的编码方法有所不同。

在 MPEG-1 中,I 帧的编码与 H.261 标准几乎完全相同,不过其针对游程/幅值对的霍夫曼码表并没有对所有的可能组合给出码字。如果某一个组合找不到对应的码字,则编码为 ESC 码,其后跟随它们的单独码字,单独码字由一个 6 位表示游程长度的码和 8 位或 16 位表示幅度的码组成。

在 MPEG-1 中,属于 P 帧的宏块既可以进行帧内编码,也可以进行以过去帧为参考帧的预测编码。一般在运动剧烈导致预测失灵的情况下,使用帧内编码。与 I 帧不同的是,P 帧全为 0 的宏块不需要进行编码,更进一步,宏块内全为 0 的块也不需要编码。在宏块头中有相应区域指示哪些块编码。

MPEG-1 的 B 帧编码与 P 帧编码相似,首先决定采用帧内编码还是帧间编码,如果决定采用帧间编码,则进一步商定采用前向运动补偿还是后向运动补偿或内插运动补偿,最后决定宏块是否需要编码。

显然,由于利用视频序列时间冗余程度的不同,I 帧、P 帧、B 帧的编码效率是不同的。一般情况下,I 帧的压缩倍数在 8 倍左右,P 帧为 30 倍左右,B 帧则可达到 50 倍。但是,P 帧和 B 帧的编码解码均需要参考前面的帧,不具备随机访问的能力,B 帧还需要参考后续的帧,使得编解码系统的时延增加。因此,高压缩倍数与良好的随机访问性、低时延性是相互矛盾的,需要根据具体应用均衡折中。

6.3.2　MPEG-2 标准

MPEG-2 是 MPEG 工作组制定的第二个国际标准,正式名称为"通用的活动图像及其伴音编码"(ISO/IEC 13818)。MPEG-2 是一个多媒体编码标准,具有更为广阔的应用范围和更高的编码质量,应用包括数字存储、标准数字电视、高清晰电视、高质量视频通信等。根据应用的不同,MPEG-2 的码率范围为 1.5 ~ 100 Mbit/s,一般情况下,只有码率超过 4 Mbit/s 的 MPEG-2 视频,其视频质量才能明显优于 MPEG-1。

相对于 MPEG-1,MPEG-2 的主要改进有:

①允许输入视频采用隔行扫描,支持更高分辨率的图像和更多的色度欠取样图像格式。

②定义了档次和级别的概念,使用户能根据不同的应用进行选择。

③提供可分级别的码流,使得解码器可以根据需要和自身能力获取不同质量的视频。

MPEG-2 标准由系统、视频、音频、一致性、参考软件、数字存储媒体(命令与控制)、先进音频编码器、实时接口和 DSM-CC 一致性九个部分构成,下面介绍其视频部分。

1. MPEG-2 视频

1)数据组织和视频编码框架

根据其档次与级别的不同,MPEG-2 支持分辨率由高到低的多种图像类型。MPEG-2 三种取样格式,即 4:2:0,4:2:2 和 4:4:4。其中 4:2:0 与 MPEG-1 4:2:0 取样格式有所不同,如图 6.10 所示。

MPEG-2 仍然采用与 MPEG-1 相同的分层结构,从上到下依次为图像序列、图像组、图像、片、宏块和块,但是由于 MPEG-2 既支持逐行扫描方式,也支持隔行扫描方式,其各个层次有一些变化。

采用逐行扫描时,MPEG-2 的层次定义与 MPEG-1 完全相同;采用隔行扫描时,则有所不同。标准定义了帧图像(Frame Picture)和场图(Filed Picture),二者均可以作为编码单位进行编码。帧图像是将隔行扫描所得的顶场和底场合并而成的图像,合并方式如图 6.11 所示。帧图像可作为 I,B,P 的任意一种图像类型进行编码。一幅场图像就是隔行扫描所得的顶场或底场,一个顶场图像与一个底场图像构成一个编码帧。如果编码帧中第一场是 I 类图像,则第二场可以作为 I 或 P 类型图像;如果第一场是 B 类图像,则第二场也只能是 B 类图像。这里使用"第一场""第二场"而不使用"顶场""底场",是因为 MPEG-2 对一个编码

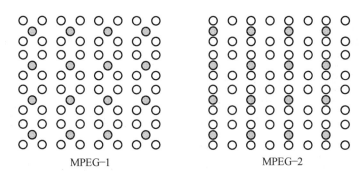

MPEG-1　　　　　　　　　　　MPEG-2

○：亮度采样点　　　●：色度采样点

图 6.10　4∶2∶0 取样格式不同

帧进行编码时,既可以先编码顶场也可以先编码底场。

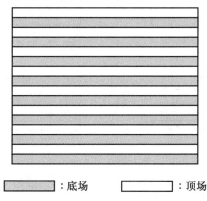

▨：底场　　　□：顶场

图 6.11　帧图像结构

　　MPEG-2 基本编码框图的组成与 MPEG-1 相同,仍然采用 I,P,B 三种图像进行编码,但是某些功能模块内部有一些不同。此外,需要实现分级码流功能时,编码框架也有所不同。

　　2)档次和级别

　　为了适应不同应用需求,MPEG-2 提出了档次(Profile)和级别的概念。档次是 MPEG-2 标准对应完整比特流语法的一个子集,一个档次对应一种不同复杂度的编解码算法。MPEG-2 定义了简单档次(SP)、主用档次(MP)、信噪比可分级档次(SVRP)、空间域可分级档次(SSP)、高档次(HP)和 4∶2∶2 档次,共 6 个档次。在每个档次内,MPEG-2 利用级别来选择不同的参数,例如图像尺寸、帧频、码率等,以获得不同的图像质量。MPEG-2 定义了低级别(LL)、主用级别(ML)、高 1440 级别(H14L)和高级别(HL)4 个不同的级别。

　　档次与级别一共有 20 种组合,MPEG-2 选取了其中 11 种作为应用选择,标记为"档次@级别",例如,MP@ML 表示主用档次/主用级别。主档次/主级别的参数理解为:采用 I,B,P 三种图像编码方式,取样率为 4∶2∶0,图像最大分辨率为 720×576,每秒 30 帧,最大码率为 15 Mbit/s。

　　由于 MPEG-2 是一个通用标准,其应用很广,因此它将多种不同的视频编码算法综合于单个句法之中,但对于具体的应用,实现所有的句法显然是复杂和不必要的。因此,标准规定了档次和等级,一个解码器只需要根据具体应用选择合适的档次级别组合,并实现该组合的句法即可。

目前,在 MPEG-2 的 11 种档次级别组合中,主用档次/主用级别主要用于数字电视广播领域,其他组合也有一些应用。

3)DCT 变换、变换系数量化和扫描

当输入逐行扫描视频时,MPEG-2 的 DCT 变换与 MPEG-1 完全相同。输入隔行扫描视频时,如果以场图像为单位进行编码,宏块内所有行均来自同一场,正常划分块和进行 DCT 变换;如果以帧图像为单位进行编码,则可以分为基于帧和基于场的 DCT 变换。

所谓基于帧的 DCT,就是先把顶场和底场合并成一幅帧图像,再把帧图像分割成多个宏块,每个宏块分成多个 8×8 块,每个块均由顶场、底场的扫描行交替而成,从宏块到块的划分如图 6.12 所示。

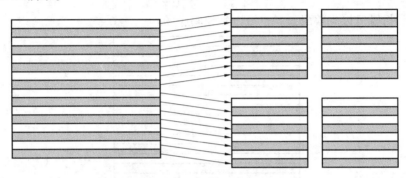

图 6.12　基于帧的亮度宏块划分方式

所谓基于场的 DCT,就是把帧图像宏块的 8 行顶场扫描行划分为 2 个块,8 行底场扫描行也划分为 2 个块,如图 6.13 所示。

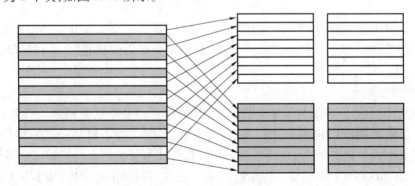

图 6.13　基于场的亮度宏块划分方式

以上讲述的是亮度块的划分方法,色度块的划分则与取样格式有关。如果采用 4:2:0 取样格式,由于每个宏块只包含一个 $8×8C_b$ 块和一个 $8×8C_r$ 块,因此只有一种划分块的方法。如果采用的是 4:2:2 或者 4:4:4 取样格式,由于一个帧图像的一个宏块的色度分量在竖直方向有两个 8×8 块,所以色度块按照亮度块的划分方式划分。

MPEG-2 对 DCT 系数采用了比 MPEG-1 更加精细的理化。对采用帧内编码方式所得的 DC 系数,对应于量化步长为 1,2,4,8 四种情况,其量化后系数所占位数为 8 bit,9 bit,10 bit 和 11 bit。其他系数量化后的范围由 MPEG-1 中规定的[-256,255]扩充为[-2 048,2 047]。此外,MPEG-2 在 MPEG-1 原有的 31 个量化步长比例因子的基础上,增加了 31 个量化因子,共 62 个量化因子,以便根据宏块的系数范围更加精细地选择量化因子,提高量化质量。

针对隔行扫描,MPEG-2 增加了一种新的 DCT 系数扫描方式,即交错扫描。其扫描顺序如图 6.14 所示。与常用的 Zig-Zag 扫描相比,交错扫描注重利用水平方向的相关性。这是因为对同一图像内容,采用隔行扫描所得的帧图像的水平相关性比采用逐行扫描所得的帧的水平相关性要强,采用交错扫描能够更加有效地利用其相关性。

4)运动估计与补偿

为了适应隔行扫描视频输入,MPEG-2 对运动估计与补偿也做了相应扩充。处理逐行扫描视频时,MPEG-2 以宏块为单位进行运动估计与补偿,与

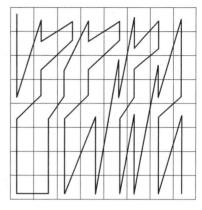

图 6.14　交错扫描顺序

MPEG-1 完全相同。处理隔行扫描视频时,MPEG-2 定义如下四种运动补偿和预测模式。

(1)帧预测模式

帧预测模式只用于对帧图像进行预测,其方法与逐行扫描的预测相同,用来做预测的帧图像既可以直接解码所得,也可以由解码所得的两幅图像合并而得。

(2)场预测模式

场预测模式以场图像为预测图像,既可以用来预测场图像,也可以用来预测图像。应用场预测来预测场图像像的宏块时,对于 P 场,预测可以来自最近解码两场中的任何一场;对于 B 场,则从最近解码两帧中各挑一场。图 6.15 给出了预测场的取法。采用场预测来预测帧图像的宏块时,首先要把帧图像的宏块分为底场块和顶场块,顶场块与底场块的预测相互独立,均采用与用场预测来预测场图像宏块相同的方法获得的预测。

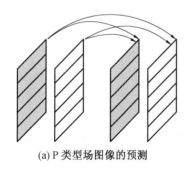

(a) P 类型场图像的预测

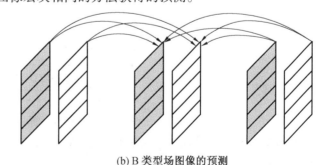

(b) B 类型场图像的预测

图 6.15　场预测的参考帧取法

(3)16×8 预测模式

16×8 预测模式只用于场图像。在该模式下,每个 P 宏块使用两个运动矢量,一个用于上面的 16×8 块,一个用于下面的 16×8 块;每个 B 块需要使用 4 个运动矢量,两个用于前向预测,两个用于后向预测。

(4)DP 预测模式

DP(Dual Prime)预测模式用于 P 类型宏块,条件是 P 图像或 I 图像间没有 B 图像。如果块由帧图像分解而得,则首先把宏块分成两个 16×8 的子宏块,称之为场宏块;如果宏块

由场图像分解而得,则不需要再分解,直接得到宏块。场块的预测由两个预测值取平均而得。第一个预测值根据运动矢量 MV 和最近解码的与该场宏块同极性的场(记为场 S)计算而得;另一个预测值根据 MV 的修正值和最近解码的与当前场宏块异极性的场(记为场 D)计算得到。

运动矢量修正值按照如下方式获得:首先根据 S 场、D 场与当前的时间距离,对 MV 进行线性缩放得到 MV,然后加上差分运动矢量 DMV 即可,其中 DMV 从码流中获取。

5)可分级编码

支持可分级编码是 MPEG-2 的一大特色。所谓可分级编码,就是将整个码流划分为基本层和增强层,解码器需要具备解码基本层的能力以获得基本质量图像。如果解码器具备解码分级句法的能力,则它就能够根据增强层码流获得新的信息,以得到更高质量的图像。

MPEG-2 的分级编码方式有三种,即时间域可分级编码、空间域可分级编码和信噪比可分级编码。此外,还允许组合分级方式,获得多层次的分级编码。MPEG-2 五个档次中简单档次、主用档次不支持分级编码,信噪比可分级编码、空间域可分级档次和高档次均既支持信噪比可分级编码,也支持空间域可分级编码。

(1)时间域可分级编码

时间域可分级编码的方法是:对原始视频序列进行分割,得到两个帧序列,二者帧频之和为原始视频的帧频。对其中一个帧序列进行编码得到基本层码流,对另外一个序列进行编码得到增强层码流,编码过程如图 6.16 所示。

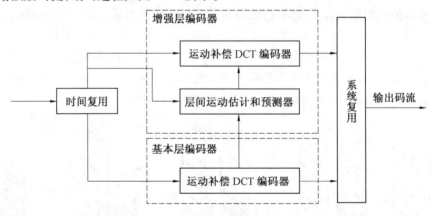

图 6.16　时间分层编码器框图

基本层和增强层中均可包含 I,P,B 三种图像类型,标准规定了增强层中 P,B 图像的预测图像的选取范围。

(2)空间域可分级编码

空间域可分级编码的基本层对应原始视频的低分辨版本,在基本层数据基础上,解码端利用增强层数据可以恢复出原始分辨率的视频。具体编码方法为:对原始视频进行欠取样作为基本层编码器的输入,原始视频作为增强层编码器的输入。基本层编码器和增强层编码器均采用运动补偿与 DCT 相结合的混合编码器,增强层中的预测图像由空/时加权预测器对基本层重建图像(空间预测)和增强层解码图像(时间预测)加权而得,加权系数可以是宏块级自适应的。空间可分级编码器结构框图如图 6.17 所示。

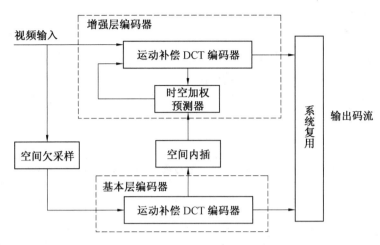

图 6.17 空间可分级编码器结构框图

（3）信噪比可分级编码

信噪比可分级编码基本层输入与增强层输入具有相同的时间、空间分辨率，只是采用不同的量化步长来量化 DCT 系数。具体实现方法为：首先在基本层编码器中用较大的量化步长量化 DCT 系数，并根据其量化结果进行编码，得到基本层数据。随后把基本层编码器的反理化结果与 DCT 系数相差送至增强层编码器，以较小的步长量化编码，得到增强层数据。图 6.18 给出了采用信噪比可分级的编码器框图，为简便起见，图 6.18 中只画出了帧间编码的情况，帧内编码不需帧间预测，框图更为简单。由图 6.18 可知，基本层利用了增强层数据获得预测图像，因此，如果解码器端仅仅解码基本层数据，就会产生较大的误差。

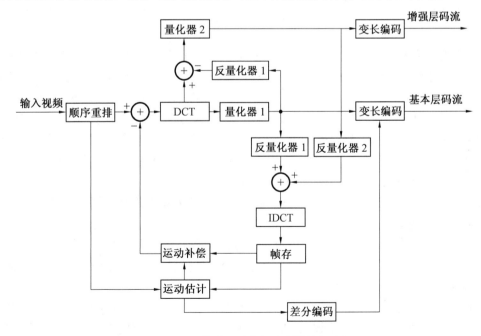

图 6.18 信噪比可分级编码器帧间编码

显然与 MPEG-1 相比，MPEG-2 的不同之处体现在它支持隔行扫描视频，这是理解

MPEG-2 的关键所在。

6）视频基本码流结构

经过编码器编码后,6 个视频层次构成的编码流称为视频基本码流(Elementary Stream, ES),图 6.19 所示为简化的基本码流结构图。

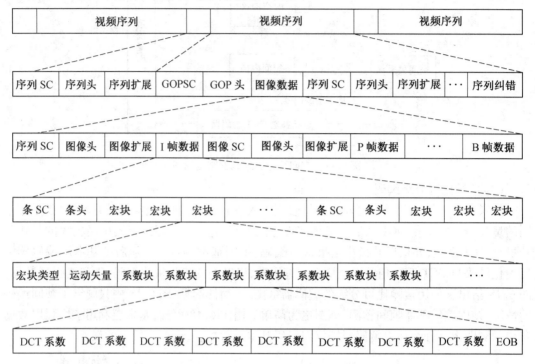

图 6.19　视频基本码流结构

在初步序列层中,序列头给出了图像尺寸、宽高比、帧频和比特率等数据,序列扩展码给出了型/级、逐行/隔行和色度格式(4∶2∶0,4∶2∶2,4∶4∶4)等信息。在图像组层中, GOP 头中给出了时间码和预测特性等信息。在图像层中,图像头中给出了时间参考信息、图像编码类型和 VBV(视频缓存校验器)延时等信息。图像扩展码给出了运动图像、图像结构(顶场、底场或帧)、量化因子类型和可变长编码 VLC 等信息。在像条层中,像条头中给出了像条垂直位置、量化因子码等信息。在宏块层中,宏块类型码中给出了宏块属性、运动矢量。最后一层是像块层,给出了像块的 DCT 系数。

可见,视频基本码流包含了供接收端正确解码的辅助数据和图像数据等信息。

7）MPEG-2 解码

MPEG-2 解码是从编码的比特流中重建图像帧,MPEG-2 解码方框图如图 6.20 所示。

接收到的码流经过 TS 流解复用和视/音频 PES 包解复用后输出视频基本流(ES)和运动矢量(MV)。

解码框图中没有复杂的运动估计电路,它直接用码流中传输来的运动矢量进行准确的运动补偿,从帧存储器中读出匹配宏块 MB_0,在加法器中与宏块差值 MB 相加,还原出相应的 PB 图像块。

将解码后的重建图像组重新排列成编码前原始的图像顺序,就是图像的显示顺序。由

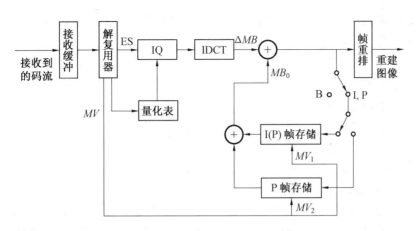

图 6.20 MPEG-2 解码方框图

于编解码器中都有帧重排,结果使原始图像产生一定的延时。

MPEG-2 中编码与解码电路不是一一对应的,编码复杂,解码简单。因为解码所需的许多参数如预测值和量化表等都在传输码流中以规定的句法元素格式提供给接收端,由解码器直接使用就可以。因此不同厂家的设计人员可以设计制造各具特点的编解码器,它们可能各有差异,然而,任一个解码器应该对任何编码器给出的码流都能正确地解码,这就是遵从 MPEG-2 句法、语义规范。

2. MPEG-2 系统

MPEG-2 系统是将视频、音频及其他数据基本流组合成一个或多个适宜于存储或传输的数据流的规范,如图 6.21 所示。

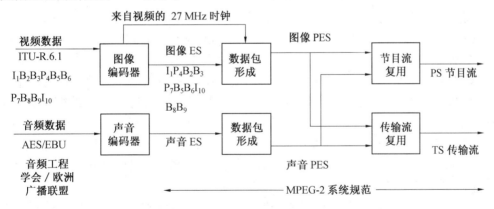

图 6.21 MPEG-2 系统框图

由图 6.21 可知符合 ITU-R.601 标准的、帧次序为 $I_1B_2B_3P_4B_5B_6P_7B_8B_9I_{10}$ 数字视频数据和符合 AES/EBU 标准的数字音频数据分别通过图像编码和声音编码之后,生成次序为 $I_1P_4B_2B_3P_7B_5B_6I_{10}B_8B_9$ 的视频基本流(ES)和音频 ES。在视频 ES 中还要加入一个时间基准,即加入从视频信号中取出的 27 MHz 时钟。然后,再分别通过各自的数据包形成器,将相应的 ES 打包成打包基本流(PES)包,并由 PES 包构成 PES。最后,节目复用器和传输复用器分别将视频 PES 和音频 PES 组合成相应的节目流(PS)包和传输流(TS)包,并由 PS 包构成 PS 和由 TS 包构成 TS。显然,不允许直接传输 PES,只允许传输 PS 和 TS;PES 只是 PS

转换为 TS 或 TS 转换为 PS 的中间步骤或桥梁，是 MPEG 数据流互换的逻辑结构，本身不能参与交换和互操作。由系统的定义，可知 MPEG-2 系统的任务。

MPEG-2 系统应完成的任务有：

①规定以包方式传输数据的协议。

②为收发两端数据流同步创造条件。

③确定将多个数据流合并和分离（即复用和解复用）的原则。

④提供一种进行加密数据传输的可能性。

由系统的任务，可知完成任务系统应具备的基础。

根据数字通信信息量可以逐段传输的机理，将已编码数据流在时间上以一定重复周期结构分割成不能再细分的最小信息单元，这个最小信息单元就定义为数据包，几个小数据包（Data Packet）又可以打包成大数据包（Data Pack）。用数据包传输的优点是：网络中信息可占用不同的连接线路和简单暂存；通过数据包交织将多个数据流组合（复用）成一个新的数据流；便于解码器按照相应顺序对数据包进行灵活的整理。从而，数据包为数据流同步和复用奠定了基础。

因此，MPEG-2 系统规范不仅采用了 PS，TS 和 PES 三种数据包，而且也涉及 PS 和 TS 两种可以互相转换的数据流。显然，以数据包形式存储和传送数据流是 MPEG-2 系统的要点。为此，MPEG-2 系统规范定义了三种数据包及两种数据流：

1）打包基本流（PES）

将 MPEG-2 压缩编码的视频基本流（Elementary Stream，ES）数据分组为包长度可变的数据包，称为打包基本流（Packetized Elementary Stream，PES）。广而言之，PES 为打包了的专用视频、音频、数据、同步、识别信息数据通道。

所谓 ES，是指只包含一个信源编码器的数据流。即 ES 是编码的视频数据流，或编码的音频数据流，或其他编码数据流的统称。每个 ES 都由若干个存取单元（Access Unit，AU）组成，每个视频 AU 或音频 AU 都是由头部和编码数据两部分组成的。将帧顺序为 $I_1P_4B_2B_3P_7B_5B_6$ 的编码 ES，通过打包，就将 ES 变成仅含有一种性质 ES 的 PES 包，如仅含视频 ES 的 PES 包，仅含音频 ES 的 PES 包，仅含其他 ES 的 PES 包。PES 包的组成如图 6.22 所示。

由图 6.22 可见，一个 PES 包是由包头、ES 特有信息和包数据三个部分组成。由于包头和 ES 特有信息二者可合成一个数据头，所以可认为一个 PES 包是由数据头和包数据（有效载荷）两个部分组成的。

包头由起始码前缀、数据流识别及 PES 包长信息三部分构成。包起始码前缀是用 23 个连续"0"和一个"1"构成的，用于表示有用信息种类的数据流识别，是一个 8 bit 的整数。由二者合成一个专用的包起始码，可用于识别数据包所属数据流（视频，音频，或其他）的性质及序号。例如：比特序 110×××××是号码为××××的 MPEG-2 音频数据流；比特序 1110××××是号码为××××的 MPEG-2 视频数据流。

PES 包长用于包长识别，表明在此字段后的字节数。如，PES 包长识别为 2 B，即 $2×8=16$ bit 字宽，包总长为 $2^{16}-1=65\,535$ B，分给数据头 9 B（包头 6 B+ES 特有信息 3 B），可变长度的包数据最大容量为 65 526 B。尽管 PES 包最大长度可达 $(2^{16}-1)=65\,535$ B（Byte），但在通常的情况下是组成 ES 的若干个 AU 中的由头部和编码数据两部分组成的一个 AU

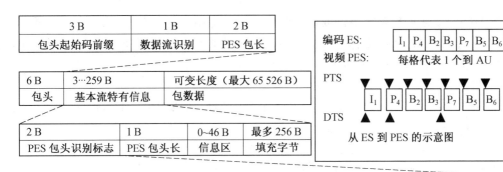

图 6.22　一个打包基本流(PES)包的组成

PTS——Presentation Time Stamp(显示时间标记);DSM——Digital Storage Media(数字存储媒体);DTS——Decode Time Stamp(解码时间标记);CRC——Cyclic Redundancy Check(循环冗余校验);ESCR——Elementary Stream Clock Reference(基本流时钟基准)

长度。一个 AU 相当于编码的一幅视频图像或一个音频帧,参见图 6.22 右上角从 ES 到 PES 的示意图。也可以说,每个 AU 实际上是编码数据流的显示单元,即相当于解码的一幅视频图像或一个音频帧的取样。

ES 特有信息是由 PES 包头识别标志、PES 包头长信息、信息区和用于调整信息区可变包长的填充字节四部分组成的 PES 包控制信息。其中,PES 包头识别标志由 12 个部分组成:PES 加扰控制信息、PES 优先级别指示、数据适配定位指示符、有否版权指示、原版或拷贝指示、有否显示时间标记(PTS)/解码时间标记(DTS)标志、PES 包头有否基本流时钟基准(ESCR)信息标志、PES 包头有否基本流速率信息标志、有否数字存储媒体(DSM)特技方式信息标志、有否附加的拷贝信息标志、PES 包头有否循环冗余校验(CRC)信息标志、有否 PES 扩展标志。有扩展标志,表明还存在其他信息。如,在有传输误码时,通过数据包计数器,使接收端能以准确的数据恢复数据流,或借助计数器状态,识别出传输时是否有数据包丢失。其中,有否 PTS/DTS 标志,是解决视音频同步显示、防止解码器输入缓存器上溢或下溢的关键所在。

PTS 表明显示单元出现在系统目标解码器(System Target Decoder,STD)的时间,DTS 表明将存取单元全部字节从 STD 的 ES 解码缓存器移走的时刻。视频编码图像帧次序为 $I_1P_4B_2B_3P_7B_5B_6I_{10}B_8B_9$ 的 ES,加入 PTS/DTS 后,打包成一个个视频 PES 包。每个 PES 包都有一个包头,用于定义 PES 内的数据内容,提供定时资料。

每个 I,P,B 帧的包头都有一个 PTS 和 DTS,但 PTS 与 DTS 对 B 帧都是一样的,无须标出 B 帧的 DTS。对 I 帧和 P 帧,显示前一定要存储于视频解码器的重新排序缓存器中,经过延迟(重新排序)后再显示,一定要分别标明 PTS 和 DTS。

例如,解码器输入的图像帧次序为 $I_1P_4B_2B_3P_7B_5B_6I_{10}B_8B_9$,依解码器输出的帧次序,应该 P4 比 B2,B3 在先,但显示时 P4 一定要比 B2,B3 在后,即 P4 要在提前插入数据流中的时间标志指引下,经过缓存器重新排序,以重建编码前视频帧次序 $I_1B_2B_3P_4B_5B_6P_7B_8B_9I_{10}$。显然,PTS/DTS 标志表明对确定事件或确定信息解码的专用时标的存在,依靠专用时标解码器,可知道该确定事件或确定信息开始解码或显示的时刻。例如,PTS/DTS 标志可用于确定编码、多路复用、解码、重建的时间。

2)节目流(PS)

将具有共同时间基准的一个或多个 PES 组合(复合)而成的单一的数据流称为节目流(Program Stream)。PS 包的结构如图 6.23 所示。

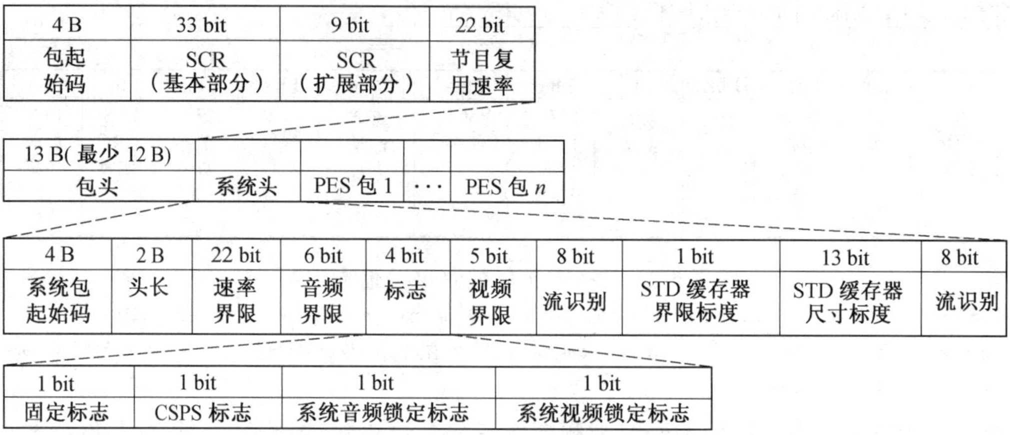

图 6.23　PS 包的结构

CSPS——Constrained System Parameter Stream(约束系统参数数据流)

由图 6.23 可见,PS 包由包头、系统头、PES 包三部分构成。包头由 PS 包起始码、系统时钟基准(System Clock Reference,SCR)的基本部分、SCR 的扩展部分和 PS 复用速率四部分组成。PS 包起始码用于识别数据包所属数据流的性质及序号。

SCR 的基本部分是一个 33 bit 的数,由 MPEG-1 与 MPEG-2 兼容共用。SCR 扩展部分是一个 9 bit 的数,由 MPEG-2 单独使用。SCR 是为了解决压缩编码图像同步问题产生的。因为,I,B,P 帧经过压缩编码后,各帧有不同的字节数;输入解码器的压缩编码图像的帧顺序 $I_1P_4B_2B_3P_7B_5B_6I_{10}B_8B_9$ 中的 P4,I10 帧,需要经过重新排序缓存器延迟后,才能重建编码输入图像的帧顺序 $I_1B_2B_3P_4B_5B_6P_7B_8B_9I_{10}$;视频 ES 与音频 ES 是以前后不同的视频与音频的比例交错传送的。以上三条均不利于视音频同步。

为解决同步问题,提出在统一系统时钟(Single System Time Clock,SSTC)条件下,在 PS 包头插入时间标志 SCR 的方法。整个 42 bit 字宽的 SCR,按照 MPEG 规定分布在宽为 33 bit 的一个基础字及宽为 9 bit 的一个扩展区中。由于 MPEG-1 采用了相当于 33 bit 字宽的 90 kHz 的时间基准,考虑到兼容,对节目流中的 SCR 也只用 33 bit。为了提高 PAL 或 NTSC 已编码节目再编码的精确性,MPEG-2 将时间分解为由 90 kHz 提高到 27 MHz 的光栅结构,使通过 TS 时标中的 9 bit 扩展区后,精确性会更高。

具体方法是将 9 bit 用作循环计数器,计数到 300 时,迅速向 33 bit 基本区转移,同时将扩展区计数器复原,以便由基本区向扩展区转移时重新计数。将 42 bit 作为时间标志插入 PS 包头的第 5~10 个字节,表明 SCR 字段最后 1 个字节离开编码器的时间。在系统目标解码(System Target Decoder,STD)输入端,通过对 27 MHz 的统一系统时钟(SSTC)取样后提取。

显然,在编码端,STC 不仅产生了表明视音频正确的显示时间 PTS 和解码时间 DTS,而且也产生了表明 STC 本身瞬时值的时间标记 SCR。在解码端,应相应地使 SSTC 再生,并正确应用时间标志,即通过锁相环路(Phase Lock Loop,PLL),用解码时本地用 SCR 相位与输入的瞬时 SCR 相位锁相比较,确定解码过程是否同步,若不同步,则用这个瞬时 SCR 调整 27 MHz 时钟频率。

每个 SCR 字段的大小各不相同,其值是由复用数据流的数据率和 SSTC 的 27 MHz 时钟频率确定的。可见,采用时间标志 PTS,DTS 和 SCR,是解决视音频同步、帧的正确显示次序、STD 缓存器上溢或下溢的好方法。

PS 复用速率用于指示其速率大小。

系统头由系统头起始码、系统头长度、速率界限范围、音频界限范围、各种标志指示、视频界限范围、数据流识别、STD 缓存器界限标度、STD 缓存器尺寸标度、(视频、音频或数据)流识别共 10 个部分组成。

各标志部分由固定标志指示、约束系统参数数据流(Constrained System Parameter Stream,CSPS)指示、系统音频锁定标志指示、系统视频锁定标志指示四个部分组成。其中,CSPS 是对图像尺寸、速率、运动矢量范围、数据率等系统参数的限定指示。

显然,PS 的形成分两步完成:

其一是将视频 ES、音频 ES、其他 ES 分别打包成视频 PES 包、音频 PES 包、其他 PES 包:使每个 PES 包内只能存在一种性质的 ES;每个 PES 包的第一个 AU 的包头可包含 PTS 和 DTS;每个 PES 包的包头都有用于区别不同性质 ES 的数据流识别码。这一切,使解复用和不同 ES 之间同步重放成为可能。

其二是通过 PS 复用器将 PES 包复用成 PS 包,即将每个 PES 包再细分为更小的 PS 包。PS 包头含有从数字存储媒体(DSM)进入系统解码器各个字节的解码专用时标,即预定到达时间表,它是时钟调整和缓存器管理的参数。

典型 PS 解码器如图 6.24 所示,图中示意了数字视频解码器输出的、符合 ITU-R.601 标准的视频数据帧顺序 $I_1B_2B_3P_4B_5B_6P_7B_8B_9I_{10}$,与视频编码器输出的数字视频编码 ES 帧顺序 $I_1P_4B_2B_3P_7B_5B_6I_{10}B_8B_9$ 二者之间的关系。图中 PS 解复用器实际上是系统解复用器和拆包器的组合,即解复用器将 MPEG-2 的 PS 分解成一个个 PES 包,拆包器将 PES 包拆成视频 ES 和音频 ES,最后输入各自的解码器。系统头提供数据流的系统特定信息,包头与系统头共同构成一帧,用于将 PES 包数据流分割成时间上连续的 PS 包。可见,一个经过 MPEG-2 编码的节目源是由一个或多个视频 ES 和音频 ES 构成的,由于各个 ES 共用一个 27 MHz 的时钟,可保证解码端视音频的同步播出。

例如,一套电影经过 MPEG-2 编码,转换成 1 个视频 ES 和 4 个音频 ES。显然,PS 包长度比较长且可变,用于无误码环境,适合于节目信息的软件处理及交互多媒体应用。但是,PS 包越长,同步越困难,在丢包时数据的重新组成也越困难。显然,PS 用于存储(磁盘、磁带等),演播室,CD-I,MPEG-1 数据流。

3) 传输流(TS)

将具有共同时间基准或具有独立时间基准的一个或多个 PES 组合而成的单一的数据流称为传输流(Transport Stream,TS)。TS 实际是面向数字化分配媒介(有线、卫星、地面网)的传输层接口。对具有共同时间基准的两个以上的 PES 先进行节目复用,然后再对相互可

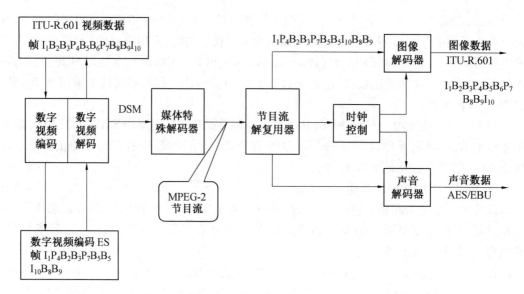

图 6.24 典型节目流解码器

有独立时间基准的各个 PS 进行传输复用,即将每个 PES 再细分为更小的 TS 包,TS 包结构如图 6.25 所示。

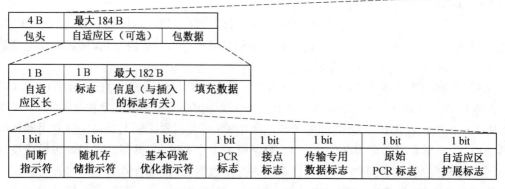

图 6.25 TS 包结构

PID——Packet Identification(包识别);PCR——Program Clock Reference(节目时钟基准)

由图 6.25 可见,TS 包由包头、自适应区和包数据三部分组成。每个包长度为固定的 188 B,包头长度占 4 B,自适应区和包数据长度占 184 B。184 B 为有用信息空间,用于传送已编码的视音频数据流。当节目时钟基准(PCR)存在时,包头还包括可变长度的自适应区,包头的长度就会大于 4 B。考虑到与通信的关系,整个传输包固定长度应相当于 4 个 ATM 包。考虑到加密是按照 8 B 顺序加扰的,代表有用信息的自适应区和包数据的长度应该是 8 B 的整数倍,即自适应区和包数据为 23×8 B=184 B。

TS 包的包头由如图 6.26 所示的同步字节、传输误码指示符、有效载荷单元起始指示符、传输优先、包识别(PID)、传输加扰控制、自适应区控制和连续计数器八个部分组成。其中,可用同步字节位串的自动相关特性,检测数据流中的包限制,建立包同步;传输误码指示

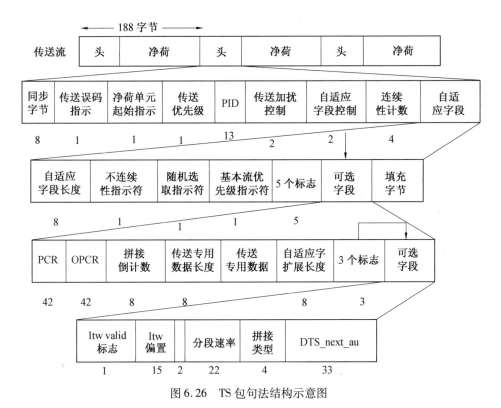

图 6.26 TS 包句法结构示意图

符,是指有不能消除误码时,采用误码校正解码器可表示 1 bit 的误码,但无法校正;有效载荷单元起始指示符,表示该数据包是否存在确定的起始信息;传输优先,是给 TS 包分配优先权;PID 值是由用户确定的,解码器根据 PID 将 TS 上从不同 ES 来的 TS 包区别出来,以重建原来的 ES;传输加扰控制,可指示数据包内容是否加扰,但包头和自适应区永远不加扰;自适应区控制,用 2 bit 表示有否自适应区,即(01)表示有有用信息无自适应区,(10)表示无有用信息有自适应区,(11)表示有有用信息有自适应区,(00)无定义;连续计数器可对 PID 包传送顺序计数,据计数器读数,接收端可判断是否有包丢失及包传送顺序错误。显然,包头对 TS 包具有同步、识别、检错及加密功能。

　　TS 包自适应区由自适应区长、各种标志指示符、与插入标志有关的信息和填充数据四部分组成。其中标志部分由间断指示符、随机存取指示符、ES 优化指示符、PCR 标志、接点标志、传输专用数据标志、原始 PCR 标志、自适应区扩展标志八个部分组成。重要的是标志部分的 PCR 字段,可给编解码器的 27 MHz 时钟提供同步资料,进行同步。其过程是,通过PLL,用解码时本地用 PCR 相位与输入的瞬时 PCR 相位锁相比较,确定解码过程是否同步,若不同步,则用这个瞬时 PCR 调整时钟频率。因为数字图像采用了复杂而不同的压缩编码算法,造成每幅图像的数据各不相同,使直接从压缩编码图像数据的开始部分获取时钟信息成为不可能。为此,选择了某些(而非全部)TS 包的自适应区来传送定时信息。于是,被选中的 TS 包的自适应区,可用于测定包信息的控制比特和重要的控制信息。自适应区无须伴随每个包都发送,发送多少主要由选中的 TS 包的传输专用时标参数决定。标志中的随机存取指示符和接点标志,在节目变动时,为随机进入 I 帧压缩的数据流提供随机进入点,也为插入当地节目提供方便。自适应区中的填充数据是由于 PES 包长不可能正好转为 TS 包的整数倍,最后的 TS 包保留一小部分有用容量,通过填充字节加以填补,这样可以防止缓存器下溢,保持总码率恒定不变。

4)节目特定信息(PSI)

一个 TS 包由固定的 188 B 组成,除了用于传送已编码视音频数据流的有用信息占用 184 B 空间,还需要传输节目随带信息及解释有关 TS 特定结构的信息(元数据),即节目特定信息(Program Specific Information,PSI)。PSI 包括 PID 信息及各 PID 之间的关系,用于说明:一个节目是由多少个 ES 组成的;一个节目是由哪些个 ES 组成的;在哪些个 PID 情况下,一个相应的解码器能找到 TS 中的各个数据包。

这对于由不同的数据流复用成一个合成的 TS 是一个决定性的条件。为了重建原来的 ES,就要追踪从不同 ES 来的 TS 包及其 PID。因此,一些映射结构(Mapping Mechanism),如节目源结合表(PAT)和节目源映射表(PMT)两种映射结构,会以打包的形式存在于 TS 上,即借助于 PSI 传输一串描述了各种 ES 的表格来实现。MPEG 认为,可用四个不同的表格做出区别:

①节目源结合表(Program Association Table,PAT):在每个 TS 上都有一个 PAT,用于定义节目源映射表。用 MPEG 指定的 PID(00)标明,通常用 PID=0 表示。

②条件接收表(Conditional Access Table,CAT):用于准备解密数据组用的信息,如加密系统标识、存取权的分配、各个码序的发送等。用 MPEG 指定的 PID(01)标明,通常用 PID=1 表示。

③节目源映射表(Program Map Table,PMT):在 TS 上,每个节目源都有一个对应的 PMT,是借助装入 PAT 中节目号推导出来的。用于定义每个在 TS 上的节目源(Program),即将 TS 上每个节目源的 ES 及其对应的 PID 信息、数据的性质、数据流之间关系列在一个表里。解码器要知道分配节目的 ES 的总数,因为 MPEG 总共允许 256 个不同的描述符,其中 ISO 占用 64 个,其余由用户使用。

④网络信息表(Network Information Table,NIT):可传送网络数据和各种参数,如频带、转发信号、通道宽度等。MPEG 尚未规定,仅在节目源结合表(PAT)中保留了一个既定节目号"0"(Program-0)。

有了 PAT 及 PMT 这两种表,解码器就可以根据 PID 将 TS 上从不同的 ES 来的 TS 包分别出来。

节目特定信息(PSI)的结构如图 6.27 所示。根据 PID 将 TS 上从不同的 ES 来的 TS 包分别出来可分两步进行:其一是从 PID=0 的 PAT 上找出带有 PMT 的那个节目源,如 Program-1 或 Program-2;其二是从所选择的 PMT 中找到组成该节目源的各个 ES 的 PID,如从 Program-1 箭头所指的 PMT-1 中 ES-2 所对应的 Audio-1 的 PID 为 48,或从 Program-2 箭头所指的 PMT-2 中 ES-1 所对应的 Video 的 PID 为 16。同样,Program-1 的 MAP 的 PID 为 22,ES-1 所对应的 Video 的 PID 为 54;Program-2 的 PMT-2 中 ES-2 所对应的 Audio-1 的 PID 为 81,ES-1 所对应的 Video 的 PID 为 16,MAP 的 PID 为 33;PAT 的 PID 为 0;CAT 授权管理信息(Entitlement Management Message,EMM)的 PID 为 1。这样,就追踪到了 TS 上从不同的 ES 来的 TS 包及其 PID,如图 6.27 所示的 TS 上不同 ES 的 TS 包的 PID 分别为 48,16,22,21,54,0,16,33,1。显然,解码器根据 PID 将 TS 上从不同的 ES 来的 TS 包分别出来的过程,也可以从图 6.28 的 TS 双层解复用结构图中得到解释。要注意,MPEG-2 的 TS 是经过

节目复用和传输复用两层完成的:在节目复用时加入了 PMT;在传输复用时加入 PAT。所以,在节目解复用时,就可以得到 PMT,如图 6.28 中的 ES(MAP)(PMT-1)和 ES(MAP)(PMT-2);在传输解复用时,就可以得到 PAT,如图 6.28 中的 PS-MAP。将图 6.27 与图 6.28 对照,就可以知道解码器是如何追踪到 TS 上从不同的 ES 来的 TS 包及其 PID 的。

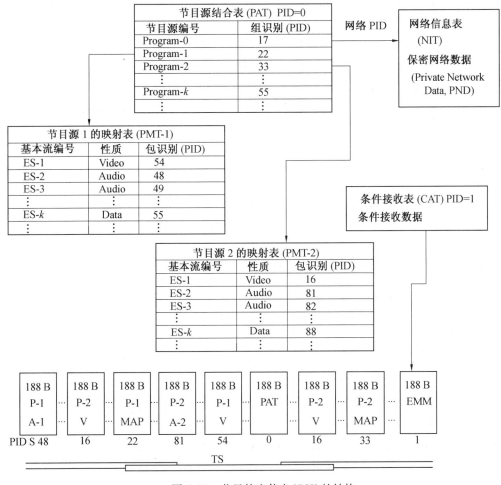

图 6.27 节目特定信息(PSI)的结构

5)系统的复用

多个信号在同一个信道传输而不相互干扰,称为多路复用。如果将第一层的多个多路复用器先分别进行单节目传输复用,而后再进行第二层的多节目传输复用,就形成了双层复用。

图 6.29 是系统双层复用原理图。由图可见,编码器不仅有视频编码器和音频编码器,还有系统编码器。第一层的每个多路单节目传输复用器输入信号有:ITU-R.601 标准数字视频,如视频帧顺序为 $I_1 B_2 B_3 P_4 B_5 B_6 P_7 B_8 B_9 I_{10}$;AES/EBU 数字音频数据;节目专用信息 PSI 及系统时钟 STC 1-N 等控制信号。其中视频编码器、音频编码器和数据提供给系统编码器的是基本流 ES,视频 ES 的帧顺序为 $I_1 P_4 B_2 B_3 P_7 B_5 B_6 I_{10} B_8 B_9$。单路节目的视音频数据流的复用框图如图 6.30 所示。

经过系统编码器加入 PTS 及 DTS,并分别打包成视频 PES、音频 PES,数据本身提供的

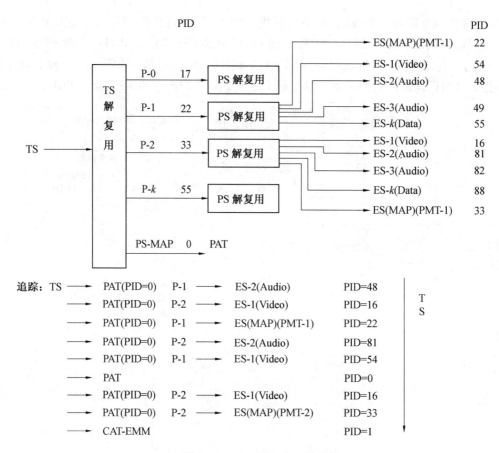

图 6.28 TS 双层解复用结构图

PS-MAP—Program Stream Map；P1-*k*—Program 1-k

就是 PES。PSI 插入数据流，数据加密将有关的调用权、编码密钥通过条件收视表插入 MPEG-2 TS，并将传输复用器从 STC 导出的 PCR 插入相应区段。这些视频 PES、音频 PES、数据 PES 及 PSI，经过加入 PID 及 PCR 的传输复用器后，将输入基本流 ES 分割成传输包片段，并为每个片段配备一个数据头（Header），就形成了一系列的 TS 包。然后，通过各个不同性质的数据流的数据包交织后，输出 MPEG-2 TS，其包含相应传输系统解码器所需要的所有数据。

这样，从第一层的 N 个单节目复用器输出 N 股 MPEG-2 TS，通过各自的传输链路输入第二层多路多节目传输复用器。从 N 路 MPEG-2 TS 中提取出 N 个 PCR，从而再生出 STC 1-N，最后产生出 N 个第二层多路多节目传输复用器用的新 PCR。多节目传输复用器的任务是在分析的基础上，对多套节目复用合成，对数据包时标更新。

因为 MPEG 允许一个 TS 只能有一张节目源结合表 PAT，多节目传输复用器需要对 PSI 表进行分析，以便建立对新数据流适用的 PAT，修正有关数据包中的时间标志，完成时标更新。经过第二层多节目传输复用器复用后，输出 MPEG-2 TS，可以继续通过传输链路传输到解复用器，也可以采用误码保护编码、信道编码、调制技术后，通过卫星、有线电视、地面无线电视传输。

例如，将第二层多节目传输复用的 MPEG-2 TS，经过 QPSK 信道调制上卫星，地面用户

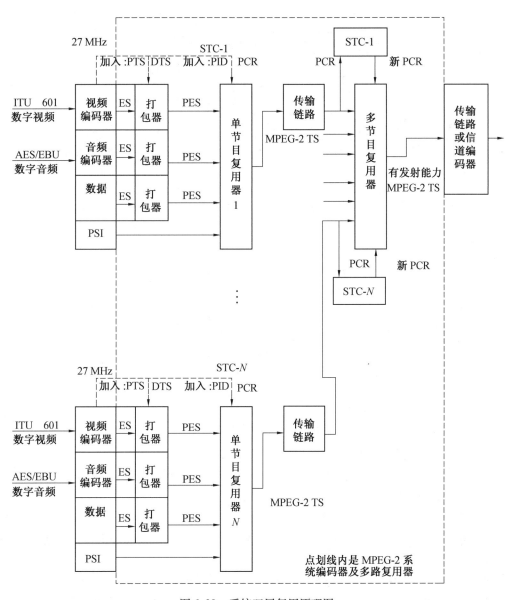

图 6.29　系统双层复用原理图

EBU—European Broadcasting Union(欧洲广播联盟);AES—Audio Engineering Society(音频工程学会);ITU—International Telecommunications Union(国际电信联盟)

通过数字电视接收机的 QPSK 解调器、解复用器、解码器直接接收;有线电视台前端将卫星下行信号先后经过解调器、解复用器、再复用器、QAM 电缆调制器后,馈送至有线电视网,用户数字电视接收机通过 QAM 电缆解调器、解复用器、解码器接收;地面无线电视台将接收的卫星信号先后经过解调器、解复用器、再复用器、COFDM 电缆调制器后,馈送至地面发射台发射,用户可通过数字电视接收机的 COFDM 解调器、解复用器、解码器接收。多路节目视音频数据流的系统复用框图,如图 6.31 所示。

　　由上述可明白:

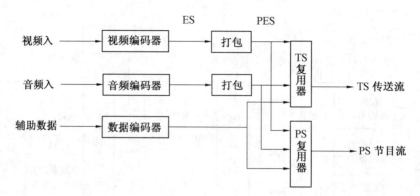

图 6.30　单路节目的视音频数据流的复用框图

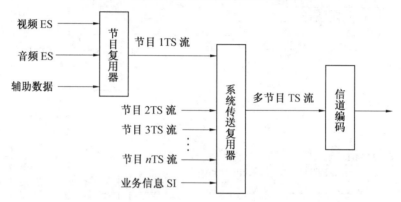

图 6.31　多路节目视音频数据流的系统复用框图

（1）数据流的分割

将一个数据流逐段分割成多个数据包,便利于不同数据流的数据包交织。

（2）节目最小组合

一个电视节目是由多个不同性质的数据流的 ES 组成的,一个电视节目的最小组合为一个视频流,一个音频流,一个带字母、字符的数据流(Teletext),其他信息业务数据流。

（3）PS 与 TS 的区别

节目流 PS 只能由一套节目的 ES 组成,传输流 TS 一般由多套节目的 ES 组成。由于在说明 TS 的基本流时标时,总是针对某一节目而言,因此 TS 选择了节目时钟基准 PCR 的概念,而不是系统时钟基准 SCR。

6）系统的解码

由前述,MPEG-2 系统要解决的问题是:

（1）系统的复用与解复用

MPEG-2 采用时分多路复用技术,让多路信号在同一信道上占用不同的时隙进行存储和传输,以提高信道利用率。

（2）声音图像要同步显示

由于时分多路复用中的位时隙、路时隙、帧之间具有严格的时间关系,这就是同步。区分各路信号以此为据。为了恢复节目,先对 ES 进行解码。声音、图像信号的重现需要同步显示,从而要求收发两端数据流要达到同步。为此,MPEG-2 系统规范通过在数据中插入时间标志来实现:SCR 或 PCR 为重建系统时间基准的绝对时标;在有效 PS 和 TS 产生前,已插入 PES 的 DTS 和 PTS 为解码和重现时刻的相对时标。

(3)解码缓存器无上下溢

MPEG-2 系统是由视音频编码器、编码缓存器、系统编码器及复用器、信道网络编解码器及存储环境编解码器、系统解码器及解复用器、解码缓存器和视音频解码器构成。其中,编码缓存器和解码缓存器延迟是可变的;信道网络编解码器及存储环境编解码器和从视/音频编码器输入到视音频解码器输出,延迟是固定的。这表明,输入视/音频编码器的数字图像和音频取样,经过固定的、不能变的点到点延迟后,应该精确地同时出现在视音频解码器的输出端。编码及解码缓存器的可变延迟的范围就应该受到严格限制,使解码缓存器无上、下溢。

为了解决复用、同步、无溢出问题,需要定义一个系统目标解码器(System Target Decoder,STD)模型。用于解释传输流 TS 解码并恢复基本流 ES 时的过程;用于在复用器数据包交织时确定某些时间的边界条件。因此,每个相应的 MPEG-2 TS 必须借助于专门的解码器模型来解码。图 6.32 为 TS 的系统目标解码器模型。

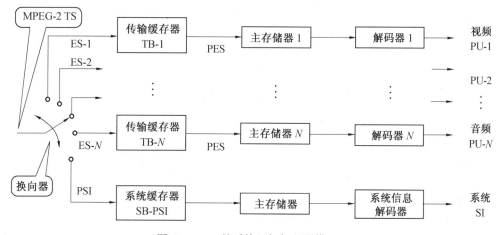

图 6.32　TS 的系统目标解码器模型

PU—Presentaion Unit(显示单元);SI—System Information(系统信息)

STD 与实际解码器的主要差别是:STD 对数据流的操作是瞬时完成的,无须时间延迟。而实际解码器是有延迟的。于是,可以利用这个差别,根据 STD 设计解码器的缓存器的容量。例如,PAL 制视频图像每隔 1/25 s 解码出 1 帧,压缩视频以 4 Mbit/s 码率到达视频解码器。要完全移走 1 帧图像,视频解码器比 STD 的时间要延迟 1/25 s,其缓存器容量要比 STD 规定容量大 4 Mbit/s×1/25 s=0.16 Mbit。相对于 STD,视频解码及显示有延迟,音频解码及显示也应延迟同样的时间,以便视音频正确同步。

要防止 STD 上溢或下溢,首先要确定解码延迟时间。为此,就要找出第一个 DTS 字段值与起始 SCR 字段值的差值。这个差值指出解码器第一个 I 帧在复用数据流第一个 SCR 字段的最后一个字节之后的解码的时刻。利用 I 帧和 P 帧编码时间和显示时间的不同时性,计算出 PTS 与 DTS 的时间差,从而确定 P 帧在重新排序缓存器中存储的时间,或 P 帧在重新排序缓存器中停留多长时间后开始解码。只要在解码器开始解码前,完全传送完一个存取单元,就不会产生下溢。若每个存取单元在解码前瞬时的缓存器最大充满度与 STD 数据流缓存器容量大小比较适配,就不会产生上溢。

由图 6.32 可见,MPEG-2 TS 包含 N 个 ES 的数据。按照 PID 值,根据 ES 的性质是视频的还是音频的或系统的,通过换向器,将每个相关数据包切换到相应路径,并分别传送给各个传输缓存器(Transport Buffer,TB)。如视频 ES 输入到传输缓存器 TB-1,音频 ES 输入到传输缓存器 TB-N,PSI 输入到系统缓存器 SB-PSI,从 STD 输入端传送到 TB 或 SB 是瞬时的。

TB 的容量略大于 2 个传输流包的相应长度,MPEG 规定为 512 B,这有利于较高复用器码率与较低解码存储器存取速度相适应,因缓存器读出采用较低的 ES 速率就可以实现。之所以要采用 ES 速率,是因为要降低解码硬件对处理器支持的 PSI 信息分析的复杂性,从而规定缓存器读出速度最大不超过传输速率 0.2%。视频基本数据流从 TB-1 输出时,由于包头再也不能识别 TS 数据包结构,并已去除了全部相关传输记录信息,同时误差指示器查询可能有的包误差。因此,要抛弃 PES 包头,并将所有存储在 TB-1 中的 PES 包的净负荷数据全部送到主存储器 1,以便为解码器 1 提供数据。净负荷数据从 TB-1 传送到主存储器 1 是瞬时完成的。

DTS 标明从 STD 的 ES 解码缓存器移走存取单元全部数据的时刻。对输入到主存储器 1-N 的所有存取单元的数据,都必须在 DTS 规定的瞬时移走。解码器 1-N 及系统信息解码器的解码是瞬时完成的。顺便说明的是:传输数据包的同时,应将误差信息传送给解码器,以便对数据内容解扰,至于对内容的进一步解码,已不是传输解码器的事情。数据解压缩、显示单元重建及在正确的显示时间显示已同步的序列,是解码系统的任务。

PTS 标明 STD 出现显示单元(PU)的时间,显示之前,I 帧和 P 帧需要经过重新排序缓存器的延迟。

节目专用信息 PSI 包括节目源结合表 PAT(PID=0)、条件接收表 CAT(PID=1)、节目源映射表 PMT。由于 PSI 的数据量比较小,系统缓存器 SB-PSI 的规模限制在 1 536 B。到达系统信息解码器的 PSI 传输流,在该解码器中检查所期望节目的相关信息。解码器通过 PSI 表了解来自数据流的哪些数据包,即数据中哪些 PID 应继续传送,其余不期望的节目数据包可忽略。显然,存储在节目源映射表 PMT 中的 PID 值,是用于检测 TS 内所需要的数据包的。

6.3.3 MPEG-4 标准

1. MPEG-4 概述

(1)特点

MPEG-4 标准于 1999 年发布,2003 年发布的 MPEG-4 标准第十部分采纳了联合视频小组 JVT 制定的 H.264 标准。MPEG 小组试图把 MPEG-4 制定成为一个支持多种媒体应用、支持基于内容的访问、支持根据应用要求现场配置解码器的标准。MPEG-4 具有以下特点:

①视频对象编码,这是一个新概念,使得视频场景对象和背景对象能独立地进行编码。

②支持 4:2:0,4:2:2,4:4:4 的逐行扫描和隔行扫描视频序列编码,核心的编码工具是基于 H.264,编码性能优于 MPEG-2。

③多种新的功能,例如基于内容的交互性、传输错误的鲁棒性、基于对象的时间和空间

可扩展性。

④开放性与兼容性,MPEG-4并不是开发指南,而是为了不同制造商的编解码器提供兼容性。MPEG-4定义了比特流格式和体系框架,而不是具体算法,允许技术竞争和改进,例如视频分割和比特率控制部分。可根据具体应用要求来现场配置解码器,同时其编码系统也是开放的,可以随时加入新的有效编码算法。

⑤专业级应用的编码,例如演播室质量的视频编码等。

MPEG-4共有16个部分,包括发布和未发布的,主要有系统、音频、视频、一致性测试、参考软件等,下面简要介绍第一部分视频,第十部分将在6.4.4小节H.264中进行介绍。

(2)数据类型

MPEG-4标准处理的数据类型主要有:

①运动视频(矩形帧)。

②视频对象(任意形状区域的运动视频)。

③二维和三维的网格对象(可变形的对象)。

④人脸和身体的动画。

⑤静态纹理(静止图像)。

(3)编码工具

为了实现高效压缩编码的目的,MPEG-4标准采用了更先进的压缩编码算法,提供了更为广泛的编码工具集。MPEG-4视频部分包括一个核心编解码模型和大量的附加工具,其核心模型基于DPCM/DCT模型,通过附加的编码工具来扩展系统的性能,例如更高的编码率、更高的传输可靠性和更广泛的应用等。

任何单一的应用不太可能需要MPEG-4视频框架中的所有工具,为此,可通过工具、对象和档次的组合来提供编码功能。一个工具是支持某种编码(例如基本的视频编码、隔行扫描的视频编码、对象形状的编码等)的编码工具的子集。

(4)视频对象

一个对象是一个使用一种或多种工具的视频元素(例如矩形帧序列、任意形状区域序列、一幅静止图像等)。视频序列是一个或多个视频对象的集合。MPEG-4对视频对象(VO)的定义是:用户是可以访问(例如定位和浏览)和操纵(例如剪切和粘贴)的实体。视频对象是持续任意长时间的、任意形状的视频场景的区域。视频对象可以是视频场景中的某一个物体或者某一个层面,如新闻解说员的头肩像,即自然视频对象;也可以是计算机产生的二维、三维图形,即合成视频对象;还可以是矩形帧。一个视频序列可能包含多个分离的背景对象和前景对象。按对象的形状划分,视频对象可分为矩形的视频对象和任意形状的视频对象。分离出的视频对象可单独进行处理,视频对象可用不同的视频质量和时间分辨率来编码,反映它们使用针对任意形状对象的工具进行编码。

2. 数据组织和编码框架

MPEG-4把视频序列看作是视频对象的集合,对视频序列进行编码,就是对所有的视频对象进行编码,因此,MPEG-4的码流结构也是以视频对象为中心的。按照从上至下的顺序,MPEG-4采用视频序列、视频会话(VS)、视频对象(VO)、视频对象层(VOL)、视频对象平面组(GOV)和视频对象平面(VOP)的六层结构,如图6.33所示。其中一个视频序列由多个视频会话组成,一个视频会话则由多个视频对象组成。MPEG-4支持对象的可分级编码,一个对象可以编码成一个基本层和一个或多个增强层,视频对象层 VOP 即指该基本层或增强层,如果不采用分级编码,则可以认为 VO 与 VOP 等价。视频对象层 VOP 是视频对象 VO 某一个时刻的实例,处于一帧图像中,根据采用编码方式的不同,可以分为 I-VOP,P-VOP,B-VOP 三类,定义与 I 帧、P 帧、B 帧类似。视频对象平面组 GOV 由时间表上连续的多个 VOP 组成,用于提供码流的随机访问点。

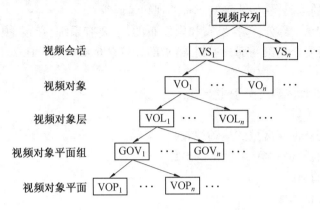

图 6.33   MPEG-4 分层数据结构

MPEG-4 以对象为基本编码单位,对一系列 VOP 的纹理、形状和运动信息进行编码。MPEG-4 的编码框图如图 6.34 所示。首先,编码器的对象分割单元分析输入的视频,按照某种方法把视频分割成多个 VO,然后编码器对每个视频对象平面 VOP 进行纹理、运动和形状编码,最后利用码流复用器组织码流。如果对象为矩形帧,则不需要进行形状编码。

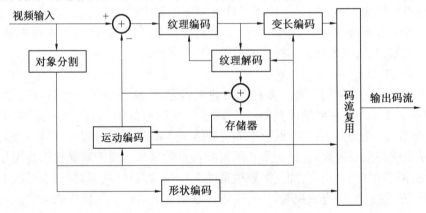

图 6.34   MPEG-4 的编码框图

6.3.4   MPEG-7 标准

网络的快速发展使多媒体信息成为人们最大需求,为了适应对多媒体内容检索日益增长的需求,以及基于内容的多媒体检索自身发展的需要,对多媒体对象的特征描述进行规范,2001 年 9 月,MPEG 专家组正式发布了 MPEG-7 国际标准。

MPEG-7 是一种致力于音视频文件内容描述的标准,正式名称是"多媒体内容描述接口",其目标是产生一整套可用于描述多种类型的多媒体信息的标准,它规范一组"描述符",用于描述各种多媒体信息,也将对定义其他描述符以及结构的方法进行标准化。不同于 MPEG-1,MPEG-2 和 MPEG-4 标准,MPEG-7 的目标是对不同类型的多媒体信息进行标准化描述,并将该描述与所描述的内容相联系,以实现快速有效的基于内容的检索,而基于内容的多媒体信息检索是网络技术与多媒体技术结合发展的必然趋势。MPEG-1,MPEG-2,MPEG-4 使内容成为可利用的,而 MPEG-7 为的是能够找到所需要的内容。

关于 MPEG-7 的详细介绍见 8.3 节。

6.3.5　MPEG-21 标准

随着多媒体技术的迅猛发展,运营商为各自的用户提供了丰富的信息和媒体业务,用户几乎可以随时随地享受这些服务,但是对于不同网络之间用户的互通问题,至今仍没有成熟的解决方案。为了解决上述问题,MPEG 从 2000 年 6 月开始着手定义 21 世纪多媒体应用的标准化技术——MPEG-21。

MPEG-21 的研究目标就是分析是否需要和如何将相关的协议、标准和技术等不同的组件有机地结合起来,分析在技术、标准、协议的融合中是否需要新的标准规范,如果需要融合或制定新的标准,那么如何将这些不同的标准集成在一起,组成综合统一的、高效集成的和透明交互的多媒体框架,通过这种多媒体框架对多媒体信息资源进行透明和增强使用,实现内容创建、表示、识别、描述、发布、消耗、使用、知识产权管理和保护、财政管理、用户隐私权保护、终端和网络资源抽取、事件报告等功能。

1. MPEG-21 的基本框架

MPEG-21 的基本框架包括数字项说明、多媒体内容表示、数字项的识别与描述、内容管理与使用、知识产权管理与保护、终端与网络、事件报告等要素。

（1）数字项说明

数字项说明(Digital Item Declaration)的目的是建立数字项统一和灵活的摘要和数字项的可互操作性方案。在 MPEG-21 的系统中有许多问题涉及"数字项",所以对于数字项的定义应有一个具体的描述。显然对于同一内容有许多描述方法,因此希望能有一个强有力的、方便的数字项模型来表示无数种形式中的数字项的描述。如果模型产生的数字项能够不模糊地表示并且可以与模型中定义的其他数字项互操作,则这个模型是有用的。

（2）多媒体内容表示

MPEG-21 提供的内容表示可以通过分级的和错误恢复方法有效地表示任何数据类型。多媒体场景的不同元素可以单独地访问,可以同步和复用,也允许各种各样的交互式访问。框架中的内容可以编码、描述、存储、传送、保护、交易、消费等。尽管框架中的内容是数字化的,但还需要满足不同需求的内容数字表示,这些需求通过未压缩的数据格式是不能完成的。在 MPEG-21 中,多媒体内容表示可完成对 MPEG-21 基本对象的表示。

（3）数字项的识别与描述

MPEG-21 中数字项识别与描述将提供如下的功能:精确、可靠和独有的识别;不考虑自然、类型和尺寸的情况实现实体的无缝(Seamless)识别;相关数据项的稳固和有效的识别方法;任何操作和修改下数字项的 ID 和描述都能够保证其安全性和完整性;自动处理授权交易、内容定位、内容检索和内容采集等。

（4）内容管理与使用

MPEG-21 框架能够对内容进行建立、操作、存储和重利用。随着时间的发展,网络的内容及对内容的存取需求将呈指数式增长。MPEG-21 的目的是通过各式各样的网络和设备透明地使用网络内容,所以对于内容的检索、定位、缓存、存档、跟踪、发布以及使用则显得越来越重要。

(5)知识产权管理与保护

MPEG-21 多媒体框架将提供对数字权利的管理与保护,允许用户表达他们的权利、兴趣以及各类与 MPEG-21 数字项相关的认定等,可通过大范围的网络和设备对这些权利、兴趣和认定事项提供可靠的管理和保护。同时在某种程度上获得、编辑、传播相关的政策、法规、和约以及文化准则,从而建立针对 MPEG-21 数字权利的商业社会平台。此外,还有可能提供一个统一的领域管理组织和技术用以管理与 MPEG-21 交互的设备、系统和应用等,提供各种商业交易的服务。

(6)终端与网络

MPEG-21 通过屏蔽网络和终端的安装、管理和实现问题,使用户能够透明地进行操作和发布高级多媒体内容。它支持与任意用户的连接,可根据用户的需求提供网络和终端资源。网络和终端根据内容的要求提供内容的可分级性功能。MPEG-21 的目标是支持大范围的网络设备对多媒体资源的透明使用而不必考虑网络和终端。用户在存取内容时应提供一个明确的主题感知服务,他们应屏蔽于网络和终端的安装、管理和应用等相关问题。随着多种网络如有线、无线、GPRS,xDSL,LMDS,MMDS 等的到来,使用上的方便性越来越重要,使用户可以在不管内容在网络的终端上如何传输的情况下根据服务质量(Quality of Service,QoS)获得服务。

(7)事件报告

事件报告能使用户精确理解框架中所有可报告事件的接口和计量。事件报告将为用户提供特定交互的执行方法,同样允许大量超范围的处理,允许其他框架和模型与 MPEG-21 实现互操作。

2. MPEG-21 中的关键问题

MPEG-21 在以下三个方面有 12 项关键问题在用户交互时必须加以解决。

(1)网络方面

①网络传送:包括网络传送的带宽和速率、网络的一致性和可靠性、数据流控制、延迟、差错率、存取时间、移动性、性价比、连通性等。

②服务和设备的易用性:涉及智能化、综合连接、设备兼容性、不同平台之间互操作性、国际兼容性、设备之间分布式智能化等。

③物理媒体格式的互操作性:包括与内容无关的格式、后向兼容格式、媒体的寿命、不同平台的存储介质以及介质间的内容传输等。

④多平台的编解码:在不同类型或不同参数的(软硬件)平台上回放内容,保证不同编解码模式对用户的透明性等。

(2)内容和质量方面

①服务质量和灵活性:包括可靠性、质量检测、用户感知的质量、信息集成、易用性、对用户需求的动态响应、可预测性和连续性、服务的可接入性等。

②内容表示的质量:包括完整性、保真性和用户感知质量的检测、价格的一致性、真实性、持续性和时效性等。

③内容艺术性方面的质量:涉及品牌、来源、丰富性、评论等。

④内容的过滤、定位、检索和存储:包括一致的内容标记、描述和查询的响应时间,在内容选择上的个性化服务,搜索的完整性、有效性、可信性,内容真实性的认证、等级与分类,以及对内容的组织管理等。

（3）消费者方面

①付费与订购模型:包括免费服务以收听广告或给出个人数据的免费服务、租借、分类付费、点播、每项服务的签署、简单明了的收费模型、支付的验证等。

②消费者信息发布:包括内容的保护和管理、自创内容的可存取性、版权购买等。

③消费者使用权限:包括消费者对内容的拥有、使用、复制、编辑等权限的管理。

④消费者隐私保护:保护内容的消费者、创建者和提供者之间个人交易的隐私。

3. MPEG-21 的应用

（1）用户需求

MPEG-21 将实现综合统一的、高效集成的和透明交互的多媒体框架,MPEG-21 将用户需求归结成两大类:一是为 MPEG-21 的广泛应用而发展新的技术标准;二是为现有其他或者未来的技术标准和服务提供标准接口,如为 XML,MPEG-1,MPEG-2,MPEG-4,MPEG-7,TCP/IP 等标准提供应用于 MPEG-21 多媒体框架中的标准接口,并为未来的技术标准和多媒体服务提供应用于 MPEG-21 多媒体框架中的扩展接口。具体的用户需求有:内容传送和价值传送的安全性、内容的个性化、数字项的理解、内容完整性的保证、兼容物理媒体格式的交互操作、对系列标准之外的平衡和支持、其他多媒体框架的引入以及两者之间的互操作、MPEG-21 的标准功能及各个部分通信性能的计量、价值传送链中的商业规则、多媒体信息资源的透明和增强使用、内容交易的跟踪、商业处理过程视图的提供、通用商业内容处理库标准的提供、商业与技术独立发展的考虑、新商业模型的建立和使用、用户信息发布、用户权利保护、用户隐私保护等。

（2）应用前景

从 MPEG-1,MPEG-2,MPEG-4 到 MPEG-7,MPEG 标准不断显示出其优势和作用,目前 MPEG 标准正在向整个多媒体领域扩展,MPEG-21 作为一个有关多媒体框架及其综合应用的全新的多媒体框架标准,远远超出了一个统一的活动图像压缩标准的范畴,可为多媒体信息的用户提供综合统一的、高效集成的和透明交互的电子交易和使用环境,能够解决如何获取、如何传送各种不同类型的多媒体信息,以及如何进行内容的管理、各种权利的保护、非授权存取和修改的保护等问题,为用户提供透明的和完全个性化的多媒体信息服务,MPEG-21 将在多媒体信息服务和电子商务活动中发挥空前的重要作用。

6.4　H.26X 标准

H.26X 是由 ITU-T 制定的视频编码标准,具有编码效率较高和比特率低等优点,广泛应用于视频通信的各个领域,主要有 H.261,H.262,H.263,H.264 等。

6.4.1　H.261 标准

H.261 发布于 1990 年 12 月,是 ITU-T 针对在 ISDN 上实现电信会议应用特别是面对面的视频电话、视频会议等要求实时编解码和低时延应用提出的第一个视频编解码标准。其编码时基本的操作单位称为宏块。实际的编码算法类似于 MPEG 算法,但不能与后者兼容。实际上 H.261 标准仅仅规定了如何进行视频的解码(后继的各个视频编码标准也继承了这种做法)。这样,开发者在编码器的设计上拥有相当的自由来设计编码算法,只要他们的编码器产生的码流能够被所有按照 H.261 规范制造的解码器解码就可以了。

ITU-T H.261 建议所用技术为:首先用二维(8×8)离散余弦变换(DCT)解除帧内的相关,再对变换域进行 z 字型扫描,并用游程编码(RLC)对量化后为零的系数进行编码,应用运动估计来提高相关帧间的预测,以减少帧间的冗余度。

H.261 标准的码率为 $P \times 64$ kbit/s,其中 P 为整数,且 $1 \leqslant P \leqslant 30$,对应的码率为 64 kbit/s ~ 1.92 Mbit/s。通常,当 $P = 1$ 或 2 时,只支持四分之一中间格式(Quarter CIF, QCIF)每秒帧数较低的视频电话业务,$P \geqslant 6$ 时,可支持 CIF 图像格式的视频会议业务。H.261 只对 CIF 和 QCIF 两种图像格式进行处理,每帧图像分成图像层、宏块组(GOB)层、宏块(MB)层、块(Block)层来处理。

H.261 有两种压缩编码模式,即帧内编码和帧间编码。帧内编码模式类似于 JPEG 静止图像压缩方法,即以逐块 DCT 编码为基础。帧间编码模式主要是为了去除电视信号的帧间相关性。在帧间模式下,首先进行带有或不带有运动补偿(MC)的时间预测,然后对帧间预测误差进行 DCT 编码。每种模式都提供了多个选项,如改变量化器比例参数、使用带有 MC 的滤波器等。

1. 分层结构

ITU-T H.261 编码器可以看为一个四层结构的系统,这四层分别为:图像层(PL)、块组层(GBL)、宏块层(MB)和基本块层(FBL),如图 6.35 所示。

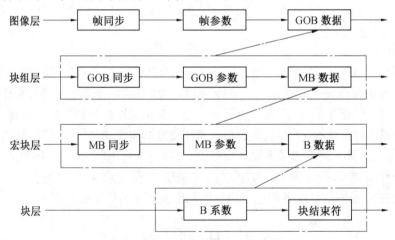

图 6.35　H.261 图像分层结构

基本块由(8×8)的像素组成,上一级为用于运动估计的宏块,采用四层结构格式的好处是可以避免一整帧数据的丢失。

H.261 标准规定了两种图像扫描格式,通用中间格式(CIF)和四分之一中间格式(QCIF)。其参数见表 6.9。

表 6.9　解析度 CIF/QCIF 格式参数

参　　数	CIF	QCIF(1/4)
Y 有效取样点数	352 点/行	176 点/行
U,V 有效取样点数	176 点/行	88 点/行
Y 有效行数	288 行/帧	144 行/帧
U,V 有效行数	144 行/帧	72 行/帧
块组层数	12 组/帧	3 组/帧

在 H.261 中,其四层结构对应的亮度信号 Y 的 CIF 结构为:

①图像层:352×288 像素(1 584 个基本块)。

②块组层:176×48 像素(132 个基本块)。

③宏块层:16×16 像素(4 个基本块)。

④基本块层:4×4 像素(基本块)。

在 QCIF 中,下 3 层与 CIF 相同,而其图像层为 CIF 的 1/4(176×144 像素)。对于 CIF 结构,它的每一层均由头信息和下一层的数据组成,头信息为各种控制信息,其结构如图 6.36所示。图像层和块组层的开始代码(PSC 和 GBSC)用于解码器对有错误的传输进行同步。

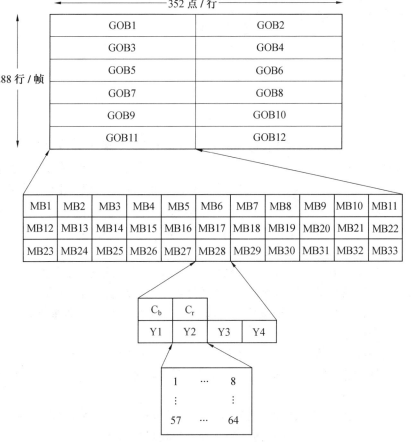

图 6.36　H.261 的码流结构

CIF 和 QCIF 格式都便于与不同电视标准之间的相互转换。

2. 视频编/解码器原理

H.261 的编码器框图如图 6.37 所示。图中,两个模式选择开关用来选择编码模式,编码模式包括帧内编码和帧间编码两种,若两个开关均选择上方,则为帧内编码模式;若两个开关均选择下方,则为帧间编码模式。

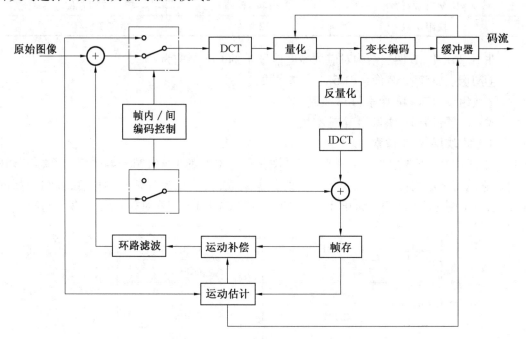

图 6.37 H.261 的编码器框图

H.261 压缩编码方法包括具有运动补偿的帧间预测、块 DCT 和霍夫曼编码。输入图像(帧内模式)或预测误差(帧间模式)被划分为 8×8 像素的子块,根据情况分为传块或不传块。4 个 Y 子块(亮度块)和 2 个空间上对应的色差子块(色度块)组成一个宏块。对于编码模式的选择以及块的传输与否,H.261 没有做规定,作为编码控制策略的一部分,所传送的子块需要进行 DCT 变换,变换后的系数经过量化后再进行变长编码。

(1)具有运动补偿的帧间预测

当图像中存在着运动物体时,需要考虑具有运动补偿的预测才能达到好的压缩效果。

H.261 的运动预测以宏块为单位,由亮度分量来决定运动矢量,匹配准则有最小绝对值误差、最小均方误差、归一化互相关函数等,标准并没有限定选用何种准则,也没有限定使用何种搜索方法进行搜索。

具有运动补偿的帧间预测器原理如图 6.38 所示,主要包括以下几部分:

①图像分割:把图像划分为静止背景和若干运动物体,同一运动物体的所有像素的位移相同。

②位移矢量估计:考察前后两帧,利用运动估计值计算运动物体的位移矢量。

③运动补偿:用位移矢量补偿物体的运动效果再进行预测。

④编码:除了对预测误差进行编码、传送外,还需传送位移矢量以及图像分割等附加信息。

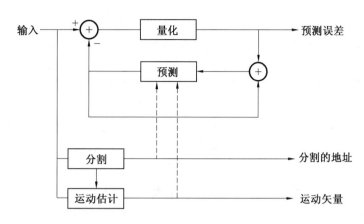

图 6.38　具有运动补偿的帧间预测器原理

（2）DCT 变换与量化

H.261 标准对 DCT 系数采用两种量化方式。对帧内编码模式所产生的直流系数,用步长为 8 的均匀量化器进行量化;对其他所有的系数,则采用设置了死区的均匀(线性)量化器来量化,量化器的步长 T 为 2～62。所有在死区内的系数均被量化为 0,其他的系数则按照设定的步长进行均匀量化。

标准规定,在一个宏块内除了采用帧内编码所得的直流系数外,所有其他系数采用同一个量化步长。宏块间可以改变量化步长。

（3）编码

H.261 视频编码分为帧内编码和帧间编码。若画面内容切换频繁或运动剧烈,则帧间编码不能得到好的编码效果,需要使用帧内编码。显然,起始帧和场景更换后的第一帧也必须采用帧内编码。为了控制帧间编码和传输误码可能引起的误差扩散,标准规定一个宏块最多只能连续进行 132 次帧间编码,其后必须进行一次帧内编码。

6.4.2　H.262 标准

H.262 是由 ITU-T 的 VCEG 组织和 ISO/IEC 的 MPEG 组织联合制定的,制定完成后分别成为两个组织的标准,即 H.262 在技术内容上和 ISO/IEC 的 MPEG-2 视频标准(正式名称是 ISO/IEC 13818-2)一致。

H.262 通常用来为广播信号提供视频和音频编码,包括数字卫星电视、有线电视等。然而,类似于 xDSL,UMTS(通用移动系统)技术只能提供较小的传输速率,甚至 DVB-T,也没有足够的频段可用,提供的节目很有限。随着高清电视的引入,迫切需要高压缩比技术的出现。

6.4.3　H.263 标准

H.263 标准制定于 1995 年,是 ITU-T 针对 64 kbit/s 以下的低比特率视频应用而制定的标准。H.263 最初设计为基于 H.324 的系统进行传输(即基于公共交换电话网和其他基于电路交换的网络进行视频会议和视频电话)。它的基本算法与 H.261 大体相同,但进行了许多改进,使得 H.263 标准获得了更好的编码性能。当比特率低于 64 kbit/s 时,在同样比特率的情况下,与 H.261 相比,H.263 可以获得 3～4 dB 的质量改善。

H.263 的改进主要包括支持更多的图像格式、更有效的运动预测、效率更高的三维可变长编码代替二维可变长编码以及增加了四个可选模式;H.263 标准在低码率下能够提供比 H.261 更好的图像效果;运动补偿使用半像素精度;数据流层次结构的某些部分在 H.263 中是可选的,使得编解码可以配置成更低的数据率或更好的纠错能力,H.263 支持五种分辨率等。

H.263 的第一版于 1995 年完成,在所有码率下都优于之前的 H.261。之后还有在 1998 年增加了新的功能的第二版 H.263+,或者叫 H.263v2,以及在 2000 年完成的第三版 H.263 ++,即 H.263v3。

H.263 只有五种图像格式,H.263+允许使用更多的源格式,图像时钟频率也有多种选择,拓宽应用的范围。H.263+保持了原先版本 H.263 的所有技术,可扩展性增强,允许多显示率、多速率和多分辨率,提高了编码效率,增强了视频信息在易误码、易丢包异构网络环境下的传输能力,增强了应用的灵活性。

H.263 同 H.261 标准一样,是采用运动补偿加 DCT 的混合编码方法,但它参照 MPEG 标准引入了 I 帧、P 帧、PB 帧(选项)三种帧模式和 INTER(帧间编码)、INTRA(帧内编码)两种编码模式:其中 I 帧总是以 INTRA 模式编码,P 帧(及 PB 帧中的 P 图像)可以采用 INTRA 或 INTER 模式进行编码。具体选用哪种模式由运动补偿算法决定。PB 帧中的 B 图像总是选用 INTER 模式编码,采用双向预测。

为了提高压缩比,H.263 较 H.261 又采取了一些新的措施,取消了 H.261 中可选的环路滤波器,将运动补偿的精度提高到半像素精度;改进了运动估值方法,充分利用了运动矢量的相关性来提高预测质量,减轻块效应;精减了部分附加信息的编码,提高了编码效率;采用三维霍夫曼编码、算术码来进一步提高压缩比。

1. 数据组织与系统框架

H.263 系统支持五种图像格式,见表 6.10。H.263 规定,所有的解码器必须支持 Sub-QCIF 和 QCIF 格式,所有的编码器必须支持 Sub-QCIF 和 QCIF 格式中的一种,是否支持其他格式由用户决定。

表 6.10　H.263 图像格式参数

参　数	Sub-QCIF	QCIF	CIF	4CIF	16CIF
Y 有效取样点数	128 点/行	176 点/行	352 点/行	704 点/行	1 408 点/行
U,V 有效取样点数	64 点/行	88 点/行	176 点/行	352 点/行	704 点/行
Y 有效行数	96 行/帧	144 行/帧	288 行/帧	576 行/帧	1 152 行/帧
U,V 有效行数	48 行/帧	72 行/帧	144 行/帧	288 行/帧	576 行/帧
块组层数	6 组/帧	9 组/帧	18 组/帧	18 组/帧	18 组/帧

H.263 视频复用规定为分级结构,共四层。从顶向下的层为:图像层、宏块组层、宏块层和块层。H.263 块组结构见表 6.11。

表 6.11　H.263 块组结构

参　数	Sub-QCIF	QCIF	CIF	4CIF	16CIF
MB 数/GOB	8	11	22	88	176
Y 行数/GOB	16	16	16	32	64

每一帧图像数据由图像头跟上宏块组数据、再加上后面的序列结束码和填充比特构成；每个宏块组数据由 GOB 头部加上后面的宏块数据组成；宏块数据由宏块头部和后面的块数据组成；如果不在 PB 模式下,宏块由 4 个亮度块(8×8)和 2 个色差信号块共 6 个块构成,一个块是进行 DCT 变换的单元。

2. 运动预测

(1)半像素精度运动矢量预测

H.263 采取的是混合编码技术,即用帧间预测减少时间冗余,用变换编码减少残差信号的空间冗余,相应的编码器具有运动补偿的能力。H.263 采用树结构的运动补偿和半像素精度运动估计,如图 6.39 所示。

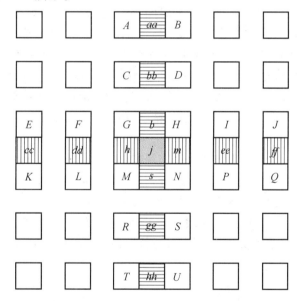

图 6.39　半像素预测

半像素点 b 是由其周围水平方向的六个整像素 E,F,G,H,I 和 J,经下面的公式计算生成的:

$$b = \text{round}(E-5F+20G+20H-5I+J) \div 32$$

垂直方向的计算方法与水平方向相同。h 是由 A,C,G,M,R 和 T 滤波后生成的。水平和垂直方向的半像素计算完成后,对角线方向的半像素由其周围的 6 个已经计算完成的水平或垂直半像素计算得出(水平和垂直方向计算的结果是一样的)。j 可以由 cc,dd,h,m,ee 和 ff 点经 FIR 滤波后得出。

(2)运动矢量的差分编码

对分块运动补偿来说,运动矢量是模型的必要参数,必须一起编码加入码流中。由于运动矢量之间并不是独立的(例如属于同一个运动物体的相邻两块通常运动的相关性很大),通常使用差分编码来降低码率。这意味着在相邻的运动矢量编码之前对它们作差,只对差分的部分进行编码。

3. 可选模式

除上述缺省模式外,H.263还给出了四种可选模式,供用户选择使用。

(1)无限制运动矢量模式

运动矢量可以指向图像以外的区域。当某一运动矢量所指的参考宏块位于编码图像之外时,就用其边缘的图像像素值来代替。当存在跨边界的运动时,这种模式能取得很大的编码增益,特别是对小图像而言。另外,这种模式包括了运动矢量范围的扩展,允许使用更大的运动矢量,这对摄像机运动特别有利。

(2)基于语法的算术编码模式

相应的变长编译码可以用算术编译码替代,可以在较小的比特率下获得同等的图像质量。但编译码器的复杂度有所提高。

(3)先进预测模式

运动补偿技术是去除活动图像序列的时间相关性、实现视频数据压缩的有效工具。块匹配算法因其简单而有效被用于多个视频编码国际标准。H.263建议提供了一种先进预测模式。在此模式下,运动估计是基于8×8的像素块进行的,每个块的运动矢量的搜索范围为[-8,+7.5]个像素,精度到半个像素。每个宏块(16×16)共4个运动矢量,分别用于4个8×8的子块译码器根据预定义的加权表采用交叠运动补偿技术得到预测像素值。此模式缩小了运动估值单元的大小,提高了运动估计精度,而且通过交叠加权补偿技术改善了译码图像质量。

先进预测模式的关键是在发方将每个宏块(16×16)分为4个8×8的像素子块;每个子块独立进行运动估计,产生4个运动矢量,分别进行差分编码。每个矢量的差分编码值由其水平和垂直分量分别减去预测因子而获得;而预测因子分别取自3个候选预测因子的水平和垂直分量的中值。这3个候选预测因子是3个已被译码的相邻像素子块(8×8)的运动矢量。在收方采取相同的方式恢复各个子块的运动矢量。矢量差分编码的候选预测因子如图6.40所示。

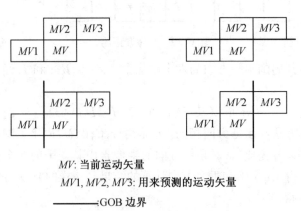

MV: 当前运动矢量

MV1, MV2, MV3: 用来预测的运动矢量

————: GOB边界

图6.40　候选预测因子定义

图 6.40 中, MV 为分别对应宏块 (16×16) 的像素子块 (8×8) 的运动矢量, $MV1, MV2,$ $MV3$ 是 3 个候选预测因子。

收方在恢复像素值时, 每个像素的亮度值是 3 个预测亮度值的加权和(像素的色差值的恢复不进行交叠加权)。这 3 个预测亮度值分别由 3 个运动矢量进行匹配获得: 一个是本子块的运动矢量, 另外两个是在水平和垂直方向离此像素最近的邻近子块的矢量。例如, 像素位于本块的左上角, 则这 3 个运动矢量属于本块, 位于本块上方的块和位于本块左方的块, 建议提供的加权表见表 6.12, 其中, 表(a)用于本块矢量; 表(b)用于垂直方向的矢量; 表(c)用于水平方向的矢量。

表 6.12　加权表

	(a)									(b)									(c)						
4	5	5	5	5	5	5	4		2	2	2	2	2	2	2	2		2	1	1	1	1	1	1	2
5	5	5	5	5	5	5	5		1	1	2	2	2	2	1	1		2	2	1	1	1	1	2	2
5	5	6	6	6	6	5	5		1	1	1	1	1	1	1	1		2	2	1	1	1	1	2	2
5	5	6	6	6	6	5	5		1	1	1	1	1	1	1	1		2	2	1	1	1	1	2	2
5	5	6	6	6	6	5	5		1	1	1	1	1	1	1	1		2	2	1	1	1	1	2	2
5	5	6	6	6	6	5	5		1	1	1	1	1	1	1	1		2	2	1	1	1	1	2	2
5	5	5	5	5	5	5	5		1	1	2	2	2	2	1	1		2	2	1	1	1	1	2	2
4	5	5	5	5	5	5	4		2	2	2	2	2	2	2	2		2	1	1	1	1	1	1	2

先进预测模式与传统块匹配算法的最大区别在于, 在提高运动估计精度的同时采用块交叠补偿技术, 利用相邻像素块之间的相关性来获得更好的预测质量, 减轻块效应。

(4) PB 图像模式

在上述模式下, 一个 PB 帧由作为一个整体进行编码的两幅图像组成。PB 帧的名字来源于 H.262 建议的 P 图像和 B 图像, 但是 H.263 中只有第一帧是 I 帧, 其余都是 P 帧或 PB 帧。PB 帧在图像序列中的排列次序为: P—B—P—B—P—B 帧与紧跟的 P 帧作为 PB 帧进行编码传进。PB 帧中 P 图像由解码得到的前一个 P 图像(或 I 图像)进行预测, B 图像由解码得到的前一个 P 图像(或 I 图像)和当前解码得到的 P 图像进行预测。之所以称其为 B 图像, 是因为 B 图像的一部分是由前后两个 P 图像进行预测的。采用这种模式可以在编码比特率增加不大的情况下使编码图像的帧频有较大的提高。

6.4.4　H.264 标准

1995 年, ITU-T 的视频编码专家组(VCEG)在完成了 H.263 后, 设定了两个新的目标: 一个短期目标是在 H.263 上添加一些新的特性, 结果形成了 H.263 version 2; 另一个长期目标是开发一个新的低码率的标准, 结果是产生了 H.26L 草案。H.26L 比 H.263 提供了更好的视频压缩效果。2001 年, ISO 的活动图像专家组(MPEG)看到了 H.26L 的先进性, 成立了联合视频组(Joint Video Team, JVT), 包括了 MPEG 和 VCEG 的专家。H.264 就是 JVT 于 2003 年制定开发的一个新的数字视频编码标准, 它既是 ITU-T 的 H.264, 又是 ISO/IEC 的 MPEG-4 的第 10 部分, 称为 MPEG-4 AVC(Advanced Video Coding, 先进视频编码)。

JVT 的工作目标是制定一个新的视频编码标准, 适应视频的高压缩比、高图像质量以及良好的网络适应性等要求。

H.264 具有以下优点,这些优点来源于 H.264 结构上和算法上的改进,并使它成为一个应用广泛且高效的标准。

(1)更高的编码效率。在相同的视频质量的情况下,H.264 可比 H.263 和 MPEG-4 节省 50% 左右的码率。

(2)自适应的时延性。H.264 既可以工作于低时延模式下,应用于视频会议等实时通信场合,也可以用于没有时延限制的场合,例如视频存储。

(3)面向 IP 包的编码机制。H.264 引入了面向 IP 包的编码机制,有利于 IP 网络中的分组传输,支持网络中视频流媒体的传输,并且支持不同网络资源下的分级传输。

(4)错误恢复功能。H.264 提供了解决网络传输包丢失问题的工具,可以在高误码率的信道中有效地传输数据。

(5)开放性。H.264 基本系统无须使用版权,具有开放性。

1. H.264 关键技术

1)结构框架

H.264 标准定义了两个层次,视频编码层(VCL)对视频数据进行有效的编码,网络抽象层(NAL)根据传输通道或存储介质的特性对 VCL 输出进行适配。编码处理的输出是 VCL 数据(用码流序列表示编码的视频数据),VCL 的传输或在存储之前先映射到 NAL 单元。每个 NAL 单元包含原字节序列负载(RBSP),接着一组数据对应的编码视频数据或 NAL 头信息。用 VAL 单元序列来表示编码视频序列,并将 NAL 单元传输到基于分组交换的网络(例如因特网)或码流传输链路或存储到文件中。H.264 定义 VCL 和 NAL 是为了适配特定的视频编码特性和特定的传输特性。这种双层结构扩展了 H.264 的应用范围,几乎涵盖了目前大部分的视频业务,如有线电视、数字电视、视频会议、视频电话、交互媒体、视频点播、流媒体业务等。H.264 的双层结构框架如图 6.41 所示。

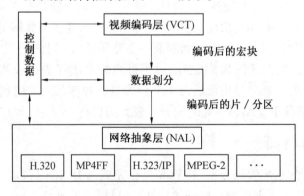

图 6.41   H.264 整体框架

2)VCL 数据组织

H.264 既支持逐行扫描的视频序列,也支持隔行扫描的视频序列,取样率定为 4:2:0。VCL 仍然采用分层结构,视频流由图像帧组成,一个图像帧既可以是一场图像(对应隔行扫描)或一帧图像(对应逐行扫描),图像帧由一个或多个片(Slice)组成,片由一个或多个宏块组成,一个宏块由 4 个 8×8(16×16)亮度块、2 个 8×8 色度块(C_b,C_r)组成。与 H.263 等标准固定的片是最小的独立编码单元,这有助于防止编码数据的错误扩散。每个宏块可以进一步划分为更小的子宏块。宏块是独立的编码单位,而片在解码端可以被独立解码。

H.264 给出了两种产生片的方式,当不使用灵活宏块顺序(FMO)时,按照光栅扫描顺序(即从左往右、从上至下的顺序)把一系列的宏块组成片;使用 FMO 时,根据宏块到片的映射图,把所有的宏块分到了多个片组(Slice Group),每个片组内光栅扫描顺序把该片组内的宏块分成一个或多个片。FMO 可以有效地提高视频传输的抗误码性能。

根据编码方式作用的不同,H.264 定义了以下的片类型:

①I 片:I 片内的所有宏块均使用帧内编码。

②P 片:除了可以采用帧内编码外,P 片中的宏块还可以预测编码,但只能采用一个前向运动矢量。

③B 片:除了可以用 P 片的所有编码方式外,B 片的宏块还可以采用具有两个运动矢量的双向预测编码。

④SP 片:切换的 P 片。目前是在不引起类似插入 I 片所带来的码率开销的情况下,实现码流间的切换。SP 片采用了运动补偿技术,适用于同一内容不同质量的视频码流间的切换。

⑤SI 片:切换的 I 片。SI 片采用了帧内预测技术代替 SP 片的运动补偿技术,用于不同内容的视频码流间的切换。

3)档次

H.264 校准分为基本档次、主要档次和扩展档次,以适用于不同的应用,如图 6.42 所示。

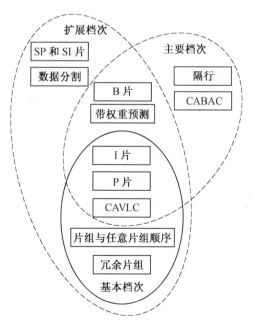

图 6.42　H.264 的档次

基本档次支持 I 片和 P 片的编码序列,可能的应用包括视频电话、视频会议和无线视频通信等。

主要档次除支持基本档次的功能外,还支持 B 片、交换视频(与帧一样的编码场)和

CABAC(基于算术编码的熵编码方法)和加权预测(为创建运动补偿块提供更好的灵活性)。主要应用是广播媒体,例如数字电视、存储数字视频等。

扩展档次是基本档次的超集,主要用于网络视频流媒体的应用。

4)编解码器结构

同 MPEG-1,MPEG-2 等视频编码标准一样,H.264 没有明确地定义编码解码器,而是着重定义了编码视频码流的语法及其码流解码方法。其编解码器框图如图 6.43 所示。

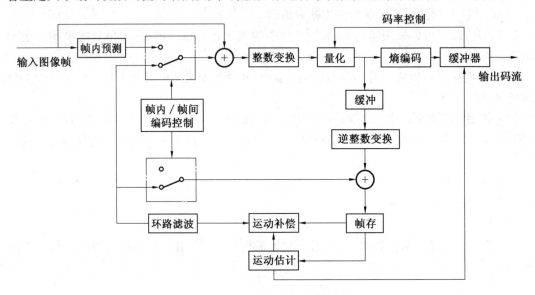

图 6.43　H.264 编解码器框图

(1)编码器

编码器以宏块为单位来处理输入的帧图像或场图像,并以帧内或帧间方式对每个宏块进行编码。对帧间模式,预测 PRED 是从当前已编码、解码、重构片中产生的;对帧间模式,预测 PRED 是从参考图像中选取一个或多个参考图像通过运动补偿得到的。当前块与预测 PRED 块相差得差值块,并对差值块进行编码,经过量化、排序的熵编码,加上边信息(预测模式、量化器参数、运动矢量等)形成视频码流序列,送入网络抽象层用于传输或存储。

在编码器中,反量化、反变换得到的差值块与预测块相加得到重构解码宏块,经过滤波减小块失真的影响,从而产生重构预测参考图像。

(2)解码器

在解码器中,来自 NAL 的视频流经重排序、熵解码、反量化和反变换后得差值块,预测块与差值块相加,经滤波得到每个解码宏块,形成解码图像。

5)宏块预测

在 H.264 片中,可根据已编码的宏块数据进行预测,生成编码宏块。宏块预测包括帧内预测和帧间预测。

(1)帧内预测

H.264 引入了空间域的帧内预测模式,即先依据以前编码和重建后的块形成一个预测块,然后对当前块与该预测块的差值进行编码。对于亮度像素,支持 4×4 块或 16×16 块。对于每个 4×4 块的亮度块,共有四种可选预测模式,选择使预测块与当前块的差值最小的预测模式;对于色度块,共有四种可选预测模式,选择使预测块与当前块的差值最小的预测模式作为当前的预测模式。为了保证片与片之间的独立性,跨越片边界时不使用帧内预测。

（2）帧间预测

H.264 与 H.261,H.263 的不同之处在于:H.264 支持不同的块大小(从 16×16 到 4×4),支持精细子像素精度的运动矢量。H.264 对运动估计和 1/4 像素精度估计。

①多宏块划分模式。从宏块划分的角度来看,H.264 的每个 P 块和 B 块各有七种预测方式,对应七种宏块划分模式,如图 6.44 所示。每个宏块或子宏块都产生一个单独的运动矢量,分块模式信息、每个运动矢量都编码传输。显然,对较大物体的运动,可采用较大的块来进行预测;而对较小物体的运动或细节丰富的图像区域,采用较小块运动预测更加优良。H.264 提供了七种划分模式供选用。

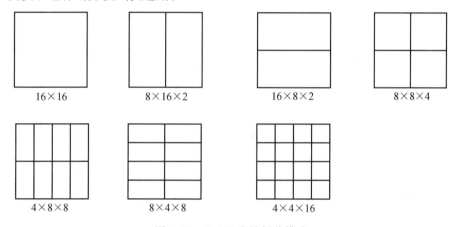

图 6.44　H.264 宏块划分模式

②多帧运动估计。在 H.261,H.263 等标准中,P 帧只采用前一帧进行预测,B 帧只采用相邻的两帧进行预测。而 H.264 采用更为有效的多帧运动估计,使用多个以前编码的帧作为参考帧,即帧存储器中存储了多个参考帧(最多 5 帧)来对当前帧进行预测。多参考帧估计在周期运动序列中特别有效。

③1/4 像素运动估计。在 H.264 中,对于亮度分量,采用 1/4 像素精度估计;对于色度分量,采用 1/8 像素精度估计。即首先以整像素精度进行运动匹配,得到最佳位置。再在此最佳位置周围的 1/2 像素位置进行搜索,更新最佳匹配位置,最后在更新的最佳匹配位置的周围的 1/4 像素位置进行搜索,得到最终的最佳匹配位置。图 6.45 给出了 1/4 像素运动估计过程,其中,方块 A-I 代表了整数像素位置,a-h 代表了半像素位置,1-8 代表了 1/4 像素位置。运动估计器首先以整像素精度进行搜索,得到了最佳匹配位置为 E,然后搜索 E 周围的 8 个 1/2 像素点,得到更新的

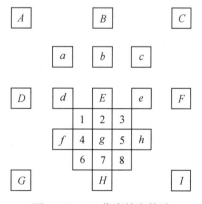

图 6.45　1/4 像素精度估计

最佳匹配位置为 g,最后搜索到 g 周围的 8 个 1/4 像素点决定最后的最佳匹配点,从而得到运动矢量。显然,要进行 1/4 像素精度滤波,需要对图像进行插值以产生 1/2,1/4 像素位置

处的样点值。

6）变换

在 H.264 标准中，根据所要编码的差值数据类型可使用三种变换：对帧内 16×16 模式预测的宏块、亮度 DC 系数的 4×4 矩阵采用哈达玛变换；对宏块的色度 DC 系数的 2×2 矩阵采用哈达玛变换；对其他差值数据的 4×4 块采用基于 DCT 系数变换。与 H.263 不同的是：它是一个整数变换（变换矩阵为 T）。这种变换及其逆变换均是整数运算，去除了由于运算精度有限带来的误差问题，而且只需要采用加法和移位操作就可以完成变换过程，降低了运算复杂度。采用 4×4 小尺度的原因是：减少变换运算量，降低块边界处的视觉噪声。在处理平滑区域时，H.264 可对帧内宏块亮度数据的 16 个 DC 系数进行第二次 4×4 变换（变换矩阵为 H），对色度数据的 4 个 DC 数据进行 2×2 变换（变换矩阵为 C），以降低因小尺寸变换带来的块间灰度差异。各个变换矩阵如图 6.46 所示。

$$T = \begin{bmatrix} 1 & 1 & 1 & 1 \\ 2 & 1 & -1 & -2 \\ 1 & -1 & -1 & 1 \\ 1 & -1 & 2 & -1 \end{bmatrix} \quad H = \begin{bmatrix} 1 & 1 & 1 & 1 \\ 1 & 1 & -1 & -2 \\ 1 & -1 & -1 & 1 \\ 1 & -1 & 1 & -1 \end{bmatrix} \quad C = \begin{bmatrix} 1 & 1 \\ 1 & -1 \end{bmatrix}$$

图 6.46 H.264 整数变换矩阵

7）重排序

在编码器端，对每个 4×4 变换量化系数进行 Zig-Zag 扫描，第一个系数是左上角的 DC 系数，其他为 15 个 AC 系数。

8）改进的熵编码

H.264 提供两种熵编码方式，内容自适应的变长编码 CAVLCT、基于上下文的自适应二进制算术编码 CABAC。CAVLC 的思想仍然是对出现概率大的符号分配较短的码字，对出现概率小的符号分配较长的码字，不过它采用多个不同的 VLC 码表，各自对应不同的概率模型。H.264 编码根据上下文自动选择合适的码表，以获得最佳的编码效率。

CABAC 的基本思想仍然是对整个字符串产生一个码字以更好地逼近信源熵，但CABAC 每编码一个二进制符号后自动调整对信源概率模型的估计，随后在此信源概率模型下进行编码。即：①依据上下文，对每个符号选择概率模型；②采用局部统计的概率估算；③使用自述编码，而非变长编码。通常，CABAC 可以获得比 CAVLC 更高的编码效率，但其复杂度也随之增大。

9）去块效应滤波器

为了消除因编码方式不同等原因而可能产生的块效应，H.264 定义了一个对 16×16 宏块和 4×4 块的边界进行去方块效应滤波的环路滤波器，在重建图像之前（包括编码端和解码端）使用。环路滤波器一方面平滑了块边界，在压缩倍数高时可获得较好的主观质量；另一方面，可以有效地减小帧间的预测误差。是否启用环路滤波器，可根据相邻宏块边缘样点的差值来确定，若差值较大，则认为产生了方块效应，启动滤波；若差值很大，则认为该差值是由图像本身所产生的，不应滤波。

2. H.264 的应用

H.264 的应用目标广泛，可满足各种不同速率、不同场合的视频应用，具有较好的抗误码和抗丢包的处理能力。

H.264 已经被作为下一代高清晰度 DVD 的标准,其编解码技术的普及正日益增长,世界各国的各种不同组织纷纷在不同的服务中采用了 H.264。蓝光协会(BDA)制定的蓝光光盘 Blu-ray Disc 格式、美国的电视广播、韩国的数字多媒体广播(DMB)服务、日本使用数字广播集成服务 ISDB-T 提供的移动分区地上广播服务等都使用 H.264 编解码技术。H.264 将被各种视频点播服务(VOD forvideo-on-demand)使用,用来在互联网上提供电影和电视节目直接到个人计算机的点播服务。

6.5　AVS 标准

AVS(Audioand Video coding Standard)是我国自主制定的音视频编码技术标准。AVS 工作组成立于 2002 年 6 月,当年 8 月开始了第一次的工作会议。经过 7 次 AVS 正式工作会议和 3 次视频组附加会议,经历一年半的时间,审议了 182 个提案,先后采纳了 41 项提案,2003 年 12 月 19 日 AVS 视频部分终于定稿。当前,AVS 视频主要面向高清晰度电视、高密度光存储媒体等应用中的视频压缩。

AVS 视频当中具有特征性的核心技术包括:8×8 整数变换、量化、帧内预测、1/4 精度像素插值、特殊的帧间预测运动补偿、二维熵编码、去块效应环路滤波等。

1. 变换量化

AVS 的 8×8 变换与量化可以在 16 位处理器上无失配地实现,从而克服了 MPEG-4 AVC/H.264 之前所有视频压缩编码国际标准中采用的 8×8DCT 变换存在失配的固有问题。而 MPEG-4 AVC/H.264 所采用的 4×4 整数变换在高分辨率的视频图像上的去相关性能不及 8×8 的变换有效。AVS 采用了 64 级量化,可以完全适应不同的应用和业务对码率和质量的要求。在解决了 16 位实现的问题后,目前 AVS 所采用的 8×8 变换与量化方案,既适合于 16 位 DSP 或其他软件方式的快速实现,也适合于 ASIC 的优化实现。

2. 帧内预测

AVS 的帧内预测技术沿袭了 MPEG-4 AVC/H.264 帧内预测的思路,用相邻块的像素预测当前块,采用代表空间域纹理方向的多种预测模式。但 AVS 亮度和色度帧内预测都是以 8×8 块为单位的。亮度块采用五种预测模式,色度块采用四种预测模式,而这四种模式中又有三种和亮度块的预测模式相同。在编码质量相当的前提下,AVS 采用较少的预测模式,使方案更加简洁,实现的复杂度大为降低。

3. 帧间预测

帧间运动补偿编码是混合编码技术框架中最重要的部分之一。AVS 标准采用了 16×16,16×8,8×16 和 8×8 的块模式进行运动补偿,而去除了 MPEG-4 AVC/H.264 标准中的 8×4,4×8,4×4 的块模式,目的是能更好地刻画物体运动,提高运动搜索的准确性。实验表明,对于高分辨率视频,AVS 选用的块模式已经能足够精细地表达物体的运动。较少的块模式,能降低运动矢量和块模式传输的开销,从而提高压缩效率、降低编解码实现的复杂度。

AVS 和 MPEG-4 AVC/H.264 都采用了 1/4 像素精度的运动补偿技术。MPEG-4 AVC/H.264 采用 6 抽头滤波器进行半像素插值并采用双线性滤波器进行 1/4 像素插值。而 AVS

采用了不同的 4 抽头滤波器进行半像素插值和 1/4 像素插值,在不降低性能的情况下减少插值所需要的参考像素点,减小了数据存取带宽需求,这在高分辨率视频压缩应用中是非常有意义的。

在传统的视频编码标准(MPEG-X 系列与 H.26X 系列)中,双向预测帧 B 帧都只有一个前向参考帧与一个后向参考帧,而前向预测帧 P 帧则只有一个前向参考帧。而新近的 MPEG-4 AVC/H.264 充分地利用图片之间的时域相关性,允许 P 帧和 B 帧有多个参考帧,最多可以有 31 个参考帧。多帧参考技术在提高压缩效率的同时也将极大地增加存储空间与数据存取的开销。AVS 中 P 帧可以利用至多 2 帧的前向参考帧,而 B 帧采用前后各一个参考帧,P 帧与 B 帧(包括后向参考帧)的参考帧数相同,其参考帧存储空间与数据存取的开销并不比传统视频编码的标准大,而恰恰是充分利用了必须预留的资源。

AVS 的 B 帧的双向预测使用了直接模式(Direct Mode)、对称模式(Symmetric Mode)和跳过模式(Skip Mode)。使用对称模式时,码流只需要传送前向运动矢量,后向运动矢量可由前向运动矢量导出,从而节省后向运动矢量的编码开销。对于直接模式,当前块的前、后向运动矢量都是由后向参考图像相应位置块的运动矢量导出,无须传输运动矢量,因此也可以节省运动矢量的编码开销。跳过模式的运动矢量的导出方法和直接模式的相同,跳过模式编码的块其运动补偿的残差也均为零,即该模式下宏块只需要传输模式信号,而不需要传输运动矢量、补偿残差等附加信息。

4. 熵编码

AVS 熵编码采用自适应变长编码技术。在 AVS 熵编码过程中,所有的语法元素和残差数据都是以指数哥伦布码的形式映射成二进制比特流。采用指数哥伦布码的优势在于:一方面,它的硬件复杂度比较低,可以根据闭合公式解析码字,无须查表;另一方面,它可以根据编码元素的概率分布灵活地确定以 k 阶指数哥伦布码编码,如果 k 选得恰当,则编码效率可以逼近信息熵。

对预测残差的块变换系数,经扫描形成(level,run)对串,level,run 不是独立事件,而存在着很强的相关性,在 AVS 中 level,run 采用二维联合编码,并根据当前 level,run 的不同概率分布趋势,自适应改变指数哥伦布码的阶数。

AVS 视频目前定义了一个档次(Profile)即基准档次。该基准档次又分为四个级别(Level),分别对应高清晰度与标准清晰度应用。

与 MPEG-4 AVC/H.264 的 baseline profile 相比,AVS-视频增加了 B 帧、interlace 等技术,因此其压缩效率明显提高,而与 MPEG-4 AVC/H.264 的 main profile 相比,又减少了 CABAC 等实现难度大的技术,从而增强了可实现性。

AVS 视频的主要特点是应用目标明确,技术有针对性。因此在高分辨率应用中,其压缩效率明显比现在数字电视、光存储媒体中常用的 MPEG-2 视频提高一个层次。在压缩效率相当的前提下,又较 MPEG-4 AVC/H.264 的 main profile 的实现复杂度大为降低。

习　题

1. 从编码算法、压缩比、比特率、主要应用等几个方面比较主要的视频编码国际标准。
2. JPEG 标准采用何种压缩算法? 写出 JPEG 压缩编码算法的主要步骤。

3. JPEG2000 与基于 DCT 的 JPEG 算法相比有什么特点？

4. 试比较 JPEG 无损压缩模式的预测器与 H.264 的帧内预测器有什么不同？

5. MPEG 的含义是什么？目前已发布的和正在制定的 MPEG 标准有哪些？它们分别应用在什么领域？

6. MPEG-1 视频编码中解压缩后会出现"方块效应"，产生"方块效应"的根源是什么？

7. MPEG-4 标准在广播电视领域有哪些应用？

8. MPEG-7 与 MPEG-1，MPEG-2，MPEG-4 有什么共同之处？它们之间有什么相互联系？

9. 对于 64 kbit/s 信道以及 H.261 标准，若采用 QCIF 图像格式，要求每秒传送 10 帧，试计算图像的压缩比是多少？

10. 对于 384 kbit/s 信道以及 H.261 标准，若采用 CIF 图像格式，要求每秒传送 30 帧，试计算图像的压缩比是多少？

11. H.263 与 H.261 相比有什么不同？能否互相代替？

12. 你认为 H.264 的宏块划分模式是否合理？为什么？

第7章

数字音视频信号的传输

本章要点：

☑ 数字音视频对通信网的要求
☑ 数字音视频传输网络技术
☑ 数字音视频传输常用调制技术
☑ 数字电视及其标准

随着人类的发展和信息技术的不断进步，人们的通信方式也在不断进步。传统的书信、电话等的通信方式早已经不能满足人们日益丰富多彩的现代生活的需求了。人们对通信的方式和通信内容的要求越来越高，不仅要求要收到对方发来的文字信息，还要听到对方的声音，看到活动的影像；不仅要看到黑白的图像，还要看到彩色的图像。由此可见，信息技术的进步，使得图像的传输在人们的生活中起了重要的作用。在人类社会进入信息化时代的今天，图像信息的处理存储与传输在社会生活中的作用越来越突出了。而进入 21 世纪以来，视频传输被人们越来越广泛地应用到各个领域，已经成为多媒体信息传输的核心。

7.1 数字音视频对通信网的要求

不同的通信业务，对网络的要求也不一样。对于文字、数字和静止的图像等非实时的信息，传输时对时延都没有严格的要求，但对误码率的要求却很高，因为误码率会造成信息的丢失。而对于一些需要实时传输的信息业务，如视频与语音业务，对时延的要求提高，但可以容忍一定程度的误码，这与数据传输对误码的要求是截然不同的。所以，在音视频传输过程中，不需要像数据传输那样要求绝对无误的传输，可以通过寻找一些相关数据来代替误码的数据，恢复成人眼可接受的视频图像。

从目前来看，传输数字音视频信号主要有以下几种方式：双绞屏蔽线电缆传输、同轴电缆传输和光纤传输三种。

（1）双绞屏蔽线电缆传输

用双绞线屏蔽电缆传输模拟音视频信号是最早使用的手段之一。它的优点是：在传输距离较短时，铺（架）线比较容易，与其他传输手段相比，投资相对少，技术也较成熟，维护方便；其缺点是距离较远时频响较差。

AES/EBU 规定了长度在 100 m 以内数字音频信号的传送标准，信号源及负载阻抗均应为 110 Ω。因为 AES/EBU 数字音频信号的频率高达 6 MHz，电容和高频损耗将引起高频跌落，最后音频信号的边沿变圆，幅度降低，以至于接收器无法识别"1"和"0"，所以 100 m 以内采用 110 Ω 平衡传输,如用 100 m 以上的传输电缆,则在电缆终端接收器上选加均衡器来提高传输效率,也可使用非平衡式阻抗为 75 Ω 的同轴音频电缆传输。

数字音频信号通过数字音频双绞屏蔽线电缆的传输参考距离见表 7.1。

表 7.1 数字音频信号通过数字音频双绞屏蔽线电缆的传输参考距离

电缆规格	传输距离/m				
	32 kHz	44.1 kHz	48 kHz	96 kHz	192 kHz
26AWG	284	251	242	190	150
24AWG	380	342	334	263	205
22AWG	521	482	465	376	316

表中的数据是在下面所列数值的情况下得出的距离:最高允许的输出信号的振幅为 2 V;最低允许的输入信号的振幅为 0.2 V。

AES/EBU 标准由于阻抗范围宽,电缆特性阻抗范围可以为 88~132 Ω,其中 110 Ω 最为理想,双绞线应当进行屏蔽,如果是多线对电缆,每一组线对都应当单独屏蔽,一组线对可以传输两个通道的数字音频信号。AES/EBU 标准使用一个调频(FM)通道编码,其频谱宽度可达 6 MHz,电压幅值达 10 V。AES 规定,数字音频信号通过平衡屏蔽的双绞线电缆从一个发送器传输到另一个接收器的距离可达 100 m。

利用双绞线传输视频信号是近些年才兴起的技术,所谓的双绞线一般是指超五类网线,采用该技术与传统的同轴电缆传输相比,其优势越来越明显:

①布线方便,线缆利用率高。一根普通超五类网线,内有 4 对双绞线,可以同时传输 4 路视频信号,或 3 路视频信号、1 路控制信号;而且网线比同轴电缆更好铺设。

②价格便宜。普通超五类网线的价格相当于 75-3 视频线,室外防水超五类网线的价格相当于 75-5 视频线,但网线可以同时传输多路信号,其经济性用户可以根据具体情况核算。

③传输距离远,传输效果好。如果传输前将视频信号进行了放大提升,传输距离可以达到 1 500 m。

④抗干扰能力强。双绞线传输采用差分传输方法,其抗干扰能力大于同轴电缆。

(2)同步电缆传输

如果通过某种方法将 AES 数字音频信号电平变为 1 V,阻抗变为非平衡 75 W,那么就可以使数字音频信号像视频信号一样传输,3~10 MHz 带宽的信号可以与目前的模拟视频放大器和矩阵开关等匹配良好。AES3-ID 标准使用同轴电缆传输数字音频信号可达 1 000 m。这只是 AES/EBU 的一般草案,且用 75 W 同轴电缆传输 1 V 信号峰值(±20%)。这与模拟视频系统中使用的标准相同,信号传输接口使用标准的 BNC 接插头和模拟视频电缆,变压器可不强求使用。接收器一边的旁通电容器(0.1 μF)不在标准中,但可以用来抑制高频干扰。

SMPTE(美国电影电视工程师学会)成立的一个标准委员会描述的业务 ANSI/SMPTE276M,用来传输 AES/EBU 数字音频信号。该标准的目的是保证在电缆应用中,数字音、视频电缆和电视设备接口间保持一定的兼容性。它不会妨碍在这些设备上使用双绞屏蔽电缆传输平衡的 AES/EBU 音频信号,因为这两种传输标准可以通过匹配网络对接。但传输通道的数据编码应执行 ANSI4.40-1992(AES-3-1992)标准。日本东京广播系统 TBS 试验将 110 W/75 W 阻抗变换器和平衡至非平衡变换器应用于 110 W 输入/输出阻抗设备,当采用一 75 W 的同轴电缆时,稳定传输距离已达 500 m。

如果数字音频信号想与数字视频信号一起同时传输,或者其本身已成为串行视频数据流中的一部分,那么利用 SDI 接口,使用视频同轴电缆传输视音频信号在技术上是可行的。

(3)光纤传输

光纤传输信息是把电信号转变为光信号,然后在光导纤维内部进行传输的。光纤传输具有以下优点:

①传输距离长。现在单模光纤每千米衰减可做到 0.2~0.4 dB,是同轴电缆每千米损耗的 1%。

②传输容量大。通过一根光纤可传输几十路及以上的视频信号。如果采用多芯光缆,则容量成倍增长。这样,用几根光纤就完全可以满足相当长时间内对传输容量的要求。

③传输质量高。由于光纤传输不像同轴电缆那样需要相当多的中继放大器,因而没有噪声和非线性失真叠加。加上光纤系统的抗干扰性能强,基本上不受外界温度变化的影响,从而保证了传输信号的质量。

④抗干扰性能好。光纤传输不受电磁干扰,适合应用于有强电磁干扰和电磁辐射的环境中。

光纤传输的主要缺点是造价较高,施工的技术难度较大。

采用光纤传输,可以不压缩地传输数字电视信号(含音频),是广播电视信号传输的最好形式,必将大大提高广播电视节目的传输质量。

美国电影电视工程师学会制定了 ANSI/SMPTE 259M 信号的电视串行数字光纤传输系统的标准,主要是用于串行数字视频。随着多路音频调制、解调器的出现,几对立体声的 AES/EBU 数字音频信号能够被调制并随 SMPTE259M 数字视频信号一起在光纤上传输。

总之,在日常使用音视频电缆传输音频信号时,需注意根据传输音视频信号的特性和外界干扰的程度来选择不同类型的电缆,主要目的是保证高质量的传输。

7.2　音视频传输网络技术

音视频传输有多种形式,根据传输方式的不同有着不同的模式。

(1)点到点的传输

最简单的传输就是点到点的传输,也称单播,分为单向的和双向的两种方式。这种传输方式可以用于视频文件的传输,也可以用于音频的传输。视频点播就是一种单向的视频传输,通常是一个视频文件单独为一个用户服务。双向的就是在两个网络终端间进行传输,如网络电话。双向传输的方式比单向可能消耗更多的网络带宽,导致网络中可以利用的资源减少,使网络的使用率降低。

(2)单点对无限多点传输

这是一对全体的广播方式。如发送音视频的服务器,通常不加选择地把音视频发送到与之连接的所有节点。这种方式的好处是不需要控制音视频传输的路由,每个接收者都可以收到；缺点是非个性化服务，容易造成流量泛滥。

（3）单点对预先选定的多点传输

这种方式属于多播。它将用户按照需求分成很多组，只把音视频传送到某个组内需要该音视频服务的用户。多播的方式有效地节省了网络资源，但需要复杂的组成员登记操作和完善的视频多播路由选择、建立和维护机制。

（4）多点对多点的传输

多点对多点的传输是会议的形式，其最直接的应用就是网络会议。网络会议是指两个或两个以上不同地方的人或群体通过传输线路及多媒体设备，将声音、影像及文字资料互传，达到即时且互动的沟通，处于这个传播网络中的每一方都可以发送自己的视频，也可以接收来自于这个网络中的任何一方传输的视频。这是一种集通信、计算机技术、多媒体技术于一体的远程异地通信方式，通过网络平台以实时的音、视频等多媒体手段，支持人们远距离进行实时信息交流、开展协同工作的应用系统。另一方面，利用多媒体技术的支持，网络会议系统可以帮助使用者对工作中各种信息进行处理，如共享数据、共享应用程序等，从而构造出一个多人共享的工作空间。

7.3　数字音视频传输常用调制技术

数字电视广播系统传输常采用的调制方式包括残留边带调制（VSB）、正交相移键控（QPSK）、正交幅度调制（QAM）、编码正交频分调制（COFDM）等。

7.3.1　残留边带调制（VSB）

残留边带调制（VSB）是介于单边带调制与双边带调制之间的一种幅度调制方式，它对单边带和双边带调制进行折中，既克服了 DSB 信号占用频带宽的问题，又解决了单边带滤波器不易实现的难题。

在残留边带调制中，保留了一个边带的绝大部分和另一个边带的一小部分。可采用滤波法产生残留边带信号，如图 7.1 所示。

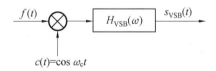

图 7.1　滤波法产生残留边带信号

图中，残留边带滤波器的传输函数在载频附近必须具有互补对称性，如图 7.2 所示。对于具有低频及直流分量的调制信号，用滤波法实现单边带调制时所需的过渡带无限陡峭的理想滤波器，在残留边带调制中已不再需要。VSB 既克服了 DSB 信号占用频带宽的问题，又解决了单边带滤波器不易实现的难题。残留边带信号显然不能简单地采用包络检波，而必须采用相干解调，但如果采用发送 VSB 信号同时插入一个大载波的方法，就可以实现包络检波解调。

由于 VSB 基本性能接近 SSB，而 VSB 调制中的边带滤波器比 SSB 中的边带滤波器容易实现，且抗多径传播效应好（即消除重影效果好），适合地面广播，所以 VSB 调制在广播电

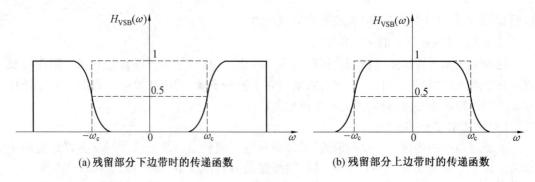

(a) 残留部分下边带时的传递函数　　　　　　(b) 残留部分上边带时的传递函数

图 7.2　残留边带传递函数

视、通信等系统中得到广泛应用。

7.3.2　正交相移键控(QPSK)

QPSK,又称正交相移键控或四相相移键控,简称卫星数字信号调制方式,是利用载波的四种不同相位差来表征输入的数字信息,是四进制相移键控。

QPSK 是在 $M=4$ 时的相移调制技术,它规定了 4 种载波相位,分别为 45°,135°,225°,315°,调制器输入的数据是二进制数字序列,为了能和四进制的载波相位配合起来,则需要把二进制数据变换为四进制数据,这就是说需要把二进制数字序列中每两个比特分成一组,共有 4 种组合,即 00,01,10,11,其中每一组称为双比特码元。每一个双比特码元是由两位二进制信息比特组成,它们分别代表四进制 4 个符号中的一个符号。QPSK 中每次调制可传输 2 个信息比特,这些信息比特是通过载波的四种相位来传递的。解调器根据星座图及接收到的载波信号的相位来判断发送端发送的信息比特。

QPSK 产生方法有正交调制法、相位选择法及插入脉冲法,后两种的载波为方波。QPSK 正交调制原理及其波形图如图 7.3 所示。图 7.3(a) 是调制原理图,图 7.3(b) 是波形图。QPSK 的相位选择法是一种全数字化实现方法,适合于载频较高的场合。

QPSK 调制效率高,要求传送途径的信噪比低,在电路上实现也较为简单,适合卫星广播。

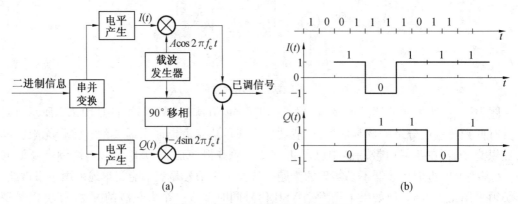

图 7.3　QPSK 调制原理及其波形图

7.3.3 正交幅度调制(QAM)

QAM(Quadrature Amplitude Modulation)是一种幅度和相位联合键控的调制方式,是用两路独立的基带信号对两个相互正交的同频载波进行抑制载波双边带调幅,利用这种已调信号的频谱在同一带宽内的正交性,实现两路并行的数字信息的传输,可使得频带利用率提高一倍,再结合多进制与其他技术,可进一步提高频带利用率,并改善 M 较大时的抗噪声性能。

在 QAM 调制中,载波的幅度和相位两个参量同时受基带信号控制,在一个码元中的信号可以表示为

$$S_k(t) = A_k\cos(\omega_c t + \theta_k) \quad (kT < t \leqslant (k+1)T)$$

上式可展开为

$$S_k(t) = A_k\cos \omega_c t\cos \theta_k - A_k\sin \omega_c t\sin \theta_k$$

令

$$\begin{cases} X_k = A_k\cos \theta_k \\ Y_k = -A_k\sin \theta_k \end{cases}$$

得到

$$S_k(t) = X_k\cos \omega_c t + Y_k\sin \omega_c t$$

式中,X_k,Y_k 也是可以取多个离散值的变量。

若 QAM 的同相和正交支路都采用二进制信号,则信号空间中的坐标点数目(状态数)$M=4$,记为 4QAM。同相和正交支路都采用四进制信号将得到 16QAM 信号。以此类推,两条支路都采用 L 进制信号将得到 MQAM 信号,其中 $M=L^2$。

该调制方式通常有二进制 QAM(4QAM)、四进制 QAM(16QAM)、八进制 QAM(64QAM)……对应的空间信号矢量端点分布图称为星座图(图 7.4),分别有 4,16,64,…个矢量端点。电平数 m 和信号状态 M 之间的关系是对于 4QAM,当两路信号幅度相等时,其产生、解调、性能及相位矢量均与 4PSK 相同。

对于 16QAM 来说,有多种分布形式的信号星座图,如图 7.4 所示。其中图 7.4(a)为方型 16QAM 星座图,也称为标准型 16QAM,其信号点共有 3 种振幅值和 12 种相位值;图 7.4(b)为星型 16QAM 星座图,信号点共有 2 种振幅值和 8 种相位值。在无线移动通信的环境中,由于存在多径效应和各种干扰,信号振幅和相位的取值种类越多,受到的影响越大,接收

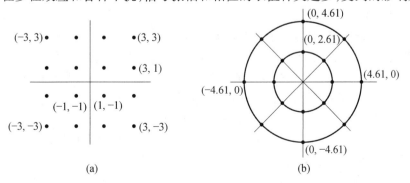

图 7.4 16QAM 星座图

端越难以恢复原信号,这使得在衰落信道中,星型 16QAM 比方型 16QAM 更具有吸引力。

QAM 数字调制器调制效率高,要求传送途径的信噪比高,以其灵活的配置和优越的性能指标,适合有线电视电缆传输,广泛地应用于数字有线电视传输领域和数字 MMDS 系统。

7.3.4 编码正交频分调制(COFDM)

COFDM(Coded Orthogonal Frequency Division Multiplexing),即编码正交频分复用的简称,是目前世界最先进和最具发展潜力的调制技术。其基本原理就是将高速数据流通过串并转换,分配到传输速率较低的若干子信道中进行传输。编码(C)是指信道编码采用编码率可变的卷积编码方式,以适应不同重要性数据的保护要求;正交频分(OFD)指使用大量的载波(副载波),它们有相等的频率间隔,都是一个基本振荡频率的整数倍;复用(M)指多路数据源相互交织地分布在上述大量载波上,形成一个频道。

COFDM 技术能够提高载波的频谱利用率,特点是各子载波相互正交,使扩频调制后的频谱可以相互重叠,从而减小子载波间的相互干扰。COFDM 使用了自适应调制,以频谱利用率和误码率之间的最佳平衡为原则,每个载波根据信道条件的好坏来选择不同的调制方式,如 BPSK,QPSK,8PSK,16QAM,64QAM 等。COFDM 还采用了功率控制和自适应调制相协调工作方式。信道好的时候,发射功率不变,可以增强调制方式(如 64QAM),或者在低调制方式(如 QPSK)时降低发射功率。

COFDM 是一种高效的调制技术,适合在多径传播和多普勒频移的无线移动信道中传输高速数据;具有较强的抗多径传播和频率选择性衰落的能力,并有较高的频谱利用率,适合地面广播和同频网广播。每个子载波可以选择 QPSK,16QAM,64QAM 等高速调制,合成后的信道速率一般均大于 4 Mbit/s。因此,能够传输 MPEG-2 中 4∶2∶0,4∶2∶2 等高质量编解码图像,接收端图像分辨率可达到 720×576 或 720×480,码流可以在 6M 左右,接收后的图像质量接近 DVD 画质,完全可以满足接收端后期音视频分析、存储、编辑等具体的要求。

7.4 数字电视及其标准

7.4.1 数字电视概述

1. 数字电视定义

数字电视(Digital TV,DTV)是相对模拟电视而言的一种全新的电视形态。数字电视是指从电视节目采集、录制、播出到发射、接收全部采用数字编码与数字传输技术的新一代电视技术,它是在数字技术基础上把电视节目转换成数字信息,以码流形式进行传播的电视形态,综合了数字压缩、多路复用、纠错掩错、调制解调等多种先进技术。

数字电视利用 MPEG 标准中的各种图像格式,把现行模拟电视制式下的图像、伴音信号的平均码率压缩到 4.69~21 Mbit/s,其图像质量可以达到电视演播室的质量水平,胶片质量水平,图像水平清晰度达到 500~1 200 线以上,并采用 AC-3 声音信号压缩技术,传输 5.1 声道的环绕声信号。因此,数字电视具有图像质量高、节目容量大(是模拟电视传输通道节目容量的 10 倍以上)和伴音效果好的特点。

相比传统的模拟电视,数字电视具有以下优势:

(1)清晰度高、音频效果好、抗干扰能力强

数字电视信号的传输不像模拟信号受在传输过程中噪声积累的影响,几乎完全不受噪声干扰,在接收端收看到的电视图像非常接近演播室水平。此外,数字电视的音频效果很好,可支持五声道的杜比数码(AC-3)5.1 环绕立体声家庭影院服务。

通常,无线方式比有线方式更容易受到干扰,有线方式则具有较强的抗干扰特性,因此目前城市中的电视系统基本上都采用有线电视。

数字信号的优点在于抗干扰能力强,虽然在传输过程中受到外界的干扰程度与模拟信号相当,但只要造成的失真不超过判决的门限值,系统仍可以正确判决信号是 1 还是 0,且数字通信可以通过差错控制编码进行检错甚至纠错,进一步提高数字通信传输的抗噪声性能。即在遭受同等程度的干扰下,数字信号的还原能力远远优于模拟信号。

(2)频道数量将成数倍增加

利用现有的一个 8 MHz 带宽的电视频道,原来只能传输一套模拟频道的电视节目,现在可以传输 6～8 套 DVD 质量或 15～18 套 VCD 质量的数字电视节目。例如:现在传送 30 套模拟电视节目,如果全部改用数字电视技术传输,可传送约 200 套 DVD 质量或 500 多套 VCD 质量的电视节目。电视频道资源的充分利用,便可满足用户自由选择电视节目的个性化要求。

(3)可开展多功能业务

随着有线电视传输和用户接收的数字化,以往用模拟方式无法提供的服务都将成为可能,电视网站、交互电视、股票行情与分析、视频点播等新业务的开展将变得更加容易,用户将从单纯的收视者变为积极的参加者。

(4)便捷的节目指南

只有数字电视才能够实现向观众随时提供电子节目指南,方便观众快速找到自己喜欢的频道。

(5)完善运营商的管理

数字电视具有独有的加密技术,运营商能方便地实现节目收费、控制节目收视等管理手段。传统模拟电视节目只要一发送出去,网内的用户都能收看;而数字电视则能控制哪些用户能收看或不能收看,哪些用户又能收看哪些不同的节目频道,从而完善了管理手段。

2. 数字电视分类

(1)按图像清晰度分类

数字电视包括数字高清晰度电视(High Definition TV,HDTV)、数字标准清晰度电视(Standard Definition TV,SDTV)和数字普通清晰度电视(Low Definition TV LDTV)三种。HDTV 的图像水平清晰度大于 800 线,图像质量可达到或接近 35 mm 宽银幕电影的水平;SDTV 的图像水平清晰度大于 500 线,主要是对应现有电视的分辨率量级,其图像质量为演播室水平,对屏幕高宽比没有规定;LDTV 的图像水平清晰度为 200～300 线,主要是对应现有 VCD 的分辨率量级。

HDTV 是一种新的电视业务。国际电联给出的定义:"高清晰度电视应是一个透明系统,一个正常视力的观众在距该系统显示屏高度的 3 倍距离上所看到的图像质量应具有观看原始景物或表演时所得到的印象"。HDTV 带来了极高的清晰度,目前水平和垂直清晰度

是常规电视的 2 倍左右,分辨率最高可达 1 920×1 080,帧率高达 60 fps,图像质量可达到或接近 35 mm 宽银幕电影的水平;在声音系统上,HDTV 支持杜比 5.1 声道传送,提供 Hi-Fi 级别的听觉享受。HDTV 的屏幕宽高比也由原先的 4∶3 变成了 16∶9,使用大屏幕显示会有亲临影院的感觉。此外,由于运用了数字技术,信号抗噪声能力也大大加强,诸多的优点推动 HDTV 成为家庭影院的主力。

由于压缩的 SDTV 数字信号小于压缩的 HDTV 信号,发送一个 HDTV 节目的播送设备可同时发送 5 个 SDTV 节目,称为多信道广播。美国从模拟电视向 DTV 转变时,联邦通信委员会决定由广播公司选择广播 SDTV 或 HDTV 节目。大多数公司都采用白天广播 SDTV 节目而黄金时段播放 HDTV 节目的方式。

(2)按信号传输方式分类

数字电视可分为地面无线传输数字电视(地面数字电视)、卫星传输数字电视(卫星数字电视)和有线传输数字电视(有线数字电视)三类。

(3)按照产品类型分类

数字电视可分为数字电视显示器、数字电视机顶盒和一体化数字电视接收机。

(4)按显示屏幕幅型比分类

数字电视可分为 4∶3 幅型比和 16∶9 幅型比两种类型。

当前电视制式的主要技术特征是行频、场频、扫描方式、宽高比,制式决定了电视所携带的信息量和显示质量,数字高清是多种制式并存,针对不同的需求采用不同的制式。

各个国家使用的电视制式不同,如美国、日本、韩国等国家采用 NTSC 制式,我国与欧洲国家采用 PAL 制式;各个国家和地区定义的 HDTV 的标准分辨率也不尽相同。目前,HDTV 分为 720p,1080i 和 1080p 三种显示分辨率格式,其中 p 代表逐行(Progressive)扫描,i 则是隔行(Interlaced)扫描。常见的两种显示模式是 720p 和 1080i。1080i 是我国采用的高清电视模式,也是目前大多数国家普遍采用的一种模式,它的分辨率为 1 920×1 080,拥有 207.3 万像素。在原本采用 NTSC 制式的国家中规定的 1080i 仍然采用 60 Hz 场频,原因在于要与其以前的标准接轨;我国规定的 1080i 采用 50 Hz 场频,也是为了和 PAL 制式的场频相同。在 1080i 显示模式下,屏幕分辨率可以达到 1 920×1 080,采用隔行扫描方式,也就是说,电子枪首先扫描 540 行,再扫描另一个 540 行,两者叠加构成完整画面,而对于一般消费者来说,540 行的垂直分辨率水平,其显示效果已经令人相当满意了,也可以说是达到了 HDTV 的高画质的要求。

从技术上说,开发 720p 这种显示分辨率明显比开发 1080i 更加复杂,因为它提供的分辨率为 1 280×720,也就是 92.16 万像素。720p 采用逐行扫描,即在同一时间需要达到 720 线的垂直清晰度水平,而不是像 1080i 那样一次扫描 540 线经过两次叠加,因此需要更高的行频输出,对显像管的要求高,目前主要是使用 NTSC 制式的美国和日本在使用此技术,它们使用了 60 Hz 的场频。目前 HDTV 的片源主要来自于网络和电视台,其中网络上流传的片源也以 720p 和 1080i 最为常见,最高规格的 1080p 的样片可在微软 WMV-HD 站点找到一些。

规格最高的 1080p,提供了 1 920×1 080 逐行输出的高规格分辨率,提供了多种场频,24 Hz,25 Hz 和 30 Hz。电影是以每秒 24 幅画面的方式播放胶片的,以 1080p/24 Hz 方式拍摄的数字图像可以无损地传送到 DLP 等数字电影投影机上播放,因此 1 080p/24 Hz 可以说是专门为电影准备的一种格式。如果采用 1080p/25 Hz 格式拍摄高清晰度内容,就可以方便地将每一帧完整的 1080p 图像拆成两帧隔行扫描的 1080i 图像,这样 1080p/25 Hz 格式就变成了 1080i/50 Hz 的图像,方便应用于欧洲和我国这些原 PAL 制国家的数字高清晰度电视。同理,1080p/30 Hz 也可以在拍摄完毕后方便地转换为 1080i/60 Hz 的图像,方便应用于美国和日本等国家。

3. 数字电视系统关键技术

数字电视系统综合了数字压缩、多路复用、纠错掩错、调制解调等多种先进技术,对系统指标有影响的关键技术包括以下几个方面。

1)数字电视的信源编解码技术

(1)视频编解码技术

数字电视尤其数字高清晰度电视与模拟电视相比,在实现过程中最为困难的部分就是对视频信号的压缩。在 1 920×1 080 显示格式下,数字化后的码率在传输中高达 995 Mbit/s,这比现行模拟电视的传输信息量大得多。因而数字电视的图像不能像模拟电视的图像那样直接传输,而是先进行视频压缩编码。视频编码技术主要功能是完成图像的压缩,使数字电视的信号传输量由 995 Mbit/s 减少为 20 ~ 30 Mbit/s。

(2)音频编解码技术

与视频编解码相同,音频编解码主要功能是完成声音信息的压缩。声音信号数字化后,信息量比模拟传输状态大得多,因而数字电视的声音也不能像模拟电视的声音那样直接传输,而是要进行音频压缩后再进行传输。

(3)信源编解码技术

国际上对数字图像编码曾制定了三种标准,分别是主要用于电视会议的 H. 261、主要用于静止图像的 JPMG 标准和主要用于连续图像的 MPEG 标准。

在 HDTV 视频压缩编解码标准方面,美国、欧洲和日本都采用 MPEG-2 标准。MPEG 压缩后的信息可以供计算机处理,也可以在现有和将来的电视广播频道中进行分配。在音频编码方面,欧洲、日本采用了 MPEG-2 标准;美国采纳了杜比(Dolby)公司的 AC-3 方案,MPEG-2 为备用方案。但随着技术的进步,1994 年完成的 MPEG-2 随着技术的进步现在显得越来越落后,国际上正在考虑用 MPEG-4 AVC 来代替目前的 MPEG-2。

中国的数字音视频编解码标准工作组制定了面向数字电视和高清激光视盘播放机的AVS 标准。该标准据称具有自主知识产权,与 MPEG-2 标准完全兼容,也可以兼容 MPEG-4 AVC/ H. 264 国际标准基本层,其压缩水平据称可达到 MPEG-2 标准的 2 ~ 3 倍,而与MPEG-4 AVC 相比,AVS 更加简洁的设计降低了芯片实现的复杂度。

2)数字电视的复用系统

数字电视的复用系统是 HDTV 的关键部分之一。从发送端信息的流向来看,它将视频、音频、辅助数据等编码器送来的数据比特流,经处理复合成单路串行的比特流,送给信道编码及调制。接收端与此过程正好相反。在 HDTV 复用传输标准方面,美国、欧洲、日本没有分歧,都采用了 MPEG-2 标准。美国已有 MPEG-2 解复用的专用芯片。

3)数字电视的信道编解码及调制解调

数字电视信道编解码及调制解调的目的是通过纠错编码、网格编码、均衡等技术提高信号的抗干扰能力,通过调制把传输信号放在载波或脉冲串上,为发射做好准备。目前所说的各国数字电视的制式,标准不能统一,主要是指各国在该方面的不同,具体包括纠错、均衡等技术的不同,带宽的不同,尤其是调制方式的不同。

7.4.2   数字电视标准

数字电视标准定义了画面格式、视频/音频压缩算法和对应的传输技术。目前,全球共有四个主要数字电视标准,包括欧洲 DVB-T、美国 ATSC、日本 ISDB-T 以及中国的 DTMB(即我国数字电视国标,地面传输数字电视国家标准)。其中,前三项标准均已国际化,我国的 DTMB 只在我国内地和香港执行,2006 年 8 月,我国颁布地面数字电视广播传输标准 DT-MB(GB 20600—2006),并提出 2007 年 8 月开始强制性实施。

1. 美国标准 ATSC

ATSC(Advanced Television Systems Committee,先进电视制式委员会)是指"美国高级电视业务顾问委员会"于 1995 年 9 月 15 日正式通过的 ATSC 数字电视国家标准。ATSC 系统能够较好地支持固定接收,发射机数字化改造和接收机成本较低。ATSC 数字电视标准由四部分构成,第一层为画面格式的定义,包括画面的像素阵列、画面的长宽比例和视频流的帧频率,主要是定义数字电视画面的显示结构,它包含了高清晰度的 HDTV 和标准清晰度的 SDTV 两大格式,而这些格式又对应不同的分辨率、不同的帧频/扫描格式组合。ATSC 标准定义的画面格式内容见表 7.2。

表 7.2   美国 ATSC 标准定义的画面格式

格式	垂直分辨率	水平分辨率	画面宽高比	帧频率与扫描方式
HDTV	1 080	1 920	16:9	60 Hz 逐行
				30 Hz 逐行
				24 Hz 逐行
	720	1 280		60 Hz 逐行
				30 Hz 逐行
				24 Hz 逐行
SDTV	480	704	16:9 或 4:3	60 Hz 逐行
				30 Hz 逐行
				24 Hz 逐行
	480	640	4:3	60 Hz 逐行
				30 Hz 逐行
				24 Hz 逐行

表 7.2 中,ATSC 标准一共定义了 6 种 HDTV 格式和 12 种 SDTV 格式,最高规格的高清晰分辨率格式为"1 920×1 080,60 Hz/隔行扫描"的方案,如果采用逐行方案,帧率就无法保持在 60 Hz,因为此时要传输的数据量过大,超出了地面广播的传输能力,因此 1 920×1 080 分辨率的 HDTV 只有 30 Hz 和 24 Hz 的逐行方案。整体而言,逐行扫描在 ATSC 标准中占据多数,使得数字电视节目与计算机的视频显示格式可以完美兼容,而不需要多余的转换过

程。另外,ATSC 还开发出 50 Hz 的帧频率标准供其他国家和地区使用,其中 HDTV 格式的像素分辨率与表 7.2 的标准方案相同,只是将帧频降低为"50 Hz/隔行"和"25 Hz/逐行"两套方案;SDTV 格式的分辨率则有较大差异,这样做是为了适应其他国家的实际情况。ATSC 的视频压缩格式采用流行的 MPEG2,音频格式则为 AC-3,解码芯片的设计基本上都是现成的,可有效降低开发成本和难度。在传输方面,ATSC 定义了数据传输的调制和信道编码方案:若采用 Zenith 公司开发的 8-VSB 传输模式,那么在 6 MHz 信道的地面广播频道上就可实现19.3 Mbit/s的传输速率;而如果采用适合有线电视系统的高数据率 16-VSB 传输模式,则可以在6 MHz 的有线电视信道中实现38.6 Mbit/s的高传输速率。不过,美国的有线电视业并不是采用 ATSC 标准定义的 16-VSB 模式,而是采用与之相近但不同的传输标准,这与美国有线电视产业的实际情况有关。

ATSC 特点如下:

(1) 源编码与压缩:视频编码采用 MPEG-2 标准、音频编码采用 5.1 声道 Dolby AC-3 标准,取样频率为 48 kHz。

(2) 业务复用与传输:将视频码流包、音频码流包与辅助码流包复用为单一码流,数字电视系统采用 MPEG-2 传输码流打包和复用形成复合广播系统,此外还考虑与 ATM 网络的互操作性(Interoperability)。

(3) 射频与发送(包括信道编码和调制):数字调制采用 8VSB(Vestigial Side Band,残留边带)或 16VSB 调制方式,信道编码采用 RS(207,187)编码;为提高抗干扰能力还采用网格编码调制 TCM、数据随机化、数据交织等措施。

到目前为止,ATSC 推广组织共有 30 个成员,其中美国国内的成员为 20 个,剩余 10 个分别来自于阿根廷、法国、韩国、中国等 7 个国家,我国的广播科学研究院也参加了 ATSC 组织。

2. 欧洲标准 DVB

欧洲的 DVB(Digital Video Broadcasting,数字视频广播)是 1995 年以欧洲广播联盟为主,世界上 200 多个组织参加开发的项目。DVB 以发展标准电视 SDTV 为主,后由欧洲电信标准协会(ETSI)采用为数字电视标准,世界上现在约 30 个国家、200 多家电视台开始了 DVB 各种广播业务,100 多个厂家在生产符合 DVB 标准的设备。

DVB 标准并没有定义繁多的显示格式,而是对传输模式进行详细的定义。在格式方面,DVB 的方案要显得简洁一些。此外,DVB 标准一开始并没有打算采纳方型像素的方案,后来考虑到与计算机视频的平滑过渡,DVB 标准最终仍然和 ATSC 一样采纳了方型像素。在系统层和视频编码部分,DVB 与 ATSC 标准一样都选择 MPEG-2 压缩技术,但在具体的实现算法上二者存在一些差异(MPEG-2 标准未对视频算法做出具体规定);在音频编码方面,DVB 标准选择了 MPEG-2(ATSC 标准采纳 AC-3),这让它的解码芯片设计更加省事。为了确保数据传输不失真,DVB 和 ATSC 都采用"里德-所罗门前向纠错(FEC)"技术,但二者所采用的冗余度和纠错过程都有一定的差异。

欧洲 DVB 标准在传输模式方面与美国的 ATSC 标准差异甚大,DVB 传输系统涉及卫星、有线电视、地面广播、SMATV,MMDS 微波等所有传输媒体,并分别衍生了包括 DVB-S,DVB-C,DVB-T,DVBSMATV,DVB-MS 和 DVB-MC 在内的 6 个子协议,它们所采用的信号调制技术与 ATSC 有很大的不同。

　　从 1995 年起,欧洲陆续发布了数字电视地面广播(DVB-T)、数字电视卫星广播(DVB-S)、数字电视有线广播(DVB-C)的标准。欧洲数字电视首先考虑的是卫星信道,采用 QPSK 调制。欧洲地面广播数字电视采用 COFDM 调制,8M 带宽。欧洲有线数字电视采用 QAM 调制。

　　(1)DVB-T(ETS 300744)为数字地面电视广播系统标准。这是最复杂的 DVB 传输系统。地面数字电视发射的传输容量,理论上与有线电视系统相当,本地区覆盖好。采用编码正交频分复用(COFDM)调制方式,在 8 MHz 带宽内能传送 4 套电视节目,传输质量高;但其接收费用高。

　　(2)DVB-S(ETS 300421)为数字卫星广播系统标准。卫星传输具有覆盖面广、节目容量大等特点。数据流的调制采用四相相移键控调制(QPSK)方式,工作频率为 11/12 GHz。在使用 MPEG-2MP@ ML 格式时,用户端若达到 CCIR 601 演播室质量,码率为 9 Mbit/s;达到 PAL 质量,码率为 5 Mbit/s。一个 54 MHz 转发器传送速率可达 68 Mbit/s,可用于多套节目的复用。DVB-S 标准几乎为所有的卫星广播数字电视系统所采用。我国也选用了 DVB-S 标准。

　　(3)DVB-C(ETS 300429)为数字有线电视广播系统标准。它具有 16,32,64QAM(正交调幅)三种调制方式,工作频率在 10 GHz 以下。采用 64QAM 时,一个 PAL 通道的传送码率为 41.34 Mbit/s,可用于多套节目的复用。系统前端可从卫星和地面发射获得信号,在终端需要电缆机顶盒。

　　DVB 标准定义的画面格式见表 7.3。

表 7.3　欧洲 DVB 标准定义的画面格式

垂直分辨率	水平分辨率	画面宽高比	帧频率与扫描方式
1 080	1 920	16∶9	25 Hz/30 Hz 逐行
576	720	4∶3 或 16∶9	50 Hz 逐行
		4∶3 或 16∶9	25 Hz 逐行/隔行
	544	4∶3 或 16∶9	25 Hz 逐行/隔行
	480	4∶3 或 16∶9	25 Hz 逐行/隔行
	352	4∶3 或 16∶9	25 Hz 逐行/隔行

　　DVB 特点如下:

　　(1)DVB 直接采用了 MPEG-2 标准中的系统、视频、音频部分,用于形成 DVB 的基本流(Elementary Stream,ES)和传送流(Transport Stream,TS)。

　　(2)DVB 提出了三种传输方式,即数字卫星电视 DVB-S、数字有线电视 DVB-C、数字地面电视 DVB-T 标准。

　　(3)信道编码和调制:信道编码采用 RS(204,188)编码,在地面广播时采用正交频分多路复用(OFDM)与格栅编码(TCM)相级联的数字调制方式,信号映射可用 QPSK,16QAM,64QAM。卫星信道采用四相相移键控 QPSK 数字调制方式。有线电视网中采用 QAM 数字调制方式。

3. 日本标准 ISDB

综合业务数字广播(Integrated Services Digital Broadcasting,ISDB)是 1999 年由日本的数字广播专家组(Digital Broadcasting Experts Group,DIBEG)制定的数字广播系统标准。该标准更多考虑到电视方面的应用而未顾及与计算机的兼容,在它所定义的各项画面格式中,隔行扫描占据绝对的主导,适应计算机显示器的逐行扫描只有两项标准,而且最高分辨率只局限于 1 280×720。在视频和音频压缩技术上,ISDB 也采用了流行的 MPEG2;传输模式则以地面广播 ISDB-T 标准为主导。ISDB-T 其实可以说是欧洲的 DVB-T 规格的修改版,它同样采用 COFDM 正交频分复用调制技术,纠错模式也如出一辙,只是因日本电视射频的带宽为 6 MHz,所以二者的载波数和载波间隔等参数有所差别。ISDB 利用一种已经标准化的复用方案在一个普通的传输信道上发送各种不同种类的信号,同时已经复用的信号也可以通过各种不同的传输信道发送出去,即地面传输制式不限于单独传输数字电视(图像和伴音),也包括了独立的声音和数据广播,这几者可以单独存在或任意地组合,构成在带宽 6 MHz 内的一路节目或多路节目。

ISDB 具有柔软性、扩展性、共通性等特点。ISDB 标准定义的画面格式见表 7.4。

其特点如下:

(1)ISDB 是既可传送数字电视节目,又可传送其他数据的综合业务服务系统,适用电视广播和便携终端移动接收。

(2)视频编码、音频编码、系统复用均遵循 MPEG-2 标准,用于移动接收的视频编码,常用 H.264/AVC 标准,频率为 15 Hz。

表 7.4　日本 ISDB 标准定义的画面格式

垂直分辨率	水平分辨率	画面宽高比	帧率率与扫描方式
1 080	1 920	16∶9	30 Hz 隔行
720 480	1 440	16∶9	30 Hz 隔行
	1 280	16∶9	30 Hz 隔行
	720	16∶9	30 Hz 逐行/隔行
	544	16∶9	30 Hz 隔行
	480	4∶3	30 Hz 隔行

(3)对于数据流内的不同内容,可灵活使用适宜的调制方式及码率;卫星数字调制方式为八相相移键控(8PSK),有线数字电视调制方式为正交幅度调制(QAM),地面广播采用频带分段传播正交频分复用(BST-OFDM)。

(4)用控制信号通知接收机关于复用与调制的配置信息。

(5)可采用部分接收的方法利用简单接收机接收部分业务。

ISDB 共有 40 个成员,均为日本的电子公司和广播机构,该标准主要适用于日本地区。ISDB-T 于 2006 年在日本投入商用,技术细节已非常完善,系统高度成熟。ISDB-T 不仅能支持高清电视(HDTV),也能够支持手机移动的业务。为了迎接 2010 年的世界杯这一体育盛会,足球强国巴西早在 2007 年就开始移动电视网络的布局,采用 ISDB-T 技术。2010 年经多国竞争后,厄瓜多尔决定采用日本-巴西数字电视制式标准 ISDB-T。

4. 我国的数字电视标准

我国卫星数字电视采用 QPSK 调制方式,与欧洲、美国和日本采用的标准相同。由于我国限制个人直接接收卫星数字电视节目,所以目前是由有线电视台集中接收数字电视信号,并将其转化为模拟信号通过有线网络传输给广大用户收看的。卫星电视传输标准采用 DVB-S。

数字电视地面广播与数字卫星广播相较,有容易普及、接收价格低廉的特点;与数字有线电视广播相较,则较不易受城市施工建设、自然灾害、战争等因素造成的网络中断影响。因此,在传输状况、应用需求等方面,地面传输方式更加复杂,全球各地在地面数字电视传输系统方案的选择上争议也最大。

DMB-TH(Terrestrial Digital Multimedia TV/Handle Broadcasting)是由清华大学和北京凌讯华业科技有限公司提出的地面数字电视传输标准。DMB-TH 在继承原有系统优点的基础上,覆盖范围、抗干扰能力、接收性能、系统稳定性等方面比原有 DMB-T 技术有明显提高。DMB-TH 技术的核心采用了 mQAM/QPSK 的时域同步正交频分复用(Time Domain Synchronous-Orthogonal Frequency Division Multiplexing,TDS-OFDM)调制技术,使用了最新的 LDPC 前向纠错编码技术,因而可以更加可靠地支持更多的无线多媒体业务。简单地理解,DMB-TH 就是高清版的 DMB,是数字高清广播的一种,是一种数字电视。而它相对于传统模拟信号电视的优点就是不会有雪花点,信号好的时候画面锐利,无干扰。当然,信号不好的时候,雪花点将被马赛克代替。

DTMB 曾于 2008 年北京奥运会时进行了免费的高清电视播出,央视提供了免费的高清电视节目。

5. 数字电视标准比较

影响数字电视标准体系的关键技术要素是信道编码和信源编码(音视频压缩编码)。卫星数字电视是数字电视最早应用的技术和系统,全球的卫星数字电视几乎均采用 DVB-S 技术,其传播方式覆盖广,卫星数字广播和直接到户的接收方式已相当普遍。由于有线网络传播条件较好,有线数字电视效率较高。世界各国普遍基于 DVB-C 作为有线数字电视传播体制。北美地区的 QAM 技术某些参数设置不同,但性能相同。四种主要数字电视标准比较见表 7.5。

表 7.5　四种主要数字电视标准比较

	形式与标准	调制方式	视频编码	音频编码
美国标准	地面 ATSC	8VSB	MPEG-2	AC-3
	卫星	QPSK		
	有线	16VSB		
欧洲标准	地面 DVB-T	COFDM	MPEG-2	MPEG-1
	卫星 DVB-S	QPSK		
	地面 ISDB-T	QAM		

续表 7.5

	形式与标准	调制方式	视频编码	音频编码
日本标准	地面 ISDB-T	BST-OFDM	MPEG-2	MPEG-ACC
	卫星	8PSK		
	有线	QAM		
中国标准	地面 DTMB-TH	TDS-OFDM	MPEG-2	
	卫星	QPSK		
	有线	QAM		

习　　题

1. 数字音视频传输与数据传输相比,对网络的要求有哪些不同?

2. 数字音视频传输方式一般有哪些?

3. 残留边带调制技术原则上必须采用相干解调,在电视广播应用时却采用了包络检波形式,如何实现?

4. COFDM 属于多载波调制(Multi-Carrier Modulation, MCM)技术,请叙述 MCM 与 COFDM 的区别。

5. 简述数字电视的关键技术。

第 8 章

视频信息检索

本章要点：

☑ 视频信息检索的分类

☑ 基于内容的视频信息检索的关键技术

☑ MPEG-7 标准

☑ 视频信息检索的应用系统

随着多媒体技术的普及,各种视频资料源源不断地产生,随之建立起了越来越多的视频数据库,出现了数字图书馆、数字博物馆、数字电视、视频点播、远程教育、远程医疗等许多新的服务形式和信息交流手段,需要处理越来越多的视频信息。视频信息量大,内容丰富,基于视频文件描述的检索技术作为人们获取视频信息的重要手段越来越受到重视,大大促进了视频搜索行业的发展。

本章首先对视频信息检索的发展进行介绍,然后在 8.2 节中重点介绍基于内容的检索;为了规范对多媒体信息的描述,解决互联网上对多媒体信息的统一标准问题,8.3 节主要介绍 MPEG 工作组提出制定的国际标准 MPEG-7;最后,在 8.4 节中对目前一些著名的视频检索应用系统进行介绍。

8.1　视频检索技术综述

视频检索是从大量的视频数据中根据用户提出的检索请求快速找到相关的视频信息的技术,包括基于内容的视频检索、基于压缩域的视频检索、基于语义的视频检索以及动态特征的提取等;旨在帮助用户在已有的数据库中检索所需的视频序列,实际应用主要有数字图书馆、新闻广播、商业广告、音乐视频、远程学习、视频档案及医学应用等领域。

8.1.1　视频信息检索的必要性

由于视频数据包含的信息量大,数据的结构也较为复杂,因而表现出一些与其他媒体形式的数据不同的特点。

(1)海量的数据

这是视频数据最显著的特点。视频数据的数据量大约比结构记录数据大 7 个数量级,一幅中等分辨率(640×480)的图像,颜色为 24 bit/pixel,数字视频图像的数据量大约为 1 M,若播放速度每秒 30 帧,则 1 s 的数据量约为 30M,一个 160G 的硬盘也只能存放 90 min 左右的动态图像。随着压缩技术的发展,压缩后的视频数据量仍然相当大,巨大的数据量给视频存储、分析和处理等都带来了很大的困难。

（2）结构复杂

相对于视频数据，文本数据是一种纯字符数值型数据，不具有时间和空间的属性，可以将其看作是一维海量的数据。图像数据只具有空间属性，没有时间属性，可以看作二维数据；而视频数据是一种由一系列沿时间轴顺序分布的图像形成的流结构，在每一帧图像上不但包含空间特性，又包括时间特性，因此是三维数据，这使得视频数据在表达和模型建立上变得困难，对它的处理也最复杂。

正因为视频数据以上的特点，使得对视频数据进行组织、表达、存储、管理、查询和检索成为对传统数据库技术提出的重大挑战。例如影视行业产生的大量音视频资料，若采用传统媒体资料管理方式，则查找一段所需资料可能需要几小时甚至几天的时间，因此，落后的检索方式已远不能满足人们的需求，寻找有效的进行视频检索的方法正在变得越来越重要。

8.1.2　视频数据的层次化结构

视频数据具有三维数据的特点，使得对视频进行处理时，不仅要考虑图像的二维空间特性，还要考虑图像之间的时间关系。因此，为完成检索任务，需要首先在时间维对视频数据进行分割，即对视频数据进行层次化组织。只要从视频数据库中检索出需要检索的视频对象，视频数据均应以一定的结构存储。

视频数据一般使用不同的视频单元组织，如可通过帧、镜头、场景等概念来描述，帧是组成视频文件的最小单位，由于视频文件是由一系列连续的帧图像组成，因此，帧图像层具有时间序列性。借助镜头边界侦测技术，通过一定的算法可将帧图像层划分为镜头。视频场景一般包含多个镜头，针对的是同一个场景下的一批对象，但拍摄的角度和手法不同，通过组织形成一个故事情节，表达了一定的语义内容。镜头则是由摄像机一次拍摄的时间或空间上连续不间断的帧图像序列，代表的是一组连续的动作。任何视频都是由一个个经过编辑的镜头衔接而成的，被编辑过的镜头是视频中基本的动态表达单位。视频数据的层次结构如图 8.1 所示。

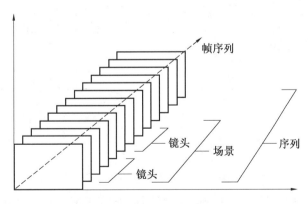

图 8.1　视频数据的层次结构图

结构层中每一个视频层次的数据都可以用一定的属性加以描述来表示特征。如帧的属性包括直方图、轮廓图、直流系数 DC 分量图、交流系数 AC 分量图和运动向量等；场景的属性包括标题、持续时间、镜头数目、开始镜头、镜头 1……镜头 n 等；镜头的属性包括持续时间、开始帧号、结束帧号和关键帧的集合等。

8.1.3　视频检索技术的发展

视频信息检索是在数据库系统和计算机视觉两大研究领域的推动下发展起来的,其历史可追溯到 20 世纪 70 年代末期。视频检索的一般系统结构如图 8.2 所示。

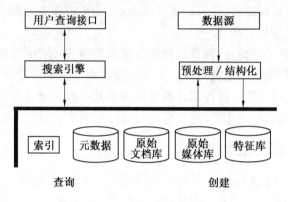

图 8.2　视频检索的一般系统结构

图 8.2 中,信息集合用来表示一个数据单元,可以是任何的物理单元。如文件、一个电子邮件、WEB 网页、图像、视频、音频。元数据是关于数据的组织、数据域及其关系的信息。元数据为各种形态的数字化信息单元和资源集合提供规范的一般性的描述。

视频检索的一般过程如图 8.3 所示。

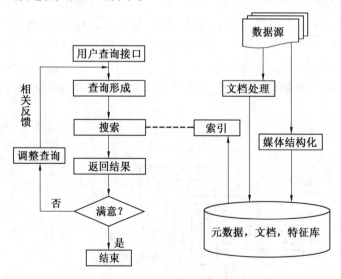

图 8.3　视频检索的一般过程

信息检索与数据检索是不同的,其主要区别在于:信息检索涉及用户的信息需求和提交的查询并不总是结构化的,而且具有语义;信息检索系统必须以一种方式"解释"信息库中数据单元的内容,并把检索的结果按照与用户查询的相关程度来排列。

从视觉信息检索系统的演变角度,视频检索技术可划分为基于关键词(文本数据)的检索以及基于内容的视觉信息检索系统。

1. 基于文本的视频检索

早期的视频检索技术主要借用了基于文本数据库的检索方法,即用手工的方法或者借助计算机等工具给视频添加一些文字描述或数字标签;在需要检索时,通过查询标签或者关键词来寻找所需要的视频信息。目前,大多数商用多媒体视频数据库,例如视频点播 VOD 系统,还是采用基于视频关键词的检索。这种检索方法虽然快速、简单,但自身存在很多难以克服的不足:

①数字视频包含的信息量大,内涵丰富,结构比较复杂特殊,用几句简单的文字描述很难准确概括复杂多变的视频数据。

②关键词或标签通常采用人工方式通过手工进行标注,而面对海量的多媒体视频若要进行手工标注,将是一项很庞大的工程,费时费力。

③由于不同的人甚至同一个人在不同条件下对同一组视频都可能会给出不同的描述,所以这种人工标注具有很强的主观性,不够客观,没有统一的标准。

因此,传统的检索方法已远远不能满足现代检索的需要。

2. 基于内容的视频检索

与图像或视频相关信息大体可分为两类:与内容无关的数据和与内容相关的数据。其中,与内容相关的数据包括:

①低层或中层特征的数据,即与内容相关的元数据。例如颜色、纹理、形状、空间联系、运动等,以及它们的组合。这种数据与感觉因素有关。

②高层内容语义的数据,常称为内容描述元数据。它关心图像实体和客观世界实体的关系,或者与视觉符号和场景相联系的时间事件、感受和意图的联系。

为了弥补传统检索方法的不足,基于内容的视频检索技术应运而生,它在提取视频数据中纹理、颜色、形状、运动等各种视觉特征,或者结合对象之间的空间关系以及行为、场景、情感等语义特征的基础上,通过对视频数据进行镜头边界的检测,将连续的视频流分割成基本的组成单元——镜头(Shot),再进行关键帧的选取以及静态特征和动态特征的提取,形成描述镜头的特征空间,然后依据对视频段之间特征空间的比较,通过采用相似性匹配的方法逐步求精以获得最终的查询结果。

基于内容的视频检索技术可以帮助用户更准确地从视频数据库中检索出想要的数字视频数据,其应用越来越广泛。自从 20 世纪 90 年代基于内容的图像/视频检索技术出现后,近二十几年它已成为计算机视觉、图像数据库与知识挖掘等领域最活跃的研究热点之一。但由于缺少有效描述时空信息的模型,以及难以逾越的语义鸿沟,低级特征难以表达人的检索要求等,视频检索仍不成熟;随着多媒体内容描述接口 MPEG-7 标准的逐步制定和完善,更加推动了高效的基于内容的视频检索系统的开发。

8.2　基于内容的视频信息检索

基于内容的视频检索(Content-Based Video Retrieval,CBVR)是指直接根据描述媒体对象内容的各种特征进行检索,它能从数据库中查找到具有指定特征或含有特定内容的图像或视频片断。它区别于传统的基于关键字的检索手段,融合了图像理解、模式识别等技术。

基于内容的视频检索系统的主要处理方法是根据图像的色彩、纹理、图像对象的形状以及它们的空间关系等内容特征作为图像的索引,计算查询图像和目标图像的相似距离,按照相似度匹配进行检索。其目的是试图解决图像数据库系统中手工建立文本标注信息的缺点。

8.2.1　基于内容的检索技术的特点

基于内容的检索技术主要有以下特点:

(1)首先需要对于非符号型、非结构化的视频数据进行建模,得到结构化的视频数据,以进行后续的分析工作。

(2)对视频数据进行底层特征和高层语义的分析,提取视频内在的特征。基于内容的检索技术突破了传统的基于关键词检索的局限性,直接对视频本身的内容进行分析,提取其固有特征,使得检索的主观程度降低,更接近视频对象的实质。

(3)人机交互进行。视频检索系统应该协助用户方便地描述其查询需求,并形象地得到查询结果。基于关键字的查询很容易做到这一点,但基于内容的查询就需要设计者提供一种友好的人机界面。一方面用户不但可以自己提供样本,而且可以直接利用样本库提供的样本,并在不满意的情况下进行修改,以达到查询需求,同时还可以辅助用户设计自己的合理的查询要求;另一方面当用户对自己的查询结构不满意时,应该能够帮助用户进行第二次更有效的查询。

(4)基于内容的检索是一种近似匹配。即使对非结构化的视频数据进行一定的建模,但由于非字符型数据之间的相似性度量的模糊性,使得视频检索只是一种用户可接受的匹配程度的检索,不可能是精确无误的检索。在检索过程中,可以根据每次检索的结果进行逐步求精,不断减小检索范围,直到用户找到理想的查询结果。

8.2.2　基于内容的检索系统结构

目前,已经开发出的基于内容的视频检索系统主要分为按提供的图像示例进行检索和直接按照指定的图像视觉特征进行检索两大类。按提供的图像示例进行检索中,首先需提供示例图像特征矢量,再与图像库中的图像特征矢量进行比较,寻找相似的图像。直接按照指定的图像视觉特征进行检索是将颜色、纹理、形状等视觉特征转化为特征矢量与图像库中事先提取的图像视觉特征矢量进行匹配。无论是哪种类型,其核心都是对图像内容特征进行处理。

CBVR 系统实现包括特征数据库的形成和视频检索两个步骤。特征数据库的形成阶段又包括镜头检测(Video Shot Boundary Detection)、关键帧提取(Key Frames Selection)和特征提取(Feature Extraction)三个关键技术。视频检索阶段更侧重于相似性度量(Similarity Measure)。如图 8.4 所示,数据库管理部分得到结构化的视频数据并从中提取特征,放入视频数据库中;查询接口部分是对用户根据智能化接口提交的查询需求进行处理,得到需要匹配的特征部分,并从现有特征库中进行匹配查找;进行相似性比较;最终,输出查询结果,并根据反馈进行调整。

由图 8.4 可见,视频检索系统是一个复杂的综合系统,涉及数据库、图像处理、视频格式、检索技术等多方面的内容,对于一个基于内容的视频检索系统,其各个组成部分都包含

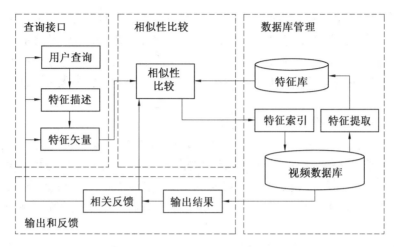

图 8.4　基于内容的视频信息检索系统结构框图

决定其性能的主要关键技术：

（1）镜头检测技术

在视频检索系统中，视频进入数据库之前，需要将非结构化的视频数据进行结构化处理，才能对其进行查询、检索等操作，对应于该过程的技术就是视频的镜头检测技术，因此镜头检测在整个视频检索中起到至关重要的作用。它是视频检索的基础。如果镜头检测失败，则后续工作中的关键帧提取肯定不能代表镜头的内容，因而用户也无法正确检索到需要的目标视频。

（2）镜头聚类技术

镜头检测主要是基于视觉特征进行的，所得到的结果与视频的语义描述还有一定的距离。为了描述视频中的有语义意义的事件或者活动需要构建更高层次的与内容相关的镜头聚类，既要考虑各种视频单元，也要考虑不同的聚类方法，从而形成一定的语义信息。

（3）视频数据库的组织和索引技术

视频信息一般是非结构化的，对这些非结构化的数据要结构化才能有效地进行检索。在镜头检测和聚类的基础上，进一步提取有意义的视频对象，使视频数据从非结构数据转化成容易进行高层处理的结构数据，对实现基于内容的视频检索十分重要。因此要利用高效的特征库索引技术，为用户提供快速的特征查询。其中，索引根据特定属性对数据库中数据进行排序，从而可提高对库中数据访问的效率。

与传统的字符型数据库系统相比，视频数据库索引相对困难大。首先，在传统的数据库管理系统中，通常选择多个或一个能够识别数据的关键字，但在视频数据库中，按照什么索引是不容易确定的，例如可以按注释索引，也可按视听特征索引，还可按其他特征索引。另外，基于内容的视频数据索引较难自动生成。

对于视频来说，大量存在难以用字符和数字符号描述的内容线索，如视频中的图像的运动，帧图像中的颜色、纹理和形状等。当用户要利用这些线索对数据进行检索时，就必须首先将其人工转化为文本或关键词形式，但这种转换具有一定的主观性，而且相当耗时。现在，数据库和网络中的视频数据量非常庞大，人们在应用中不但要求数据库能对视频进行存储以及进行基于关键字的检索，而且要求对结构化的视频数据进行语义分析、表达和检索。

所谓基于内容的检索就是指根据媒体的底层特征和媒体对象的语义内容通过上下文联系进行检索。然而,虽然视频数据包含丰富的语义内容,但在物理层次上,视频是二维像素阵列的时间序列,与语义内容有一定的区别。因此,要实现基于内容的检索,必须突破传统的基于多个或一个关键域建立索引的局限,直接对视频内容进行分析,抽取语义和内容特征,并利用这些内容特征建立索引。

(4)面向查询检索的特征提取和匹配技术

如何提取与人们视频相符合的视觉特征,如何使提取的视觉特征与实际人们的视觉感受相吻合,是基于内容的视频检索所必须解决的问题。另外,针对不同应用场合选择合适的视频特征和灵活的查询手段也是十分重要的。在基于内容的视频检索系统中,主要是针对关键帧进行特征提取,关键帧的特征包括纹理特征、形状特征以及最常用的颜色特征等。

(5)相关反馈

视频检索系统将检索结果提交到用户,由于视频结构的复杂性,以及不同用户对于视频的不同理解,根据用户提供的视频特征检索到的结果有可能不是用户所期望的。为了提高检索的精度,人们意识到,在视频检索过程中只有通过用户的参与和帮助,经过反复的迭代检索才能使检索结果更好地满足用户的需求。为了使查询结果更加准确,近年来出现了相关反馈检索方法。相关反馈是指根据用户对结果的评价,系统自动更新检索结果,使其更符合用户的要求。目前,反馈技术在图像检索、视频检索中都有大量应用。

(6)用户接口的支持

在传统的检索中,接口十分简单,只需输入一个或几个字符串,这是因为对字符类型数据查询时,查询条件的输入是十分精确的,一般可以用关系表格的形式描述。但在基于内容的视频数据检索中,对视频内容、时间的描述、查找以及结果的浏览均应采取新的方法,系统在方便查询描述的前提下,还要把所要查询的结果通过一定的方式表达出来。因此,基于内容的视频检索系统是一个互动的过程,要能够为用户提供友好的交互界面、多样化的查询手段和一定的导航能力。

通常,在基于内容的检索中的特征量不易明确地提出,不具有直观性。因此必须为用户提供一个可视化的输入手段。比如模板选择输入方式、提交特征样板输入方式等。同时查询返回的结果,让用户判断是否为所要的结果,如果不满意可以二次查询,所以在用户界面应提供浏览和二次检索功能。

8.2.3　镜头检测技术

在基于内容的视频检索技术中,视频数据检索的首要任务是进行镜头的检测,即从视频流中找到镜头变换的边界,从而对视频流进行切分以得到一个个的镜头,即视频的时域分割。镜头划分的优劣直接影响到视频更高一级结构的构造,以及视频的浏览和检索。视频结构的基本单元是镜头,同一镜头内的内容具有一致性;镜头的变换是指两个镜头之间的切换,这种切换是由视频的剪辑产生的。镜头的切换分为突变(又称切变)和渐变两大类,突变是指从一个镜头直接切变到另一个镜头,渐变包括淡化(Fade,又细分为淡入和淡出)、融化(Dissolve)和数字特技(Wipe)。针对不同的情况往往需要使用不同的算法,其中切变检测的算法最为成熟,渐变和数字特技的检测算法往往依赖一定的先验假设,技术还有待进一步完善。

镜头检测是视频结构层次化的基础,要求能够正确检测出各种复杂编辑的镜头边界,并能够有效地分辨镜头内的运动变化,排除它们对镜头边界识别的干扰。镜头检测的目的是镜头分割。目前,镜头分割主要有两个研究方向:一是在像素域中,一是在压缩域中。

1. 像素域中镜头检测方法

像素域是相对于变换域而言的空间/时间域。由于在该域中视频数据是以颜色、纹理、形状、运动矢量、亮度的形式呈现的,具有人们习惯的特性,因而应用比较普遍。像素域中镜头分割的方法有模板匹配法、直方图法、基于边缘的检测方法等。

(1)模板匹配法

模板匹配法以两帧对应像素差的绝对值的和作为帧间差,其计算公式如下:

$$d(I_i, I_j) = \sum_{x=0, y=0}^{x<M, y<N} |I_i(x, y) - I_j(x, y)| \tag{8.1}$$

其中,I_i 为帧图像;$d(I_i, I_j)$ 是 I_i 和 I_j 的帧间差;$I_i(x, y)$ 为第 i 帧 (x, y) 位置的像素值;M, N 为帧的宽度和高度。这种方法比较前后两帧对应像素之间的变化,如果变化超出一个阈值 M, N,则认为有镜头的切换。

模板匹配法的缺点是对噪声和镜头或物体运动非常敏感,因为它严格地局限于像素的位置。噪声和物体运动都会使帧间差增大,从而导致错误的场景转换检测。

一种改进的方法:把各帧划分为 8×8 像素的小块,并对每个块取平均,再用这个平均值对前后帧的对应小块进行比较,这种方法可以去掉图像中的一些噪声,并对小的物体运动和镜头运动起到补偿作用。

(2)直方图法

直方图法利用视频帧图像的灰度直方图或者颜色直方图的比较来检测边界,在镜头检测的精度和速度之间达到了较好的平衡,因此是使用最多的计算帧间差的方法。其优点是它的全局特性,缺点是当两幅图像的直方图相同时,距离测量的结果是两幅图像是一样,这有可能造成镜头的漏检。直方图在实际应用中有多种方式,一般常用的有三种方式:一是直接计算直方图的距离进行图像间的差异度量;二是计算直方图的加权距离进行图像间的差异度量;三是计算直方图的交而进行图像间的差异度量。

改进的方法:将图像划分成若干子块分别对各子块进行匹配,或将模板匹配法和直方图匹配法相结合的方法。

(3)基于运动分析的镜头检测方法

运动特征是视频序列中的一个连续的过程,也可用来当作镜头检测的标准。为了消除镜头内部物体运动或是摄像机自身运动带来的影响,可以用运动场的平滑性计算帧间的距离。运动平滑性思想基于这样的考虑:镜头内的运动是连续的、匀速的,而这种连续性和匀速性在镜头的分界处被破坏。

首先,计算所有相邻两帧的运动向量 $v_1(t, t+1)$,i 表示运动块的序号,如果运动向量大于预定的阈值,则认为有效,如

$$d_{i,1}(t) = \begin{cases} 1 & (|v_1(t, t+1)| > T) \\ 0 & (其他) \end{cases} \tag{8.2}$$

式中,$d_{i,1}(t)$ 是对图像中所有的块求和后得到两帧 $t, t+1$ 之间有效的运动块的个数,这个量可以理解为物体／摄像机运动的速度。

再用下式计算 $t,t+1$ 与 $t+1,t+2$ 之间的运动向量的差异。

$$d_{i,2}(t) = \begin{cases} 1 & (\mid v_1(t,t+1) - v_1(t+1,t+2) \mid > T) \\ 0 & (其他) \end{cases} \tag{8.3}$$

式中, $d_{i,2}(t)$ 是对所有的块进行求和,这个量可以理解为对运动连续性的一个度量,用这两个量可以计算第 t 帧的运动平滑性,计算方法为

$$W(t) = \frac{\sum_{i=1}^{N} d_{i,1}(t)}{\sum_{i=1}^{N} d_{i,2}(t)} \tag{8.4}$$

连续帧之间运动向量改变的越多,运动平滑性越低。帧间距离测度可以定义为运动平滑性的倒数,计算方法为

$$D_{t,t+1} = \frac{1}{w(k)} \tag{8.5}$$

（4）基于边缘的检测方法

基于边缘的检测方法是根据边缘特征,其基本思想是"在发生镜头转换时,新出现的边缘应远离旧边缘的位置;同样,旧边缘消失的位置应远离新边缘的位置"。可以利用边缘提取来检测镜头变化,在连续帧之间运动补偿,然后用 Canny 算子和数学形态学膨胀算子来提取边缘,然后对入边缘和出边缘进行归一化,即

$$P(C_{\text{out}}, I_t) = 1 - \frac{\sum_{i=1}^{x} \sum_{j=1}^{y} E(I_{t-1}, i + \alpha_{t-1,t}, j + \beta_{t-1,t}) E_{\text{d}}(I_t, i, j)}{\sum_{i=1}^{x} \sum_{j=1}^{y} E(I_{t-1}, i, j)} \tag{8.6}$$

$$P(C_{\text{in}}, I_t) = 1 - \frac{\sum_{i=1}^{x} \sum_{j=1}^{y} E_{\text{d}}(I_{t-1}, i + \alpha_{t-1,t}, j + \beta_{t-1,t}) E(I_t, i, j)}{\sum_{i=1}^{x} \sum_{j=1}^{y} E(I_{t-1}, i, j)} \tag{8.7}$$

E 和 E_{d} 分别代表轮廓图像和它膨胀后的图像, $(\alpha_{t-1,t}, \beta_{t-1,t})$ 代表两连续帧之间的全局运动平移向量,用边缘变化片断 ECF 作为相似性的度量,即

$$ECF(I_t) = \max(P(C_{\text{out}}, I_t), P(C_{\text{in}}, I_t)) \tag{8.8}$$

如果 $ECF(I_t) > T$ 则发生镜头变化。

边缘变换识别的方法适用性广,能够较好地识别出突变镜头,但是该方法计算较为复杂,且对边缘检测的依赖性强。

2. 压缩域中镜头检测方法

由于许多压缩标准（如 JPEG,MPEG,H. 26L 等）的制定,压缩格式的视频使用越来越广泛。按传统的在非压缩域内进行镜头检测,则需要对压缩的视频先进行解码。随着基于内容需求的增加,解压缩所需的额外重复费用不断增加。而在压缩域内进行检索,可以不需要解码或只需要部分解码。因此,近年来开始出现了直接对压缩视频进行镜头检测的算法,在压缩域内对镜头切变的检测多是利用 DCT 系数、运动向量及运动补偿宏块等信息进行的。图 8.5 是压缩域与非压缩域检索的对比示意图。

目前常用的在压缩域中进行镜头切变的检测方法有 DCT 变换法、DC 系数法和基于宏

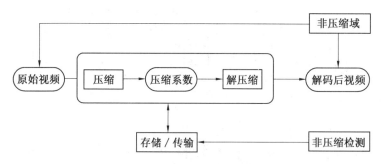

图 8.5　压缩域与非压缩域检索的对比

块类型的检测等。

(1) DCT 变换法

由于频域中的变换系数是与像素域紧密相关的,因此,DCT 系数可以用于压缩视频序列中的镜头边界检测。

首先计算相邻帧间的 DCT 系数的差值,然后将其与某一预先设定的阈值进行比较,从而做出镜头是否切换的判决。若该差值大于某一预先设定的阈值,就认为发生了镜头切换。对于 MPEG 视频序列而言,只有 I 帧在压缩时才包含 DCT 系数,对于 P,B 帧而言,由于它们传送的是预测或插值后得到的剩余误差 E 的 DCT 系数,实际的 DCT 系数需要通过运动补偿来求得。因此这种技术无法直接用于 B 帧和 P 帧。

(2) DC 系数法

DC 图像是原图像在空间域上的微缩,它的每个像素代表原图的一个 8×8 块,其像素值是对应块的平均值。DC 图保留了原图的重要信息,但其大小仅为原图的 1/64。因此,对于 MPEG 视频序列的每一帧提取 DC 图像就可以得到 DC 序列,用 DC 序列来检测镜头的切换,可以大大减少计算量及内存空间的开销,提高检测速度。

DC 系数由于是 8×8 像素块平均值的 8 倍,因而具有一定的代表意义。首先对视频序列中的每个图像帧进行一定程度的解码,将其 DC 系数取出来,构造 DC 系数缩微图。其中 I 帧的 DC 系数可以直接从 DCT 系数中抽取直流系数 $c(0,0)$,再除以 8 即可得到。对于 P,B 帧而言,由于传送的是预测或插值后得到的剩余误差 E 的 DCT 系数,实际的 DC 系数需要通过运动补偿来求得。这种方法速度比较快,但是在像素值类似而密度函数不同的两帧之间会造成误检测。

(3) 基于宏块类型的检测

在 MPEG 码流中,每个 B 帧是用它前后的 I 帧和 P 帧通过运动补偿算法来预测和插值的,仅仅对残差进行了编码。每个 B 帧的向前和向后进行运动补偿的宏块个数是同该 B 帧与其前后的 I 帧或 P 帧的相关性成正比的。如果两帧图像间有较大的不连续性,将会导致 B 帧中子块的运动补偿方式的不同。由此,根据 B 帧中宏块的类型可以检测镜头切变。

如图 8.6 所示,当一个镜头切换发生在一个 GOP(Group of Pictures)内时,有三种情况,根据不同的情况,可以定位镜头切变发生的位置。

图 8.6(a)中,镜头切变发生在 B1 帧。此时,大部分宏块是后向补偿的。如果该 B 帧和其后 B 帧中后向补偿的宏块个数都大于一个阈值,则说明场景在该 B 帧处发生了变化。

图 8.6(b)中,场景在 B2 处发生了变化。此时,B1 帧中的前向补偿和 B2 帧中的后向补

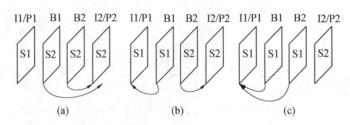

图 8.6　图像组（GOP）

偿的宏块个数比较接近。如果该 B 帧的后向补偿宏块个数和其前一个 B 帧的前向补偿宏块个数都大于一个阈值，则说明场景在该 B 帧处发生了变化。

图 8.6（c）中，场景在 I2 或 P2 处发生了变化。此时，大部分宏块是前向补偿的。如果该 B 帧和其前一个 B 帧中前向补偿的宏块个数都大于一个阈值，则说明场景在该 B 帧后的 I 帧或 P 帧发生了变化。

近年来，基于压缩域镜头边界检测的研究发展很快，继 DCT 系数法和 DC 系数法之外，又出现了基于运动矢量、子带分解、帧信息、模型等多种检测技术方法。

8.2.4　关键帧提取技术

关键帧是一幅能描述镜头主要内容的帧。在镜头检测的基础上，针对视频数据中有大量的冗余信息，可以采用提取镜头关键帧的方法来表达镜头的主要内容。得到关键帧以后，就可以使用基于内容的静止图像检索技术对关键帧进行检索，于是视频检索问题就转化为图像检索问题。由此看出，关键帧应该具有代表性，即对前者，应代表主题方面的特征，对后者，则视提取特征的不同而不同。

当前，一般采用保守原则来提取关键帧，即关键帧的提取为"宁错，勿少"；同时，在特征不具体的情况下，一般以去掉重复（或冗余）帧为原则。基于这一基本原则，不同的提取算法可以选取不同的原则，建立适合自身情况的判定标准，有时针对不同的视频事件，还可以选择不同的判定标准。

（1）基于镜头边界提取关键帧

此方法中将切分得到的镜头中的第一帧图像与最后一帧图像作为镜头的关键帧。这种方法主要应用在一组镜头中，相邻图像帧的特征变化很少，整个镜头中图像帧的特征变化也不大的情况。其优点是方法简单，运算量小；缺点是无法描述运动比较多的镜头，且效果不是很稳定，因为每个镜头的首帧或末帧不一定总是能够反映镜头的主要内容。

（2）平均值法

平均值法包括帧平均值法和直方图平均值法两种情况。帧平均值法是取一个镜头中所有帧在某个特殊位置上的像素平均值，将镜头中该位置的像素值等于平均值的帧作为代表帧。直方图平均值法是将镜头中所有帧的统计直方图取平均值，选择与该平均直方图最接近的帧作为代表帧。这两种方法的共同优点是计算比较简单，所选取的关键帧也具有平均代表意义。但因为是从一个镜头中选取一个关键帧，因此无法描述有多个物体运动的镜头。实际上，每个镜头选取多少个关键帧没有一个严格的定义，这与镜头中包含的内容有很大的关系。理想的选取结果应该是镜头长，变化大时选取的关键帧就多一点，否则少一点，甚至只有一帧。因此从镜头中选取固定数量的关键帧的方法，并非为十分可行的方法。应该用适当的方法,根据镜头的内容,选取几个能够代表镜头意义的帧作为整个镜头的关键帧。

(3)基于运动分析提取关键帧

通常,视频中通过摄像机在一个新的位置上停留或通过人物的某一动作的短暂停留来强调其本身的重要性。本方法通过光流分析来计算镜头中的运动量,在运动量取局部最小值处选取关键帧,它反映了视频数据中的静止状态。这种基于运动的方法可以根据镜头的结构选择相应数目的关键帧。若能先把图像中的运动对象从背景中取出,再计算对象所在位置的光流,可以取得更好的效果。

(4)基于镜头活动性提取关键帧

基于镜头活动性提取关键帧的方法首先计算内部帧和参考帧的直方图,然后计算活动性标志。根据活动性的曲线,把局部最小值的帧作为关键帧。

8.2.5　特征提取技术

特征提取是视频检索系统中的关键,在视频分割成镜头之后需要对各个镜头进行特征抽取,得到一个尽可能充分反映镜头内容的特征空间,这个特征空间将作为视频聚类和检索的依据。特征提取有镜头层次上的运动特征的提取以及关键帧层次上的静态视觉特征的提取等。运动是视频特有的特性,包括对象的运动和摄像机的运动,特别是对象的运动是很重要的信息。视频处理技术的快速发展,为运动特征的提取、分析、处理提供了有力的基础。可以利用现有的运动抽取工具,从视频源中收集"时空"特征,然后把这些数据集成到数据库中,对运动数据进行分析,这样,用户就可以进行视频运动挖掘,发现视频对象的运动模式、特点以及运动对象之间的关联等,进而获取知识,而这些获取的知识又可以应用于实时视频的监控、警告等。

(1)颜色特征

颜色特征是在图像检索中应用最为广泛的视觉特征,主要原因在于颜色往往和图像中所包含的物体或场景十分相关。此外,与其他的视觉特征相比,颜色特征对图像本身的尺寸、方向、视角的依赖性较小,从而具有较高的稳健性。

图像颜色特征的表达涉及如下三个方向的问题:一是选择一个合适的颜色空间;二是将颜色特征量化为向量形式;三是定义一种相似度(距离)标准用来度量不同图像之间在颜色上的相似性。实验证明,HSV 颜色模型与人类对颜色的感知接近,可以更好地反映人对色彩的感知和鉴别能力,非常适合基于颜色的图像相似性的比较。

(2)纹理特征

纹理也是描述图像内容的一个重要特征,特别是对灰度呈梯度变化的图像。它是一种不依赖于颜色或亮度的反应图像中同质现象的可视化特征,它能反映宏观意义上灰度变换的一些规律。从人类的感知经验出发,纹理特征主要有粗糙性、方向性和对比度,这也是用于检索的主要特征。

基于纹理特征的图像检索技术与纹理分类技术密切相关。纹理分类就是通过图像处理技术提取纹理特征,研究这些纹理在图像中反复出现的局部模式和它们的排列规则,获得对纹理的定量描述,进而对图像或物体进行正确分类。

对纹理图像的描述常借助纹理统计特性或结构特性进行,对基于空间域的性质也常可转换/变换到频率域进行研究,所以常用的三种纹理描述方法是:

①统计法。统计法是根据像素灰度的统计特性确定纹理特征的,如直方图统计特征法、自相关函数法等;这种方法被用于分析像木纹、沙地及草地等纹理细而又不规则物体。

②频谱法。频谱法是将图像变换到频域,从频谱导出其纹理特征的。如基于傅里叶变换的纹理描述、基于小波变换的纹理描述等。

③结构法。结构法是将复杂的纹理图像通过特征提取和分割得到局部基元和它们的属性及其相互关系,对纹理基元及其排列规则进行描述、分析和解释。这种方法适用于分析布料图案或砖的花样等一类由规则基元组成的纹理。

结构法纹理描述在实际运用中没有统计法和频谱法那样广泛。这些方法的共同点在于提取了特定纹理描述中最重要的特征,突出了纹理的不同方面。

（3）形状特征

形状是刻画物体最本质的特征,也是最难提取和描述的图像特征之一,在人的视觉感知、识别和理解中形状是一个重要的参数。基于形状的图像检索是图像检索中难度较大的一种。通常来说,形状特征有两种表示方法,一种是轮廓特征,另一种是区域特征。图形轮廓特征用到物体的外边界,而图像区域特征则关系到整个形状区域。这两类形状特征的最典型方法分别是傅里叶描述符和形状无关矩。

8.3　视频信息检索标准

多媒体内容描述接口(Multimedia Content Description Interface),简称为 MPEG-7,其目标就是产生一种描述多媒体内容数据的标准,满足实时、非实时以及推-拉应用的需求。图8.7 是表示 MPEG-7 处理过程的框图,包含了 MPEG-7 的范围,整个过程包括了特征提取(Feature Extraction)与分析(Analysis)、自描述(Self-Description)和搜索引擎(Search Engine)。为了增强 MPEG-7 标准的可重用性和延长标准的生存期,使描述器得到最大的利用,特征提取这一部分并没有纳入到标准中,尽管自动或半自动的特征提取算法非常有用,但 MPEG-7 想留出一定的空间,让工业界进行竞争,其次是希望特征提取的技术在未来不断地提高。搜索引擎也未被纳入 MPEG-7 的标准部分,同样也是认为只有不断地竞争才能产生最好的结果。

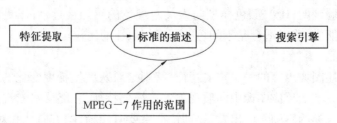

图 8.7　MPEG-7 处理过程的框图

从1996 年至今,MPEG-7 已经发展到第二个版本,并且随着其他相关领域的发展仍在不断地得到完善。在 MPEG-7version 2 中,将其主要功能分为 10 个部分,各部分的名称和功能见表8.1。

表 8.1 MPEG-7 的主要功能

名称	功能
系统	标准结构体系,包括有关 MPEG-7 描述和终端技术编码的二进制格式
描述定义语言	定义新描述方案和新描述符的语言
视频部分	指定视觉信息的描述符和描述方案
音频部分	指定听觉信息的描述符和描述方案
多媒体描述方案	指定一般性的多媒体(多于一种媒体的情况)的描述符和描述方案
参考软件	为 MPEG-7 描述符、描述方案、编码方案、描述定义语言提供模拟平台
一致性检验	包括测试 MPEG-7 实施的一致性的说明和过程
描述的提取和使用	以技术报告的形式提供关于抽取和使用一些描述工具的带有大量信息的材料
轮廓和级别	收集 ISO/IEC 15938 所有部分关于 MPEG-7 的概况和级别的标准
模式定义	用描述定义语言指定方案

1. 主要内容

MPEG-7 提供了一套丰富的标准化工具来描述多媒体内容,无论是人类用户还是自动系统,对视听信息的处理过程都是 MPEG-7 考虑的范围。

MPEG-7 标准描述的多媒体信息内容的含义超越了传统意义上的图像、声音、文本的局限,这些内容包括:

①客观世界:静止图像、图表、图形、文本、3D 模型、音频、语音、活动视频、动画、场景中的景象关系、媒体播放设备、媒体记录设备、媒体存储设备、媒体交互设备等。

②主观世界:对事物或事件的概括、人的感情色彩、价值取向等。

③合成信息:客观世界和主观世界各种元素之间有机结合后构成的多媒体信息。

MPEG-7 中有三个重要的概念:描述符 D (Descriptor)、描述方案 DS (Description Scheme)、描述定义语言 DDL(Description Definition Language)。

(1)描述符(D)

描述符用来描述多媒体信息内容的各种特征,描述子定义了表示特征的语法和语义。

(2)描述方案(DS)

描述方案定义了其各组成部分(描述符和描述方案)之间的结构和语义关系。

(3)描述定义语言(DDL)

MPEG-7 标准定义了一种描述定义语言用来定义、创建和生成描述符和描述方案。MPEG-7 标准的 DDL 语言是一种模式化语言,它提供了把描述符构建为描述方案的规则。DDL 语言可以创建新的描述符和描述方案,也可以扩展或修改已有的描述方案。

MPEG-7 标准的 DDL 语言是以 XML(文本格式)语言为基础,但由于 XML 并不是专门用来作为多媒体信息内容描述语言来设计的,因此 MPEG-7 标准在 XML 的基础上做了进一步的扩展。MPEG-7 标准的 DDL 语言包括:

①XML 语言的结构部分。

②XML 语言的数据类型部分。

③MPEG-7 标准的扩展部分。

（4）系统工具

MPEG-7 标准系统工具说明了对存储和通过网络传输的描述方法,包括多媒体信息内容及其描述之间的同步方法、传输机理、文件格式、版权保护、描述数据与外部管理设备的接口等。MPEG-7 标准系统工具具有管理和保护的智能特性,可保证 MPEG-7 标准描述能够高效地存储和传输,并确保多媒体信息内容及其描述之间能够同步。

MPEG-7 标准系统工具的结构由压缩层、传输层及应用接口和物理网络接口组成,通常在传输层对 MPEG-7 的基本数据流进行打包并加入时间标志,对数据包进行复用,使之能够任意存储和通过任意传输网络,MPEG-7 数据流可以单独传输,也可以与所描述的多媒体信息内容数据一起传输。

2. 基本框架

MPEG-7 标准的基本框架如图 8.8 所示,由内容组织、内容管理、内容描述、导航与存取、用户交互以及基本元素 6 部分组成。这一框架将媒体的基本元素与媒体的内容组织、管理、描述有机地结合起来,并给出了用户交互和对媒体进行访问的基本形式与方法。

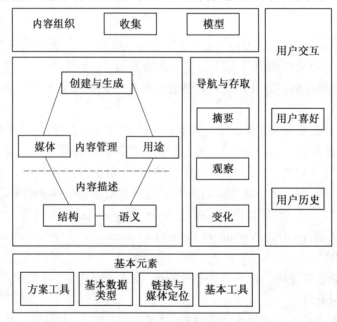

图 8.8 MPEG-7 标准的基本框架

MEPG-7 中为内容描述开发的描述方案分为两类:描述 AV 文件结构形态的描述方案和描述概念形态的描述方案。MPEG-7 可独立于其他 MPEG 标准使用,但 MPEG-4 中所定义的对音频、视频对象的描述同样适用于 MPEG-7,这种描述是分类的基础。此外,还可以利用 MPEG-7 的描述来增强其他 MPEG 标准的内容描述功能。

3. 描述方案

描述方案包括多媒体的描述符和其他相关的描述方案。多媒体描述方案工具根据其功能分成 6 组:基本元素、内容描述、内容管理、导航与访问、内容组织、用户交互。描述符定义特征表示句法和语义的表达与结构,将特征和一组数值对应,从而定量描述内容。在

MPEG-7 中,一共考虑了 5 类基本的视觉特征:颜色、纹理、形状、运动、位置,因此有 5 类相应的描述符与之对应。另外还有一种基于脸部特征的人脸识别描述符。描述符为视频内容的分析提供了统一标准,详见表 8.2。描述定义语言用来产生新的描述方案和描述符的语言,也允许修改和扩展已有的描述方案和描述符。

表 8.2　视觉特征和描述符分类

特征	描述符
颜色	颜色空间、颜色量化、主颜色、可伸缩颜色、颜色布局、颜色结构、帧组/图组颜色
纹理	同质纹理、边缘直方图、纹理浏览
形状	基于区域的形状、基于轮廓的形状、3D 形状
运动	摄像机运动、运动轨迹、参数运动、运动活力
位置	区域位置、时空位置
其他	人脸识别

描述方案、描述符和描述定义语言构成了 MPEG-7 的核心内容。

4. 主要应用

MPEG-7 的应用范围很广泛,既可应用于存储(在线或离线),也可用于流式应用(如 Internet 上的广播、点播等),它可以在实时或非实时环境下应用。

MPEG-7 的具体应用领域包括:

(1)索引和检索类

索引和检索类应用主要包括:视频数据库的存储检索;向专业生产者提供图像和视频;商用音乐;音响效果库;历史演讲库;根据听觉提取影视片段;商标的注册和检索。

(2)选择和过滤类

选择和过滤类应用主要包括:用户代理驱动的媒体选择和过滤;个人化电视服务;智能化多媒体表达;消费者个人化的浏览、过滤和搜索;向残疾人提供信息服务。

(3)专业化

专业化应用主要包括:远程购物;生物医学应用;通用接入;遥感应用;半自动多媒体编辑;教学教育;保安监视;基于视觉的控制。

8.4　视频信息检索的应用系统

随着网络技术、多媒体技术的飞速发展,视频检索技术日益成熟、完善。基于内容的视频检索还要解决多种检索手段相结合的问题,以提高检索的效率。目前,国内外已研发出了多个基于内容的视频检索系统。

当前的视频检索系统主要有 IBM 的 QBIC,哥伦比亚大学的 VideoQ,清华大学的 TV-FI 等,以及广泛应用于互联网的检索系统 OpenV、Google、百度、腾讯搜搜、新浪爱问等。

8.4.1　QBIC 系统

美国 IBM 公司推出的 QBIC(Query By Image Content)是第一个商业化的基于内容的检

索系统,也是最典型的基于内容的视频检索系统,对视频检索的发展有着很大的影响。

QBIC 图像检索系统是 IBM 公司于 20 世纪 90 年代开发制作的图像和动态景象检索系统,是第一个基于内容的商业化的图像检索系统。QBIC 系统提供了多种查询方式,包括:利用标准范图(系统自身提供)检索,用户绘制简图或扫描输入图像进行检索,选择色彩或结构查询方式,用户输入动态影像片段和前景中运动的对象检索。在用户输入图像、简图或影像片段时,QBIC 对输入的查询图像的颜色、纹理、形状等特征进行分析和抽取,然后根据用户选择的查询方式分别进行不同的处理。

QBIC 中使用的颜色特征有色彩百分比、色彩位置分布等;使用的纹理特征是根据 Tamura 提出的纹理表示的一种改进,即结合了粗糙度、对比度和方向性的特性;使用的形状特征有面积、圆形度、偏心度、主轴偏向和一组代数矩不变量。QBIC 还是少数几个考虑了高维特征索引的系统之一。QBIC 除了上面的基于内容特性的检索,还辅以文本查询手段。例如为旧金山现代艺术博物馆的每幅作品给予标准描述信息:作者、标题、日期,许多作品还有内容的自然描述。

8.4.2　WebSEEK 系统

VisualSEEK 是一种在互联网上使用的基于内容的检索系统,由美国哥伦比亚大学电子工程系与电信研究中心图像和高级电视实验室共同研究。VisualSEEK 同 QBIC 一样提供了多种查询方法:根据视觉特征、图像注释、草图等。它根据草图检索的方法注重图像中不同色块的空间位置关系,只有具有良好空间区别性的草图才可以得到较好的结果。它实现了互联网上的基于内容的图像/视频检索系统,提供了一套供人们在 Web 上搜索和检索图像及视频的工具。它采用了先进的特征抽取技术;用户界面强大、操作简单、查询途径丰富;结果输出画面生动,支持用户直接下载信息。

VisualSEEK 提供一系列查询万维网视图信息的搜索工具,WebSEEK 是其中功能强大的特色工具。WebSEEK 是基于内容的图像、影像目录和搜索引擎,典型的万维网图像搜索引擎。提供主题分类、文本和图像检索。WebSEEk 提供两种方式检索,目录浏览和特征检索方式。

(1)目录浏览

WebSEEK 是万维网对视频信息进行编目的突破。其主题目录按照字母顺序(a～z)分为下列 20 余大类:Animals,Architecture,Art,Astronomy,Cats,Celebrities,Dogs,Food,Horror,Humour,Movies,Music,Nature,Sports,Transportation,Travel 视觉特征(Visual Features)等。

(2)特征检索

可以检索视频(Videos)、彩图(Colorphotos)、灰度图(Grayimages)、图形(Graphics),或者选择所有途径(All)进行组合检索。此外,还可以递交 URL(URLS)。

VisualSEEK 是基于视觉特征的检索工具,WebSEEK 是一种面向 WWW 的文本或图像的搜索引擎。这两个检索系统的主要特点是采用了图像区域之间的空间关系和从压缩域中提取的视觉特征。系统所采用的视觉特征是利用颜色集和基于小波变换的纹理特征。VisualSEEK 同时支持基于视觉特征的查询和基于空间关系的查询。WebSEEK 包括三个主要模块:图像/视频采集模块,主题分类和索引模块,查找、浏览和检索模块。相对于其他的多媒体检索系统,VisualSEEK 的优点在于:高效的 Web 图像信息检索,采用了先进的特征抽取

技术,用户界面强大,操作简单,查询途径丰富,输出画面生动且支持用户直接下载信息。而
WebSEEK 本身就是一个独立的万维网可视化编程工具,至 1999 年已经对 650 000 幅图像和
10 000 个影像片段进行了编目,用户可以使用目录浏览和特征检索方式进行图像检索。

8.4.3　Photobook

Photobook 系统由美国麻省理工学院多媒体实验室开发,用于图像查询和浏览的交互工
具。它由 3 个子系统组成,分别负责提取形状、纹理、面部特征。因此,用户可以在这 3 个子
系统中分别进行基于形状、基于纹理和基于面部特征的图像检索。在 Photobook 的版本 Fo-
urEyes 中,提出了把用户加入到图像注释和检索过程中的思想。同时由于人的感知是主观
的,又提出"模型集合"来结合人的因素。实验结果表明,这种方法对于交互式图像注释来
说非常有效。

8.4.4　VideoQ 系统

VideoQ 视频检索系统是全自动的面向对象基于内容的视频查询系统,拓展了基于关键
字或主题浏览的传统检索方式,提出了全新的基于丰富视觉特征和时空关系的查询技术,
可帮助用户查询视频中的对象,能全自动切分并跟踪视频中任意形状的对象,提供包括颜
色、纹理、形状和运动在内的丰富视觉特征库。

目前,VideoQ 支撑着一个超过 2 000 段视频的数据库,每段都被压缩并以 3 层结构保
存,其主要功能包括:全自动切分并跟踪视频中任意形状的对象;提供包括颜色、纹理、形状
在内的丰富视觉的特征库,实现了基于多对象时空关系的视频检索,以及通过草图实现视
频查询。

8.4.5　其他系统

RetrievalWare 是由 Excalibur 科技有限公司开发的一种基于内容的图像检索工具。早
期版本中,可以看到该系统的重点在于运用神经网络算法实现图像检索。在比较新的版本
中提供基于 6 种图像属性的检索,分别是颜色、形状、纹理、颜色结构、亮度结构和纵横比。
颜色属性是对图像的颜色及其所占的比率进行测定,但并不包括对颜色的结构或位置的测
定,这一项是由颜色结构属性控制的;形状属性指图像中物体的轮廓或线条的相对方位、弯
曲度及对比度;纹理属性是指图像的平滑度或粗糙度,一幅图的表面特性;亮度属性是指构
成图像的像素组合的亮度。这是一个非常有力的图像检索工具。

Virage 是由 Virage 公司开发的基于内容的图像检索引擎。同 QBIC 系统一样,它也支持
基于色彩、颜色布局、纹理和结构等视觉特征的图像检索。Jerry 等人还进一步提出了图像
管理的一个开放式框架,将视觉特征分为通用特征(如颜色、纹理和形状)和领域相关特征
(如用于人脸识别和癌细胞检测等)两类。Virage 公司的 VIR(Visual Information Retrieval)
图像引擎提供了 4 种可视属性检索(颜色、成分、纹理和形状)。每种属性被赋予 0～10 的
权值。通过颜色特性检索最简单明了,该软件对选出的基础图像的色调、色彩以及饱和度进
行分析,然后在图像库中查找与这些颜色属性最接近的图像。成分(Composition)特性指相
关颜色区域的近似程度。用户可以设定一个或多个属性权值来优化检索。要达到最佳平衡
度需要反复试验,但检索过程是相当快的。在结果显示矩阵中可以选择查看 3,6,9,12,15

或 18 个简图。通过对 4 个属性权值的调整,显示出不同的检索结果。简图是根据相似度降序排列的。点击简图标题将得到该图像的一些详细说明,包括 Virage 计算出的相似比。

从 20 世纪 90 年代后期至今,基于内容的检索技术逐渐成为国际研究和应用的热点。但国内由于在该领域的研究起步较晚,技术水平相对滞后,所以,大规模的、用于相关领域的应用系统还不多;更无法满足视频点播、医疗、军事等领域对视频处理的要求。因此还需要做更多的理论和实践的研究,以实现真正的基于内容的检索。目前国内正研究开发的视频检索系统有:

(1)NewVideoCAR 和 MIRC

NewVideoCAR 是国防科技大学多媒体研究开发中心研制开发的新闻节目浏览检索系统。MIRC 是国防科技大学系统工程系研制开发的多媒体信息查询和检索系统。

(2)TV-FI

TV-FI(Tsinghua Video Find It)系统是清华大学开发的视频节目管理系统。该系统可提供视频数据入库、基于内容的浏览、检索等功能,并提供多种数据访问视频数据,包括基于关键字查询、示例查询、按视频结构浏览及按用户自定义类别进行浏览等。

习　　题

1. 为什么要进行视频检索?目前主要研究哪种视频检索技术?
2. 视频数据分为哪几个层次?它们之间的关系如何?
3. 相对于基于文本的检索,基于内容检索的优点有哪些?
4. 简述基于内容检索的关键技术。

第9章

数字音视频技术应用

本章要点：
- ☑ 高清数字电视与数字电视标准
- ☑ 移动电视标准与发展趋势
- ☑ 数字视频监控系统构成与应用
- ☑ 达芬奇技术应用于数字视频
- ☑ 机器视觉及应用
- ☑ VOIP 与 IPTV 系统架构与应用
- ☑ 数字音频工作站系统构成及应用

近年来，网络 IP 化趋势日益明显，VoIP,IPTV 等业务的迅猛发展表明以 IP 为核心的业务承载方式已经引起了普遍关注。并且，随着技术进步和市场需求的增加，互联网上承载的内容已经逐渐由单纯的文字发展为包含文本、音频、视频等在内的多媒体数据，尤其是交互式多媒体播放服务 IPTV，它充分考虑到人类的多样性和个性化需求，是宽带网络环境下产生的新的电信增值业务。

9.1 数字音视频的未来应用

在不久的将来，音视频的应用并不仅仅局限于现有的内容播放，而是利用先进的处理技术，在实现更美好的用户体验的同时，实现更多的创新应用。在这些应用中，数字音视频设备本身就能够通过智能化的视频应用，全面提高服务质量、操作可靠性以及用户安全性。

9.1.1 数字音视频技术的全新展望

1. 未来的数字乐园

（1）智能化机顶盒

智能化机顶盒带来更高级的家庭娱乐体验功能，其特色在于可以在世界任何地方带来丰富的娱乐节目，实现真正的视频点播，娱乐节目既可以是存储在家用计算机中，也可以是实时的现场直播。机顶盒还可以在家庭娱乐中心中集成家庭监视安全系统，使主人无须起身就能够通过电视屏幕识别门前的来宾。利用物体与面部识别技术，安全系统能够自动识别家人，并允许他们无须钥匙就能够进入房间。人们可以在想放松的时候随时随地开始娱乐。机顶盒可以自动设置自己的时钟，只需按下一个按钮即可录制节目。利用语音识别技术，用户可以通过语音指令调节音量或换台，免去了使用遥控器的麻烦。利用集成的功能，工程师能够整合设计并提供完整的、所需设备数量更少的家庭娱乐系统,从而降低系统尺寸、成本以及功耗。

（2）新功能与新服务的实现

数字音视频系统可以提供三重业务,即语音、视频与数据整合的服务提供商将可以提供综合视频会议服务,以支持实时视频呼叫。利用按需内容服务,用户能够获得更加详尽的信息,如运动员统计资料、有关节目主题的更详细信息或者更丰富的产品信息,如观看节目时了解某款新车的详细情况。远程接入服务使人们随时能够通过便携设备全面了解这些信息。例如,在现场观看比赛时,体育迷们也能够像在家中那样利用 PDA 访问丰富的选手资料数据库。

（3）身临其境的电子游戏

未来的电子游戏能够让用户在虚拟的世界中扮演角色,例如通过在用户的普通眼镜上投射视频的虚拟游戏,这将给用户带来耳目一新的独特娱乐感受,从而带来身临其境的感觉;而几乎无处不在的网络连接也能够使玩家们与全球的任意其他玩家进行实时互动;利用无线技术,玩家们可以随时随地进入游戏,物体识别技术能够确保玩家在玩游戏时不会撞到任何东西。

2. 更高的质量与控制

照相与摄像设备可以在提供更高质量的同时,进一步简化用户与照片及视频互动的方式。芯片制造工艺与算法的进步可以提高整体视频与影像质量。先进的前处理算法与后处理算法可以智能化地调整亮度、对比度以及焦距,从而确保每个画面都完美无缺。

诸如现场处理深度等功能增强可以显著提高图像的真人质量。灵活的处理选项使用户能够使用各种设置采集图像,如:黑白、彩色、红外线、热传感器等。智能照片管理功能可以实现快速、简便的照片检索,同时在拍照时利用对象识别技术还可以自动进行照片管理。智能相机给人们带来丰富多彩的新功能,如相机只有等画面中的所有人都睁大眼睛时才拍照等。甚至人们可以获得通过自己的眼睛看到的,而不是通过相机镜头看到的照片。

3. 更好的安全与健康管理

除了利用数字视频创新带来的更高级娱乐功能之外,车载应用利用先进的汽车前视投影技术还可以提高系统可靠性。直接投射到挡风玻璃上的叠加投影可以传递重要的信息,如当前车速等,从而使司机能够更加注意前面的道路。在大雾中行驶时,物体识别技术可以显示前面的物体,使司机能够像在正常天气下那样看清路面。利用夜间视觉与热传感技术,司机可以看到大灯之外和两边的物体,这样车子前面或车子之间就不会突然出现动物或物体。这些功能结合在一起使智能汽车能够察觉潜在的危险并且提前提醒司机,从而减少事故数量并提高司机的整体安全性。

从健康管理角度来看,新型医疗设备使医生能够更好地了解人体,同时还可以提供现场诊断功能,从而实现更有效的医护,抢救更多生命。便携医疗影像设备可以提供高清晰、实时人体扫描。利用这种设备,急救人员能够对病人做出更合理的诊断,因为可以扫描信息,并立即、自动、实时发送到医院,从而在途中即可实施合理的治疗,节省宝贵的时间。在医院中,医生与护士将拥有无线智能监控设备,药丸大小的体内相机可深入人体内巡回,为医生提供尽可能详细的信息。利用便携式电子检测板可以显著提高诊断的准确性,这种由病人随身携带的微型设备可以随时随地向医疗人员提供相关的重要信息,如病历、状态、目前服药情况等。

9.1.2　音视频应用的创新基础

为了把上述数字视频的全新展望变成现实,就必须设法降低视频处理系统的复杂性。由于数字视频系统本身是一个极其复杂的系统,尤其是当它只是属于一个更复杂应用的组成部分时,如医疗仪器或机动车。

许多专用的功能,例如 IP 网络中视频的可靠传输通常成本高昂,而且往往由少数几家公司独占。而现成代码的出现可涵盖从低级的视频编解码器(CODEC)到应用级网络堆栈,以及它们在系统级的集成,从而可以消除设计复杂性的主要源头。采用高效、标准的视频编解码器,如 Windows Media,H.264,MPEG-2 等,可以提高嵌入式应用整合及视频流传输的能力。利用可编程平台,开发人员不但可以选择业界一流的 CODEC,而且还可以支持各种 CODEC,而不必修改应用级代码。开发人员可以调整整个生产线,以便利用优化的芯片最大化 IP 再利用,加速整体上市进程并且简化成本,这一切都不需要为重新设计而大动干戈。

基于视频应用的迅速增加,开发者往往需要花费很长的时间熟悉各种多媒体及数字视频的标准和算法,而已经实现的数字视频标准往往是与某种特定的硬件平台或者操作系统绑定的,开发者必须进行大量的手动代码编写和修改工作来进行开发和改变。数字视频的实现成为复杂、耗时和昂贵的过程,对于大部分嵌入式应用来说是不切实际的。

TI 公司推出的新一代视频处理平台,即达芬奇(DaVinci)技术及其系列产品,提供了解决此难题的一种很好的方案。利用达芬奇技术,德州仪器(TI)公司把数字视频产品开发提升到全新的高度。最高性能的 DSP 核心、ARM 处理器、视频加速器以及先进的视频与网络外设将融为一体,创造出基于优化 DSP 的片上系统(SoC),以最低的系统成本提供可编程的、最佳的视频系统性能。开发人员可以享受芯片级架构创新的优势,由于可以使用那些充分利用这些创新优势的软件而不必亲自开发软件,因此设计周期可以从数月缩短到数周。

1.达芬奇技术所面临的主要挑战

达芬奇技术应用的目标就是数字视频。它将固定功能器件的高效率和可编程器件的灵活性结合在一起,支持各种数字视频的终端设备,诸如数码相机、IP 机顶盒、便携式多媒体播放器、视频会议系统等,为开发者提供更快、更容易的实现数字视频的解决方案。达芬奇技术面临的主要挑战有:

①数字视频的内容可以用多种方式操作,例如转换编码格式、改变分辨率、存储在不同设备上进行重放等。

②数字视频可以是各种不同格式的编码,开发者必须首先确定视频的编码格式,如 MPEG-2,MPEG-4,H.264,WMV,DivX 等。

③数字视频可以使用各种机制来存储,例如本地硬盘、远程服务器、DVD 或 VCD 等固定媒质、Flash 等存储器,以及摄像机或媒体播放器等设备。

④数字视频可以用不同方式来进行访问,如固定文件、有线网络和无线网络、广播媒体、实时网络流、非实时网络流等。

2. 达芬奇技术的组成和创新

达芬奇技术是一种内涵丰富的综合体,专门针对数字视频系统进行了优化,集成了数字信号处理 SOC、多媒体编解码器、AIP、框架、开发工具等功能,由达芬奇处理器、达芬奇软件、达芬奇开发工具和达芬奇技术支持系统等组件构成。

(1)达芬奇处理器

达芬奇处理器将高性能可编程的内核与存储器及外设集成在一起,它包括一个可编程的 DSP 处理器,以及面向视频的硬件加速器,为实时的压缩-解压缩算法及其他通信信号处理提供所需的计算功能;它将一个 RISC 处理器和 DSP 组合在一起,增强对控制界面和用户界面的支持,使之更容易编程实现;所集成的视频外设,简化了设计,降低了成本;因此,能够满足各种数字视频终端设备对价格、性能以及功能等多方面的需求。

DM6446 在 2005 年 12 月推出,系统包括一个 ARM 子系统、一个 DSP 子系统和一个视频处理子系统(VPSS),还带有一个图像协处理器(VICP)和各种丰富的外设。其功能构成框图如图 9.1 所示。

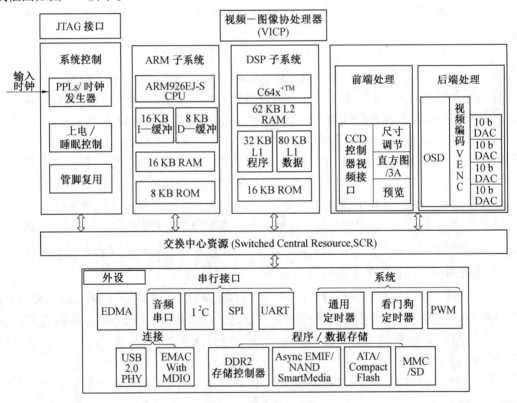

图 9.1 DM6446 的功能框图

达芬奇处理器 TMS320 DM6446/6443 集成了 ARM926EJ-STM 与 C64x+内核,是专用于加速数字视频应用的芯片,是达芬奇技术的杰出代表,它包括两个基于数字信号处理器 DSP 的片上系统(SOC)以及多媒体编解码器、应用编程接口 API、框架与开发工具等。这些集成型组件是业界最早推出的、最完整的开放式平台产品,无须具备广泛的数字视频专业技能即可实现数字视频的创新。对采用达芬奇技术的产品来说,添加视频功能变得像 API 编程一样简单,不仅可为厂商节省大量的开发时间,而且还能大幅度地降低系统的开发成本。

新型 TMS320 DM6467 达芬奇处理器特别适合实时多格式高清视频编解码,并配套了完整的开发工具及数字多媒体软件。该芯片集成了 ARM926EJ-S 内核与 600 MHz C64x+DSP 内核,并采用了高清视频协处理器、转换引擎与目标视频端口接口,在执行高清 H.264HP@ L4(1080p 30 fps、1080i 60 fps,720p 60 fps)的同步多格式编码、解码与转码方面,比前一代处理器性能提升了 10 倍。

作为专为应对商业及消费类电子市场的高清转码挑战而设计的处理器芯片,TMS320 DM6467 采用多内核设计,集成了 ARM 与 DSP 内核,并采用高清视频/影像协处理器(HD-VICP)、视频数据转换引擎以及目标视频端口接口。HD-VICP 通过面向 HD 1080i H.264 High Profile 转码的专用加速器,实现了超过 3 GHz 的 DSP 处理能力,同时视频数据转换引擎还能管理包括垂直下调节(Downscaling)、色度采样(Chroma Sampling)以及菜单覆盖(Menu Overlay)等功能在内的视频处理任务。不到 300 MHz 的 DSP 内核可用于管理多格式视频转码,并为其他应用预留了足够的空间。DM6467 可满足媒体网关与 MCU 等需要转码技术的市场要求,但其强大的灵活性与高效性对要求同时进行高清编码与解码的应用来说极具吸引力,如视频语音或视频安全等对于多通道标清编码要求较高的市场。该器件的连接外设中还包括标准 PCI 总线及千兆以太网。

DM6467 的高集成度与优化特性不仅能以仅仅为前一代产品十分之一的成本实现同等的高性能,同时还确保了应有的高灵活性,以满足多逻辑单元(MCU)与视频监控等应用对多种视频格式的要求。

(2)达芬奇软件

达芬奇软件运行在达芬奇处理器之上,具有可互操作性的代码、随时可投入生产的视频和音频标准编解码器,这些编解码器沿用 DSP 和集成加速器的功能,能够充分利用芯片的资源,内置在可配置的框架内,通过常用操作系统中已公布的应用编程接口(Application Programming Interfaces,API)提供给开发者。DaVinci 目前支持 MontaVista 专业版的 Linux 2.6.10和 Windows CE。

API 是达芬奇技术所集成的主要功能之一。所有对视频文件的开、关、读写以及参数配置、记录与重放等复杂细节的实现都由低层的驱动器来处理,通过公共的 Linux 和 Windows CE 的 API 来调用这些驱动器。

DaVinci 的 API 使开发者通过简单地调用函数,使用做好了的驱动器和编码/解码器(CODEC)来实现数字视频,屏蔽了应用层面的复杂性,可以访问各种不同的来源、不同方式所实现的视频流,不需对应用程序代码进行大的改变,使开发者可以将主要精力集中于应用的开发,不再需要关注 CODEC 实现的技术细节。API 也可以通过提高代码的可移植性,来达到跨产品的平滑过渡。

达芬奇技术同时为各种应用领域及设计提供了一系列工具与套件,如低成本入门工具、完整的开发套件以及参考设计,它所采用的 ARM/DSP 集成开发环境(IDE)、操作系统工具以及 DSP 工具能够使开发人员在熟悉的环境中编程,可直接利用达芬奇技术的优势,加速设计与开发的过程。

达芬奇技术的支持体系包括端到端视频环境、系统集成商以及具备达芬奇技术知识和视频系统专业知识的软硬件解决方案供应商,可以帮助开发厂商将产品快速推向市场。

　　达芬奇技术的灵活性来源于其可编程的体系结构。以双核的 DM644x 为例,其内部包含 ARM 和 DSP 两种架构。通常,专用集成电路(ASIC)只应用于特定产品中,当产品标准改变时,ASIC 就需要被重新设计,这将花费大量的时间,增加产品成本;FPGA 等可编程逻辑器件拥有足够的可编程处理能力,但是使用 FPGA 实现的系统是不完善的,其性能与效率也达不到实际要求,仍需进行二次开发,在独立的 ASIC 硬件开发环境中实现其设计功能。达芬奇技术提供了很好的解决方案,在达芬奇架构中,ARM 内核与 DSP 内核都是可编程的,可以通过修改代码与驱动程序随时对系统进行更新与优化,开发人员只要使用可靠的 ARM 工具编写应用代码即可,无须编写任何 DSP 代码。TI 公司与其合作伙伴提供了 API CODEC 以及驱动程序,可以轻松实现视频。利用 DM644x 的可编程特性,可以根据不同的 CODEC 对相同的硬件资源进行动态的重新配置,减少系统硬件上的改动,降低成本。

3. 达芬奇技术 Codec Engine 框架

　　Codec Engine(编解码引擎)是连接 ARM(Advanced RISC Machine,嵌入式 RISC 微处理器)和 DSP 或协处理器的桥梁,是介于应用层(ARM 侧的应用程序)和信号处理层(DSP 侧的算法)之间的软件模块。Codec Engine 是一系列用于表示和运行数字多媒体标准化 DSP 算法接口 xDAIS(eXpressDSP Algorithm Interoper ability Standard,eXpressDSP 算法协同标准)及算法的 API(Application Programming Interfaces,应用编程接口)。Codec Engine 提供一个 VISA 接口,与符合 xDM(eXpress DSP Digital Media standard,eXpressDSP 数字媒体标准)的 xDAIS 算法进行互动。

　　(1)Codec Engine 的组成

　　Codec Engine 包括核心 Engine API 和 VISA API。核心引擎 API 相关接口模块为:初始化模块(CERunt ime)、Codec Engine 运行时模块(Engine_)、存储器 OS 抽象层(Memory_);VISA API 的接口模块有:视频编码器接口(VIDENC_)、视频解码器接口(VIDDEC_)、图像编码器接口(IMGENC_)、图像解码器接口(IMGDEC_)、语音编码器接口(SPHENC_)、语音解码器接口(SPHDEC_)、音频编码器接口(AUDENC_)、音频解码器接口(AUDDEC_),各个模块分别包含在对应的头文件中。

　　应用程序必须使用 CE 核心引擎的 3 个相关模块打开或者关闭 CE 范例,同时可以获得存储器使用的状态和 CPU 负载的信息,应用程序也可以打开一个 CE 范例,使用 VISA 包中的模块,产生各种算法实例,然后使用同一模块运行或控制该算法。特别注意引擎的句柄是非线性保护的,对单独使用 CE 的每个线程来说,必须执行 Engine_open,并管理好自己的引擎句柄。

　　(2)Codec Engine 框架

　　Codec Engine 和服务器之间的关系可以比作客户机和应用服务器之间的关系,其本质是实现双核上的远程调用。在整个过程中首先引入了远程过程控制(RPC)的概念,RPC 有客户端和服务器,客户端遵循某种通信协议,通过物理链路向服务器发送一条命令,然后服务器执行相应的命令,并且将结果返回给客户端。DM6446 芯片将 ARM 作为客户端,DSP 作为服务器,共享 DDR2 存储器作为两个存储器之间的物理链路,而 DSP Link 是物理链路上的通信协议,图 9.2 给出 Codec Engine 的结构示意图。

　　如图 9.2 所示,ARM 和 DSP 通过共享的 DDR2 存储器进行物理数据的交换,DSP Link 负责达芬奇双处理器之间的通信,引擎功能层用于算法实例的对象。VISA 层是引擎功能

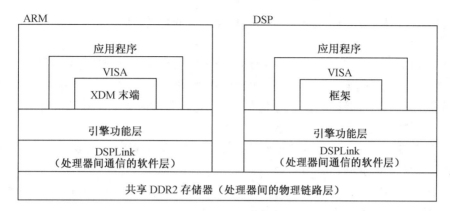

图 9.2　Codec Engine 的结构示意图

层的一个接口,用来创建、删除和使用符合 xDM 标准算法的进程。VISA 层实际代表 xDM 接口层。

4. 达芬奇技术的应用及前景

达芬奇平台具有基于数字信号处理的可编程性,可根据工程师的独特应用构思开发出功能丰富的独特设备,适用于视频安全、数码摄像机、车用视觉系统、视频电话和视频会议、机器视觉、机顶盒、便携式媒体播放器、医疗成像以及机器人技术等应用,并可快速推向市场,使手持、家庭以及车载数字媒体设备方面的突破性创新成为可能。

(1)掌上设备应用

达芬奇技术可以创建发送和接收直播视频流的个人便携式媒体设备,使之轻松自如地完成掌上操作,在任何位置均能获得完美的视觉享受。

技术应用:

①获取运动员数据、队伍赛程以及全面及时的赛事比分,获得最新体育信息。

②获取流畅的直播视频或观看电影,暂停和播放直播操作,慢动作重放精彩集锦。

③根据需要放大播放,或者利用休息时间追看不可错过的电影或电视节目。

④与因特网连接,高速连接和高清晰图像提供更快、更清晰的网络冲浪体验。

⑤捕捉 HD 和视频图像,锐利稳定的画面和高清晰视频构建个人视频和家庭电影。

应用举例:

ARCHOS 便携式媒体播放器产品,是一款使用了基于达芬奇技术的数字媒体处理器,它能够提供更低的能耗和异常出色的音频、视频、成像和系统控制功能。ARCHOS 产品堪称市场上最薄、最轻、价格最低的便携式媒体播放器。

(2)家庭设备应用

达芬奇技术可用来将电视改造为一个既能控制房间内部,又能连接窗外世界的命令中心。

技术应用:

①视频监视和生物面部扫描系统能在自动开门或拒绝开门前让人了解来访者是谁。

②交互式视频会议,无论身在何处,都可以通过直播音频和视频源在电视上直接与亲友和家人畅快交流。

(3)车载设备应用

达芬奇技术应用在车载设备中,车载智能和集成信息娱乐可以帮助驾驶员更轻松地驾驶,在上下班或是长途旅行的驾驶途中获得前所未有的驾驶体验。

技术应用:

①危险识别。通过汽车视觉功能,路面的障碍物会在驾驶员看到它之前被识别和避开。汽车中的系统甚至可应用在刹车上,通过自动减速保障驾驶员的安全。

②车载导航。语音导航会在出现道路施工和意外事故时立刻向驾驶员发出通知,然后给出替代的行驶路线以及准确的引导。

③音频系统。高速编码可以让驾驶员导入整张 CD 和 DVD 合辑,或是接收多个直播视频流,将汽车变成移动的娱乐世界。

现在,达芬奇技术已经广泛应用于各种消费产品中。相信在不久的将来,达芬奇技术还将对消费者生活方式产生更加巨大的影响。

9.1.3　数字高清技术的应用

1. 高清成为取代电影胶片的数字载体

高清技术在电视、电影行业已经广泛应用。过去,重要的电视节目为获得更好的图像质量,往往采用胶片拍摄,然后通过胶转磁进行电视节目制作。目前新的方式是:先用高清24P 摄像机进行拍摄,然后将成片节目转为胶片或数字电影,这种方式克服了传统胶片电影制作流程中的种种弊端。制作传统的胶片电影时,需要将声音、画面分开来制作,在进行画面剪接时,首先通过胶转磁,并利用非线性视频系统进行初编,然后将编好的节目时间码转换成胶片的物理长度信息,最后剪接胶片,特技合成时,则需要昂贵的高分辨电影胶片扫描仪将胶片扫描成 2K 或 4K 的图像文件,再利用计算机进行特技合成,最后将图像还原成胶片,这样一个数字化的胶片电影制作基地需要巨大的投资,其工作流程不但成本高、效率低,而且不便于节目的修改、存储和拷贝。

数字载体和 35 mm 胶片各有优点。总体而言,胶片记录层次更丰富、画面更加细腻柔和,而 CCD 相对于胶片来说,目前在像素方面还有局限性,然而,单纯地比较胶片和数字载体的指标是没有意义的,因为胶片母版虽好却不能直接提供给影院,在发行中经历多次拷贝后其亮、色都会下降,放映过程中还会受到灰尘和损伤的困扰,相反,数字载体在传递中效率高、成本低、质量无损失,而且便于后期制作。

2. 数字电视、机顶盒与模拟电视

数字技术的进步使得高清电视得以快速发展。需要明确的概念是数字电视与机顶盒不是一个概念,因为纯数字电视系统中并没有机顶盒的身影,目前机顶盒起的作用是兼容。众所周知,目前国内市场上并没有真正的数字电视机,一些厂商大力宣扬的数字电视只是利用数字技术提升画面质量,本质上仍属于模拟电视的体系。针对用户采用模拟电视机的现状,数字电视根本不可能直接接收,为此,业界提出了数字机顶盒的中介方案,即机顶盒内部逻辑主要由解码芯片、数模转换芯片和嵌入式系统组成,可以直接接收数字电视信号,然后再由数模转换芯片转换成模拟电视机可以接收到的模拟信号,通过它的转接,传统的模拟电视机便都能接收数字电视节目。显然,机顶盒只是过渡的中转方案,而多数模拟电视机的清晰度并不高,即便是价格昂贵的等离子体电视和液晶电视,它们的垂直分辨率也多数不超过500 线、最多只能接收标准分辨率的数字电视而已,离真正的 HDTV 还有很大的差距。倘若

家中使用的是老式的 CRT 电视,配上机顶盒也无法感受到数字电视的清晰度优势,充其量只能获得视频点播功能而已。在数字节目源稀少的情况下,加上机顶盒的价格并不便宜,这项功能并没有多大的吸引力。

3. 下一代 DVD 标准

数字电视的清晰度最高可达 1 920×1 080,而目前 4.7 GB 容量的 DVD 盘片也只能装载2 h左右的 720×480 分辨率 MPEG-2 视频,若要存储同样时间的 1 920×1 080 高分辨率视频,光盘的容量至少增加 4 ~ 5 倍才行。基于承载高清晰度数字电视节目的迫切需求,下一代 DVD 光存储标准已开始制定,由于日本在数字电视方面普及迅速,其光存储工业也最为发达,下一代 DVD 很大程度上是由日本的电子企业主导。不过,在标准制定过程中,各个厂商因利益分歧导致标准出现了分裂,以索尼、松下和飞利浦(荷兰)为代表的 Blu-ray Disc 阵营和东芝、NEC 主导的 HD DVD(原名 AOD)形成尖锐的对抗。2008 年,美国独立媒体生产商协会(American Independent Media Manufacturers Association)投票通过支持 HD DVD 作为下一代 DVD 标准的议案。

4. 高清技术在其他领域的应用

高清技术在电视、电影行业之外的其他领域也得到广泛应用。

在医疗领域,为了实现更精确的诊断性能,可以将目前世界上最先进的 HDTV 高清图像成像系统运用于内窥镜领域,在电子内窥镜的先端部采用高像素 CCD,加上 HDTV 成像系统,这样就可以使内窥镜成像系统的输出扫描线由传统 PAL 制的 576 线提高到 1 080 线,由此把内窥镜图像的清晰度提高到一个更高的水平,从而得到逼真、细腻的内窥镜图像,即使进行电子放大图像也能保持一定的分辨率,使黏膜更加细微的结构变化及微血管的显示更加清晰可见,有利于医生对微细血管及黏膜的结构变化进行更加细致的观察与分析,由此提高对疾病的诊断水平。利用全自动测光功能、自动白平衡功能、内镜信息的记忆功能,将实现更高效率的内窥镜检查,精湛的光学技术与数字技术结合、出色的内窥镜操作性能,将引领内窥镜诊查术跨进一个崭新的时代。

9.2　手机电视

随着移动数据业务的普及,手机性能的提高以及数字电视技术和网络的飞速发展,手机电视业务逐渐引起大家的注意。手机电视业务是指移动终端用户在具有操作系统和视频功能的智能终端上以频道或信道的形式接收广播形式的数字音视频内容,从而使电视广播从传统的面向"固定""家庭"接收转为更为广阔的"移动""个体"接收。目前,手机电视实现方式主要有三类:第一类是利用移动通信网实现视频信号的传输;第二类是数字电视广播实现方式,即在手机终端上安装数字电视接收模块,通过数字电视广播网络直接接收数字电视信号,并通过蜂窝移动通信网实现业务的互动性;第三类是基于卫星的实现方式,通过卫星提供下行传输,实现广播方式的手机电视业务,即用户在手机终端上集成接收卫星信号的模块,就可以接收电视信号。已实用的手机电视存在着多种标准,缺乏统一的标准是目前手机电视发展的主要障碍。

据工业与信息化部公布的数据显示,2010 年,全国移动电话用户净增11 179 万户,创历年净增用户新高,累计达到 85 900 万户;3G 用户净增 3 473 万户,累计达到 4 705 万户。2010 年 3G 用户每季度平均增幅达 28.48%,但移动电话用户中仅有 5.48% 是 3G 用户的现实,暴露出我国 3G 应用渗透率过低给新业务发展带来的严重制约。由于无法形成规模经济,使投入 3G 业务开发的资金难以获得令投资者满意的回报,进而对运营商推出新业务的质量、数量均造成严重影响,造成消费者持观望态度。反观公认 3G 商用发达的日本,截止 2010 年 10 月底,日本的手机用户数达 1.159 亿,其中 3G 用户数 1.138 8 亿万,渗透率高达 98.3%。据艾瑞咨询《中国网民 3G 手机调研报告》显示,人们购 3G 手机意愿不强,过半网民持观望态度。运营商网络部署进程缓慢、特色增值服务发展滞后、担心手机昂贵超出承受范围、资费过高等,都是制约换机的因素。目前我国 3G 和 4G 应用较 2G 应用相比并无突出优势,加上终端价格高昂、资费高等问题,如果没有相应的激励,升级换代将经历漫长的过程。

9.2.1　国外手机电视标准

目前,国际上主流的手机电视标准有三种:欧洲主导的 DVB-H 标准、韩国热推的 DMB 标准和美国高通主导的 MediaFLO 标准。

DVB-H 标准(Digital Video Broadcasting Handheld)是 DVB 组织为通过地面数字广播网络向便携及手持终端提供多媒体业务所制定的传输标准。DVB-H 是基于 DVB-T 的一项技术,DVB-H 技术在 8 MHz 带宽的频道上最大可支持 15 Mbit/s 的数据速率,可以同时传输 30 路以上的高清晰视频节目(以 480 kbit/s 的视频数据率计算)。2008 年 3 月 17 日,欧盟委员会宣布采用 DVB-H 为手机电视标准,要求成员国督促运营商采用这一标准。目前,支持 DVB-H 的网络设备制造商有 ProTelevision,UDcast,Nokia、罗德与施瓦茨、UBS,Thales、Harris,Harmonic,Skystream,Thomson 等;支持 DVB-H 的终端设备制造商有 Nokia、三星、西门子、Motorola,NEC、索爱等;已经或计划为 DVB-H 终端提供芯片的有 Intel,Philips、德州仪器、法国 DiBcom,Sharp,TTPcom、英飞凌、飞思卡尔半导体、美信等公司。

T-DMB 标准全称为数字多媒体广播(Digital Multimedia Broadcasting),是韩国在 Eureka-147 数字音频广播 DAB(Digital Audio Broadcasting)(ETSI 标准 EN300401)基础上发展起来的技术,除了采用 DAB 标准原先所使用的相关技术外,为了进行视频广播,还增加了音视频编码方案和附加信道保护,包括在视频压缩上采用了适合低比特速率视频业务的视频编码标准 MPEG-4AVC/H.264,节目伴音压缩采用 BSAC 等。该标准已于 2005 年成为欧洲 ETSI 标准,并作为标准草案提交到 ITU,已经进入正式商业运营阶段。在一个频点的 1.536 MHz 带宽内,T-DMB 可以同时传送 2 套传输画面没有任何停顿、画质清晰度高的电视节目和 2 套高质量音频节目,也可以同时传送 6 套高质量音频节目。T-DMB 的网络设备厂商有阿尔卡特朗讯、中兴、华为等;T-DMB 的终端厂商有三星、中兴、宇龙等;芯片方面主要有 GCTSemiconductor 等。

美国高通主导的 MediaFLO 标准采用综合优化实现了以很小的功耗提供优良的移动性和频谱利用率,能够大大降低同时向大批量用户发送相同多媒体内容的成本。

9.2.2　国内手机电视标准

我国具有幅员辽阔、地貌复杂、各地发展不平衡的特点,因此,存在覆盖效率、频率资源规划和性能效率等问题。而要解决这些问题,国际上三种主流手机电视标准都不能胜任,必须自主研发新的技术来解决。而且采用国外标准,我国必须缴纳昂贵的专利费。因此我国手机电视标准必须坚持自主创新。

2008 年 10 月,国家广电总局正式颁布了中国移动多媒体广播(俗称手机电视)行业标准,确定采用我国自主研发的移动多媒体广播行业标准,确立了今后大规模市场推广的基础。中国移动多媒体广播系统(CMMB)行业标准,规定了在广播业务频率范围内,移动多媒体广播系统广播信道传输信号的帧结构、信道编码和调制,该标准适用于在30 ~ 3 000 MHz 频率范围内的广播业务频率,通过卫星和/或地面无线发射电视、广播、数据信息等多媒体信号的广播系统,可以实现全国漫游,传输技术采用 STiMi 技术。该标准于 2008 年 11 月 1 日起实施。

CMMB(China Mobile Multimedia Broadcasting)是国内自主研发的一套面向手机、PDA、MP3、MP4、数码相机、笔记本电脑多种移动终端的系统,采用"天地一体"的技术体制,即利用大功率 S 波段卫星覆盖全国 100% 国土,利用地面增补转发网络对卫星信号盲区(约 5% 国土,主要为城市楼群遮挡区域)进行补点覆盖,利用无线移动通信网络构建回传通道实现交互,形成星网结合、单向广播和双向互动相结合、中央和地方相结合的全程全网、无缝覆盖的系统,实现全国天地一体覆盖、全国漫游,传输技术采用 STiMi 技术。

STiMi 是完全自主知识产权的技术体系,采用卫星加上地面补点网络形成一个覆盖全国的移动多媒体广播网络。其目标是针对我国幅员辽阔、传播环境复杂、区域发展不平衡的国情,利用卫星覆盖面广、建设周期短、见效快的特点,结合地面增补覆盖,以实现面向手持类终端的广播电视和信息服务。STiMi 支持 S 波段和 UHF/VHF 波段,拥有灵活的接口设计,支持 TS/IP 流,物理层透明传输,稳定可靠的同步技术,可以支持单频网和多频网。目前,STiMi 的技术体系可以支持 8 MHz 宽带,占用带宽是 7.5 MHz,数据率为 2.7 ~ 12M。STiMi 的一个重要特点是,不需要对每一个节目进行重复加密。STiMi 在信道编码和解调方面有明显改善性能的自主专利,可以避开国际专利。

STiMi 技术的特点:STiMi 技术是面向移动多媒体广播设计的无线信道传输技术,是我国自主研发的 CMMB 体系架构中的核心部分。STiMi 技术充分考虑到移动多媒体广播业务的特点,针对手持设备接收灵敏度要求高、移动性和电池供电的特点,采用最先进的信道纠错编码和 OFDM 调制技术,提高了抗干扰能力和对移动性的支持,采用时隙节电技术来降低终端功耗。来自上层的多路数据流独立地分别进行 RS 编码和字节交织、LDPC 编码、比特交织和星座映射等操作,然后和离散导频以及承载传输指示信息的连续导频组合起来形成 OFDM 频域符号,再对频域符号数据进行加扰,进行 OFDM 调制、成帧、上变频等操作,最后将信号发向空中。

9.2.3　手机电视标准发展趋势

我国在手机电视方面有多种标准,每一种手机电视标准都有自己的优势,在背后都有各自的利益集团支持,拥有各自的市场。手机电视标准最终的方案有可能是一种融合的解决方式,如 CDMB 手机电视标准发展的第二阶段将考虑与 CMMB 的融合,融合方案将根据 CDMB 和 CMMB 两种技术特点,主张在城市以 CDMB 为主、CMMB 为辅,在地广人稀的地方以 CMMB 卫星覆盖为主、CDMB 为辅的信号覆盖方式。

9.3　数字视频监控系统

数字视频技术(编码、压缩、处理、传输、存储等技术)所取得的长足进展为其在视频监控领域上的发展提供了坚实的保证。经过几十年的发展,已从早期的模拟监控进入数字监控阶段。随着计算机技术、存储容量、视频编解码技术、宽带覆盖率及网络带宽的不段提高,正逐步进入网络化的全数字阶段。网络化监控正以直观、方便、内容丰富等特点日益受到关注。表9.1为数字视频监控系统与模拟监控系统之间的综合对比情况。

表 9.1　数字视频监控系统与模拟是监控系统之间的综合对比

功能＼项目	数字视频监控系统	模拟监控系统
布线方式	困难	简单
清晰度	普通型高,高清型低 最高清晰度 700 * 600 线	普通低,高清型高 最高清晰度 1440 * 900 线
视频延迟性	相对无延迟	0.2~0.8 s 延迟,大型可能更高
可维护性	困难	易维护
后端易管理性	困难	简单
对网络要求	相对低	网络可靠性高
数据流量大小	中,300~500 K/s	大,高清 2 M/s
兼容性	好	比较差
设备功能	简单	强大,能抓拍,可自保存
无线接入功能	不支持	支持
服务器架构系统	复杂	简单
市场占有率	60%	20%
价格成本	一般	相对高
可扩展性	很难扩展	容易扩展
后续可接入性	困难,重新布线	简单,随意接入
可升级性	无法升级	易升级
远程可控性	困难	简单
发展方向性	接近终点	目前的发展方向
管理人员要求	低	高

从表9.1可见,数字视频监控具有传统模拟监控无法比拟的优点,且符合当前信息社会中数字化、网络化和智能化的发展趋势,所以数字视频监控正在逐步取代模拟监控,广泛应用于各行各业。

9.3.1　视频监控系统发展概况

视频监控系统的发展大致经历了三个阶段。

(1)在 20 世纪 90 年代初,主要是以模拟设备为主的闭路电视监控系统,称为第一代模拟监控系统。在此阶段,图像信息采用视频电缆,以模拟方式传输,一般传输距离不能太远,主要应用于小范围内的监控,监控图像一般只能在控制中心查看。本地模拟信号监控系统主要由摄像机、视频矩阵、监视器、录像机等组成,利用视频传输线将来自摄像机的视频连接到监视器上,利用视频矩阵主机,采用键盘进行切换和控制,录像采用使用磁带的长时间录像机;远距离图像传输采用模拟光纤,利用光端机进行视频的传输。

(2)在 20 世纪 90 年代中期,随着计算机处理能力的提高和视频技术的发展,人们利用计算机的高速数据处理能力进行视频的采集和处理,利用显示器的高分辨率实现图像的多画面显示,从而大大提高了图像质量,这种基于 PC 机的多媒体主控台系统称为第二代数字化本地视频监控系统。数字监控系统一般组成如图 9.3 所示。

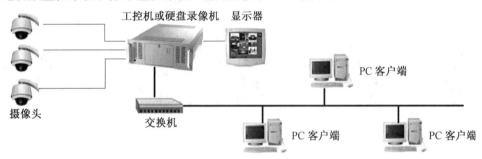

图 9.3　数字监控系统一般组成

如图 9.3 所示,系统在远端安装若干个摄像机及其他告警探头,通过视频线汇接到监控中心的工控机或硬盘录像机,并且在显示器上显示监控图像。同时,工控机或硬盘录像机配合交换机及相关软件使局域网内其他用户监控图像。数字监控系统稳定性较差,可靠性不高,需要多人值守,软件开放性差,图像传输距离有限。

(3)21 世纪初,随着宽带网络技术及带宽的大大提高,计算机处理能力和存储容量的快速提高,以及数字处理技术和视音频编解码效率的改进,视频监控系统正在步入全数字大网络化的全新阶段,称为第三代远程视频监控系统。第三代视频监控系统以网络为依托,以数字视频的压缩、传输、存储和播放为核心,以智能实用的图像分析为特色,引发了视频监控行业的技术革命,受到了学术界、产业界和使用部门的高度重视。车辆定损网络监控系统示意图如图 9.4 所示。

如图 9.4 所示,网络化视频监控系统中所有的设备都以 IP 地址来识别和相互通信,采用通用的 TCP/IP 协议进行图像、语音和数据的传输与切换,不再受规模的束缚,系统具有强大的无缝扩展能力,业务支持多种建设模式。

9.3.2　技术对比

与传统的模拟监控相比,数字视频监控具有许多优点,见表 9.2。

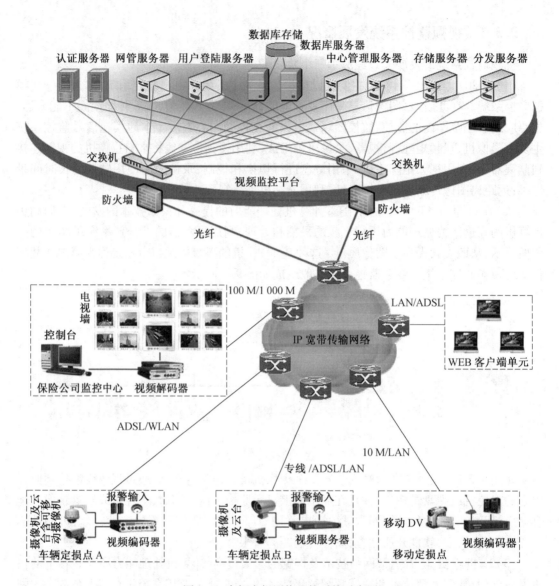

数据库存储

认证服务器　网管服务器　用户登陆服务器　　数据库服务器　中心管理服务器　存储服务器　分发服务器

交换机　　　　　　　　　　　　　交换机

视频监控平台

防火墙　　　　　　　　　　　　　防火墙

光纤　　　　　　　　　　光纤

100 M/1 000 M

LAN/ADSL

电视墙

控制台

IP 宽带传输网络

WEB 客户端单元

保险公司监控中心　视频解码器

ADSL/WLAN

10 M/LAN

专线 /ADSL/LAN

报警输入　　　　　　　　　　报警输入

摄像机及云台移动摄像机　　　　摄像机及云台

视频编码器　　　　　　视频服务器

车辆定损点 A　　　　　　车辆定损点 B

移动 DV

视频编码器

移动定损点

图 9.4　车辆定损网络监控系统示意图

表 9.2　模拟监控、数字监控和网络监控的技术对比

项目 性能	模拟监控	数字监控	网络监控
系统稳定性	模拟监控系统技术含量不高,系统功能少但相对成熟,工作稳定,不易死机	数字监控基于计算机技术发展和视频压缩技术出现而产生。由于操作系统本身的缺陷带来了数字监控系统一定程度上的不稳定性,随着工控机的出现及嵌入式系统的发展,数字监控系统在稳定性上有所改善	网络监控系统大量使用高性能服务器,保障了整个系统的稳定运行,再结合服务器双备、UPS 不间断电源、稳定的传输网络等,真正实现了 7 * 24 小时稳定运行

续表 9.2

性能 \\ 项目	模拟监控	数字监控	网络监控
系统安全性	模拟监控系统大多采用模拟方式传输,最简单的是将图像基带信息直接送入视频传输电缆进行传送至监控室矩阵,传输电缆易受环境及人为破坏。操作界面无认证功能,任何人都可以使用	数字监控系统使用软件方式调看图像,需要进行用户认证。无法较好防范因操作系统漏洞造成的网络攻击,在网络上传输的媒体数据包没有加密措施(易被截取或替换)	网络监控系统采用高性能硬件防火墙或网闸,保障监控平台不受非法入侵、恶意攻击、病毒感染等。前端设备对媒体数据做 AES128 位加密,保障数据在传输过程中的安全。用户登陆经过多次认证,同时可限制或允许特定登陆IP
系统容量	模拟监控适合小型化本地监控,设备一般可达到16×64 路能力,监控点增加时需再配中心设备(矩阵)	数字监控适合中小型规模、有一定网络需求的小范围监控,设备一般可支持 64 路接入,同时设备之间可以进行少量级联来扩大监控规模,一般最大可以达到一两百路	网络监控适合大规模、有远程访问需求的大型监控系统。前端设备一般采用单路输入,平台设备接入前端能力可达到数千路(甚至上万)。支持按照行政区域划分的多级级联,方便管理
接入方式	模拟监控系统基本不涉及网络,前端监控点与中心控制室通过模拟视频线直接连接,方式单一	数字监控一般局限于小型化局域网内使用,局域网内副控主机接受广播码流浏览图像	网络监控具有强大的线路适应能力。前端监控点可通过 LAN、WAN、E1、光纤、AD-SL 等多种线路方式接入平台,客户端登陆支持公网 IP登陆(ADSL)和私网 IP 登陆(NAT 转换、Socket5 穿越)
存储方式	一般采用直接对模拟视频信号进行录像的方式,存储介质为模拟磁带。该方式无法长时间连续录像、录像资料检索回放复杂、大量磁带占用存放空间、磁带存放环境要求高等	采用普通 PC 硬盘作为存储介质,将经过编码压缩的视频文件存放在指定路径上的硬盘中。编解码格式一般采用 MPEG-2,进行无损压缩传输带宽要求较高。支持长时间连续录制,并且检索回放简便	使用超大容量磁盘阵列设备,采用业内最新编解码技术 MPEG-4/H. 264 格式。对模拟视频信号进行有损压缩,降低对传输带宽的要求。支持远程回放及下载录像文件
设备管理	模拟监控无网管功能,不支持对系统内相关设备的管理	数字监控具有简单网管,主要对中心点设备(工控机/硬盘录像机)的 CPU 使用率、内存占用率、图像断续状态等进行查看。数字监控系统无法针对各前端点进行管理,无法控制副控主机的登陆	网络监控配置专门的网管服务器,分别对平台设备及前端设备进行统一网管。支持设备相关参数查看、远程修改、版本升级、设备故障告警及分析处理等。网管系统支持帐户管理,保障超大型监控网络设备维护

续表 9.2

项目 / 性能	模拟监控	数字监控	网络监控
传输距离	模拟监控受限于同轴电缆视频线的极限传输距离以及线路上信号放大器的数量,监控范围一般在数百米之内	数字监控前端设备与中心点设备传输距离与模拟监控相近,副控主机视局域网规模可在一定程度上的进行远程访问	网络监控依托于运营商强大的线路资源,在运营商网络涉及之处,某普通用户只需要1 台普通 PC 加上指定软件帐号在宽带上网条件下,可随时随地查看授权范围内地点的现场情况
系统功能及操作	模拟监控功能单一,主要涉及对监控点图像的调看及手动操作录像,同时相关操作繁琐	数字监控功能有所增加,除了简单的图像浏览及录像外,还增加了语音呼叫、自动录像、录像检索及调用、叠加文字时间、操作日志记录及查看等,提供了较友好的界面供操作人员使用	网络监控除基本功能外,还具有图像抓拍、双向音频对讲、外接告警设备、告警联动、权限管理、电子地图、预案管理、图像处理等功能。系统预留二次开发接口,方便添加新兴功能。操作界面人性化,方便使用,适合不同层次的人群使用
外接警告	模拟监控无告警功能。如需告警功能,则要配置单独告警系统	数字监控可外接告警传感器数量视中心设备系统能力而定,一般与前端能力对等,即一个监控点接一个告警传感器	网络监控可外接几乎所有告警传感器设备,告警设备接入数量可大于监控点数量。前端发生告警将同步在客户端显示,并且联动相关操作(录像、摄像头转动、电视墙显示等)
日志检索	模拟监控无操作界面,故无相关操作日志的记录和检索功能	数字监控提供用户登陆时间、帐号、图像调用及录像等相关操作进行记录。日志简单地按照日期进行保存,检索条件只支持日期字段	网络监控不仅提供对用户调看图像时相关操作进行记录,同时对于设备自动注册、上下线、运行异常等实时状态进行记录。对于日志的检索支持多种字段,包括操作帐户、日期、操作类型、设备名称、文件名等

可见,网络监控系统利用网络优势,经过数字化并压缩后的图像数据可以达到网络能到达的地方,实现远程监控。远程访问者不需用任何专业软件,只要常用的网络浏览器即可实时地监视及录像。无须像模拟摄像机一样必须安装同轴电缆,只要利用现有的网络就可以使用。网络摄像机可以广泛应用在世界的任何角落,进行实时连续地传输图像,甚至可以在

那些不适宜布线的环境中,使用无线宽带网络完成远端监控及录像。只要有网络接口即可随时接入网络摄像机,无需专人管理,即插即用,无距离限制,又可省去布线的环节,节约了成本。

9.3.3　高清数字监控系统

所谓高清(High Definition)意思就是"高分辨率",标清监控系统中,常用的 D1 分辨率为 720×576,目前高清监控视频常用的分辨率分别是 1 280×720(720P)和 1 920×1 080,具有较高的分辨率,画质清晰。

如图 9.5 所示,高清数字监控系统主要由前端多个监控点及大屏幕监控管理中心构成。各监控系统主要由前端图像数据采集硬件和管理及视频采集部分(包括各类高清摄像机、百万像素镜头、云台防护罩及供电、防雷等配套设备)组成,完成对本地区域的监控管理和向上级中心的数据转发功能;监控管理中心主要由网络视频数字矩阵及电视墙等网络集中管理系统设备组成,完成对各监控点的视频解码上大屏、回放、控制联动等。

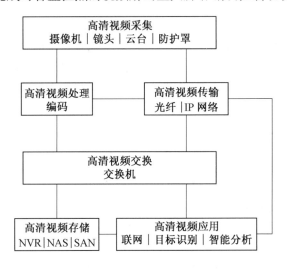

图 9.5　高清监控系统组成

要做到画面高清,不仅仅是分辨率达到 720P 或 1080P 就行了,还必须在超宽动态、自动白平衡、图像锐利度调整、超级数字降噪(信噪比)、智能数字自动测光补偿、亮度信号、彩色信号边缘补正、损坏像素自动调整与恢复、色彩调整等指标上都要有上好的表现,只有达到这些综合性的要求才能真正地实现高清。由于图像清晰度对视频监控产业有着非同一般的重要性,因此,高清监控技术一经面世就被市场广泛接受并开始实际应用。

高清视频采集过程中,可能影响图像质量的要素有以下两种:

第一,高清摄像机:靶面尺寸、分辨率、图像传感器(CCD/CMOS)、图像扫描(逐行)、图像处理(背光补偿、宽动态)等;

第二,百万像素镜头的尺寸、视野(长焦/普通/广角)、景深、光圈(手动/自动)等。

目前,被行业广泛认可的高清摄像机分为两种模式:一种是 HD-SDI;另一种是 IP 网络模式。HD-SDI 与 IP 高清模式比较见表 9.3。

非压缩方式(HD-SDI 接口):HD-SDI 方式采用无损压缩的方式,将高清视频信号通过高清视频传输设备,配合光纤链路传送至中心端。传输码率最高可达1.485 Gbps。

压缩方式(IP 网络接口):IP 网络方式采用编码压缩的方式,将高码率的视频信息压缩为适合网络传输的 IP 方式,压缩后的码流<10 Mbps,直接采用网络方式进行传送。在布线难度大的区域,更可以采用无线进行覆盖。

表 9.3　HD-SDI 与 IP 高清模式比较

HD-SDI 模式	IP 网络模式
实时性高,延时小于 100 ms	延迟较大,超过 300 ms
图像质量高,与采集图像近似	编码压缩后,图像质量略低
无网络压力	核心网络压力大
建造成本较高	建造成本较低
扩容成本较高	扩容成本较低
系统可延伸性较差,需借助编码系统	系统应用可延伸性较强

各分监控点与总监控中心之间通过 TCP/IP 通道传输联网信息,总监控中心可以通过远程接入的方式,共享到其前端视频。总监控中心系统对各监控点前端设备编号支持映射,并充分考虑编号的预留空间。系统联网过程中考虑到使用中的图像需求,应具备流畅性优先和图像质量优先的可选策略,同时,合理利用双码流技术,充分发挥低速率码流在远程传输中的优势。

9.3.4　高清监控系统的应用

高清监控系统已广泛应用于以下行业:

(1)街面治安管理业务(覆盖面广,控制区域环境复杂)

通过提高街面视频监控系统的使用比率,增强系统的综合联动功能,从而降低操作人员的工作强度,有效达到治安业务对街面视频监控系统的期望值。本业务依赖于图像质量的极大提高。

(2)刑侦办案业务(信息重要)

通过高清晰的视频图像系统建设,强化刑侦部门收集情报信息的能力,提高情报信息的准确率,为实现情报主导警务战略而服务。

(3)城市应急业务(控制面广,操作人员工作压力巨大)

利用高清图像系统,确保突发事件确认的准确性,提高指挥人员的指令正确率,为快速反应人员争取了宝贵的反应准备时间。

(4)交通应用系统(信息量大,实时性强)

配合对应的视频分析系统,实现对交通事件过程的实时监测、报警、记录、传输和统计,直观地监视道路交通状况,使交通管理部门在有限警力的情况下,对道路交通安全管理进行实时监测。

9.4　机器视觉

视觉是各个应用领域,如制造业、检验、文档分析、医疗诊断、军事等领域中各种智能/自主系统中不可分割的一部分。随着科学技术的发展,要为计算机和机器人开发具有与人类水平相当的视觉能力的需求越来越紧迫。机器视觉现被广泛应用于生产制造等行业,可用来保证产品质量、控制生产流程、感知环境等。机器视觉系统则是基于机器视觉技术,为机器或自动化生产线建立的视觉系统,其与人类系统的比较见表 9.4。

表 9.4　人类视觉与机器视觉的比较

	人类视觉	机器视觉
适应性	适应性强,可在复杂及变化的环境中识别目标	适应性差,容易受复杂背景及环境变化的影响
智能	具有高级智能,可运用逻辑分析及推理能力识别变化的目标,并能总结规律	虽然可利用人工智能及神经网络技术,但智能根差,不能根好地识别变化的目标
彩色识别能力	对色彩的分辨能力强,但容易受人的心理影响,不能量化	受硬件条件的制约,目前一般的图像采集系统对色彩的分辨能力较差,但具有可量化的优点
灰度分辨力	差,一般只能分辨 64 个灰度级	强,目前一般使用 256 灰度级,采集系统可具有 10 bit,12 bit,16 bit 等灰度级
空间分辨力	分辨率较差,不能观看微小的目标	目前有 4K×4K 的面阵摄像机和 12K 的线阵摄像机,通过备置各种光学镜头,可以观测小到微米、大到天体的目标
速度	0.1 s 的视觉暂留使人眼无法看清较快速运动的目标	快门时间可达到 10 μs 左右,高速像机帧率可达到 1 000 以上,处理器的速度越来越快
感光范围	400~750 nm 范围的可见光	从紫外到红外的较宽光谱范围,另外有 X 光等特殊摄像机
环境要求	对环境温度、湿度的适应性差,另外有许多场合对人有损害	对环境适应性强,另外可加防护装置

9.4.1　机器视觉概述

所谓机器视觉(Machine Vision),就是用摄影机和计算机代替人眼对目标进行识别、跟踪、测量和判断。机器视觉系统是指通过机器视觉产品(即图像摄取装置,分 CMOS 和 CCD 两种)将被摄取目标转换成图像信号,传送给专用的图像处理系统,得到被摄目标的形态信息,根据像素分布和亮度、颜色等信息,转变成数字化信号;图像系统对这些信号进行各种运算来抽取目标的特征,进而根据判别的结果来控制现场的设备动作,如图 9.6 所示。

美国制造工程师协会(SME)机器视觉分会和美国机器人工业协会(RIA)自动化视觉分会关于机器视觉的定义是:"机器视觉是使用光学器件进行非接触感知,自动获取和解释一个真实场景的图像,以获取信息或控制机器的过程。"

最早的机器视觉系统出现于 1967 年,采用闭路电视成像后,将视频信号传输到电子电路中来检测工件。1969 年,加拿大的 W. 博伊尔(Willard Boyle)和美国的 G. 史密斯(George Smith)发明了电荷耦合器件(Charge-Coupled Device,CCD)图像传感芯片,他们也因此被授

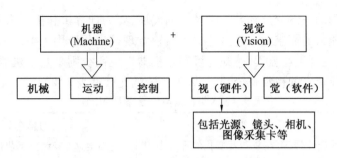

图9.6 机器与视觉分工

予2009年诺贝尔物理学奖。

从总体上来看,机器视觉也称作计算机视觉,但计算机视觉更加侧重于学术研究方面,而机器视觉则侧重于应用。机器视觉既是工程领域,也是科学领域中一个富有挑战性的重要研究领域,是一门综合性的学科,涉及计算机科学和工程、信号处理、物理学、应用数学和统计学,神经生理学和认知科学等领域。机器视觉与计算机视觉的关系如图9.7所示。

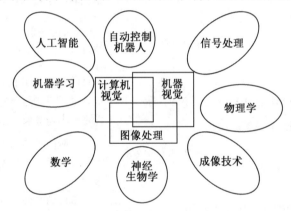

图9.7 机器视觉与计算机视觉的关系

9.4.2 机器视觉系统的典型结构

机器视觉系统是综合现代计算机、光学、电子技术的高科技系统,通过计算机对系统摄取的视频和图像进行处理与分析,对得到的信息做出相应的判断,进而发出对设备的控制指令。机器视觉系统根据其具体应用而千差万别,视觉系统本身也可能有多种不同的形式,但都包括了图9.8所示的典型结构,包括图像采集(含光源、光学成像、数字图像获取与传输)、图像处理与分析等环节。

图像采集:利用光源照射被观察的物体或环境,通过光学成像系统采集视频或图像,通过相机(如CCD相机或COMS相机)和图像处理单元(如图像捕获卡)将光学图像转换为数字图像。图像采集是机器视觉系统的前端和信息来源。

图像处理与分析:计算机通过图像处理软件对得到的图像进行处理,分析获取其中的有用信息。如PCB板的图像中是否存在线路断路、纺织品的图像中是否存在疵点、文档图像中存在哪些文字等。图像处理与分析是整个机器视觉系统的核心。

通常,机器视觉系统中的部件包括光源、工业摄像机、图像采集卡、镜头、图像处理设备等。机器视觉系统关键技术如下:

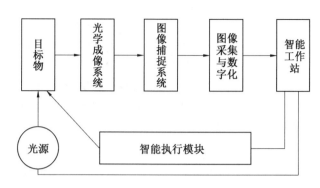

图9.8 机器视觉系统的典型结构

(1)照明光源

照明直接作用于系统的原始输入,对输入数据质量的好坏有直接的影响。由于被测对象、环境和检测要求千差万别,因而不存在通用的机器视觉照明设备,需要针对每个具体的案例来设计照明的方案,要考虑物体和特征的光学特性、距离、背景,根据检测要求具体选择光的强度、颜色和光谱组成、均匀性、光源的形状、照射方式等。目前使用的照明光源主要包括高频荧光灯、卤素灯和LED等,图9.9给出三种光源在亮度、寿命、设计自由度、性价比、响应速度等方面的对比。

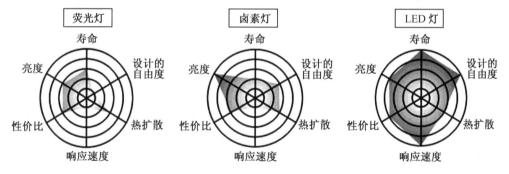

图9.9 照明光源对比

(2)镜头

机器视觉系统中,镜头相当于人的眼睛,其主要作用是将目标的光学图像聚焦在图像传感器(相机)的光敏面阵上。视觉系统处理的所有图像信息均通过镜头得到,镜头的质量直接影响到视觉系统的整体性能。合理选择镜头、设计成像光路是视觉系统的关键技术之一。镜头成像或多或少会存在畸变,应选用畸变小的镜头,有效视场只取畸变较小的中心视场。此外,受镜头镀膜的干涉特性和材料的吸收特性影响,要求尽量做到镜头最高分辨率的光线应与照明波长、CCD器件接受波长相匹配,并使光学镜头对该波长的光线透过率尽可能提高。

FOV(Field Of Vision)= 所需分辨率 * 亚象素 * 相机尺寸/PRTM(零件测量公差比)

选择镜头时应注意考虑分辨率、焦距、光圈、景深、成像尺寸、视场角、畸变等。

(3)高速摄像机

摄像机是一个光电转换器件,它将光学成像系统所形成的光学图像转变成视频/数字电信号。通常,摄像机由核心的光电转换器件、外围电路、输出/控制接口组成。固态图像传感器主要有五种类型:电荷耦合器件 CCD(Charge Coupled Device),电荷注入器件 CID(Charge Injection Device),金属-氧化物半导体 MOS(Metal-Oxide Semiconductor),电荷引发器件 CPD(Charge Priming Device)和叠层型摄像器件(Laminated Type Camera Device)。相机按照不同标准可分为标准分辨率数字相机和模拟相机、线扫描 CCD 和面阵 CCD、单色相机和彩色相机等。要根据不同的实际应用场合选择不同的相机,除了考察其光电转换器件外,还应考虑系统速度、检测的视野范围、系统所要达到的精度等因素。

CCD 是目前机器视觉最为常用的图像传感器,它集光电转换及电荷存贮、电荷转移、信号读取于一体,是典型的固体成像器件。CCD 的突出特点是以电荷作为信号,而不同于其器件是以电流或者电压为信号。这类成像器件通过光电转换形成电荷包,而后在驱动脉冲的作用下转移、放大输出图像信号。典型的 CCD 相机由光学镜头、时序及同步信号发生器、垂直驱动器、模拟/数字信号处理电路组成。CCD 作为一种功能器件,与真空管相比,具有无灼伤、无滞后、低电压工作、低功耗等优点。

CMOS(Complementary Metal Oxide Semiconductor)图像传感器的开发最早出现在 20 世纪 70 年代初。90 年代初期,随着超大规模集成电路(VLSI)制造工艺技术的发展,CMOS 图像传感器得到迅速发展。CMOS 图像传感器将光敏元阵列、图像信号放大器、信号读取电路、模数转换电路、图像信号处理器及控制器集成在一块芯片上,还具有局部象素的编程随机访问的优点。目前,CMOS 图像传感器以其良好的集成性、低功耗、宽动态范围和输出图像几乎无拖影等特点而得到广泛应用。CCD 与 CMOS 的性能比较见表 9.5。

表 9.5　CCD 与 CMOS 的性能比较

	CCD	CMOS
优势	1. 图像质量高 2. 灵敏度高 3. 对比度高	1. 体积小 2. 片上数字化 3. 很多片上处理功能 4. 低功耗 5. 没有 Blooming 现象 6. 直接访问单个像素 7. 高动态范围(120 dB) 8. 帧率可以更高
缺点	1. Blooming 2. 不能直接访问每个像素 3. 没有片上处理功能	1. 一致性较差 2. 光灵敏度差 3. 噪声大

工业摄像机接口类型包括模拟接口、CameraLink、1394a、1394b、USB2.0、GigE、Ethernet 等,比较见表 9.6。

(4)图像采集处理卡

在机器视觉系统中,摄像机输出的模拟视频信号并不能为计算机直接识别,需要通过图像采集卡将模拟视频信号数字化,形成计算机能直接处理的数字图像,并提供与计算机的高速接口。图像采集卡就是进行视频信息量化处理的重要工具,主要完成对模拟视频信号的数字化过程。视频信号首先经低通滤波器滤波,转换为在时间上连续的模拟信号;按照应用系统对图像分辨率的要求,用采样/保持电路对边疆的视频信号在时间上进行间隔采样,把视频信号转换为离散的模拟信号;然后再由 A/D 转换器转变为数字信号输出。而图像采集/处理卡在具有模数转换功能的同时,还具有对视频图像进行分析、处理的功能,并同时可对相机进行有效的控制。

表 9.6　工业摄像机接口类型比较

	CameraLink	USB2.0	1394a	1394b	GigE	Ethernet
速度	Base:1.5 Gbps Medium:3.8 Gbps Full:5.1 Gbps	480 Mbps	400 Mbps	800 Mbps	1 000 Gbps	100 Mbps
距离	10 m	5 m	4.5 m	4.5 m	100 m	100 m
优势	1.带宽高 2.有带预处理功能的采集设备 3.抗干扰能力强	1.易用 2.价格低 3.多相机	1.易用,价格低,多相机 2.传输距离远,实际线缆可达到 17.5 m,光纤传输可达 100 m 3.有标准 DCAM 协议 4.CPU 占用最低		1.易用,价格低,多相机 2.传输距离远,线缆价格低 3.标准 GigE Vision 协议	1.易用,价格低 2.传输距离远,线缆价格低
缺点	1.价格高 2.线中不带供电	1.无标准协议 2.CPU 占用高	长距离传输线缆价格稍贵		1.CPU 占用高 2.对主机配置要求高 3.有时存在丢包现象	1.无标准协议 2.带宽过低 3.CPU 占用过高

(5)视觉处理软件

机器视觉系统中,视觉信息的处理技术主要依赖于视觉处理方法,视觉处理软件可以分为图像预处理和特征分析理解两个层次。图像预处理包括图像增强、数据编码和传输、平滑、边缘锐化、分割、特征抽取、图像识别与理解等内容。经过这些处理后,输出图像的质量得到相当程度的改善,既改善了图像的视觉效果,又便于计算机对图像进行分析、处理和识别。图像特征分析理解是对目标图像进行检测和各种物理量的计算,以获得对目标图像的客观描述,主要包括图像分割、特征提取(几何形状、边界描述、纹理特性)等。机器视觉中常用的算法包括搜索、边缘(Edge)、Blob 分析、卡尺工具(Caliper Tool)、光学字符识别、色彩分析等。

(6)硬件处理平台

从硬件平台的角度说,计算机在 CPU 和内存方面的改进给视觉系统提供了很好的支撑,多核 CPU 配合多线程的软件可以成倍提高速度。伴随 DSP、FPGA 技术的发展,嵌入式处理模块以其强大的数据处理能力、集成性、模块化和无需复杂操作系统支持等优点而得到越来越多的重视。

总体而言,机器视觉系统是一个光机电和计算机高度综合的系统,其性能并不仅仅由某一个环节决定。每一个环节都很完美,也未必意味着最终性能的满意。系统分析和设计是机器视觉系统开发的难点和基础,急需加强。

9.4.3　机器视觉特点与应用

机器视觉系统是实现仪器设备精密控制、智能化、自动化,提高生产的柔性的有效途径。在一些不适合人工作业的危险工作环境或人类视觉难以满足要求的场合,常常使用机器视觉来替代人类视觉,堪称现代工业生产的"机器眼睛"。

机器视觉系统具有四大大优点:

(1)实现非接触测量。对观测与被观测者都不会产生任何损伤,从而提高了系统的可靠性。

(2)具有较宽的光谱响应范围。机器视觉利用专用的光敏元件,可以观察到人类无法看到的世界,从而扩展了人类的视觉范围。

(3)长时间工作。人类难以长时间地对同一对象进行观察,机器视觉系统则可以长时间地执行观测、分析与识别任务,并可应用于恶劣的工作环境。在大批量工业生产过程中,用人工视觉检查产品质量效率低且精度不高,用机器视觉检测的方法则可以大大提高生产效率和生产的自动化程度。

(4)机器视觉易于实现信息集成,是实现计算机集成制造的基础技术。

从应用的层面看,机器视觉研究主要包括自动检测与识别和机器人视觉两部分。其中,自动检测与识别可分为高精度定量检测(如显微照片的细胞分类、产品质量的自动检测与分类、人脸识别、机械零部件的尺寸和位置测量、签名的自动验证等)和不用量器的定性或半定量检测(如产品的外观检查、装配线上零部件的识别定位、工件缺陷性检测与装配完全性检测、交通流的监测等)。机器人视觉则是指指引机器人在大范围内的操作和行动,如从料斗送出的杂乱工件堆中拣取工件并按一定的方位放在传输带或其他设备上,智能车辆自主导航与辅助驾驶、目标跟踪与制导等,而小范围内的操作和行动则需要借助于触觉传感技术。

机器视觉作为一门工程学科,建立在对基本过程的科学理解之上。机器视觉系统的设计依赖于具体的问题,必须考虑一系列诸如噪声、照明、遮掩、背景等复杂因素,对信噪比、分辨率、精度、计算量等关键问题折中进行处理。

9.5　VoIP

VoIP(Voice over Internet Protocol)是一种新兴的电话通信方式,俗称 IP 电话、VoIP 网络电话或者网络 IP 电话。它是一种把语音技术集成在 IP 协议中,通过互联网进行传输的一种全新的通信方式,其成本远低于传统电话 PSTN(Public Switched Telephone Network),目前的通信质量远没达到现有电话水平。

在 Internet 商业化以后,在全世界,特别是发达国家迅速发展起来。美国等一些国家的本地 Internet 接入采用包月制,即不限时限量,使 Internet 价格低廉,人们都希望能通过这种近乎免费的网络进行传统的电话和传真服务。1995 年 2 月,以色列 VocalTec 公司研制出可以通过 Internet 网打长途电话的软件产品——Internet Phone,用户只要在多媒体 PC 机上安装该软件,就可以通过 Internet 和任何地方安装同样软件的联机用户进行通话。这项技术突破引起全世界的瞩目,也使许多公司看到其背后的无限商机,加入此项技术的研究,IP 电话技术得到迅速发展。这种在 Internet 实现电话的业务称为 Internet 电话,也是 IP 电话的雏形。

到 2000 年之后,VoIP 技术开始步入成熟阶段,得到了快速发展,技术更成熟、标准更统一、全球网络实现互通、语音质量良好,大部分传统电信运营商开始提供 VoIP 业务并向 IP 传输多媒体业务过渡。VoIP 的服务形式也呈现出多样性。

经过多年的发展,IP 电话已成为一项新型电话业务在全世界开展,并对传统电话业务形成越来越大的威胁。目前,全球许多国家已经对固定电话的功能进行了改革创新,用户可以在家里使用固定电话机进行 VoIP 通信,如收发文字信息、下载铃声、从手机上的通信录中接收数据、发送彩色图片信息。据预测,在不久的将来,众多的竞争者将会涌入 VoIP 市场,加剧这方面的竞争。

从现实情况来看,在电信数据业务中,IP 业务已占 95% 以上,数据承载网业务已基本 IP 化。而电话业务中的长途电话 70% 已是 IP 电话。网络的宽带化、IP 化成为整个电信网发展的必然趋势。目前,全球通信产业正处在采用 VoIP 的初始阶段。该项技术成为产业主流只是时间问题,业界认为 2005 ~ 2009 年是 IP 电话技术在普通消费者和中小企业部署时期,2010 ~ 2014 年将是 VoIP 技术部署的高峰时期。

VoIP 最大的优势在于能够广泛地利用 IP 网络,从而提供比传统业务更多更好的服务。通过语音业务和数据业务的协同,不但业务提供商可以增加利润,企业用户也可以节约成本。因此,IP 网络低廉的价格使得 VoIP 快速进入个人住宅用户市场,正在逐步占领 PSTN 电话业务的市场。

9.5.1　VoIP 系统构成与基本原理

1. VoIP 系统构成

VoIP 是建立在 IP 技术上的分组化、数字化传输技术,其基本组件包括终端、网关 GW、网守 GK、网管服务器、记账服务器等,如图 9.10 所示。

图 9.10　VoIP 系统构成

VoIP 以 IP 分组交换网络为传输平台,利用电话网关服务器之类的设备将电话语音数字化,将数据压缩后按 IP 等相关协议打包成数据包,通过 IP 网络传输到目的地;目的地收到这一串数据包后,将数据重组,经过解码解压处理后再还原成声音,从而实现互联网上的语音通信。即 VoIP 系统把普通电话的模拟信号转换成计算机可联入因特网传送的 IP 数据包,同时也将收到的 IP 数据包转换成声音的模拟电信号。经过 VoIP 系统的转换及压缩处理,每个普通电话传输速率占用 8 ~ 11 kbit/s,与普通电信网同样使用传输速率为 64 kbit/s 时,支持的 IP 电话路数是原来的 5 ~ 8 倍。

2. VoIP 传输

VoIP 的实现方法包括以下三种方式。

（1）PC-to-PC：是 VoIP 初期的实现方式，要求通话双方的计算机必须都登录到网络并运行网络电话软件。由于该方式的操作比较复杂，所以不适合作为电话服务推广。

（2）PC-to-Phone：主叫方使用的计算机必须登录到网络，被叫方使用普通电话机。通话时，主叫方登录到与对方电话网相连的网关服务器。主叫方的呼叫信号通过因特网到达服务器后自动转接到被叫方的电话机上，建立链路后双方即可正常通话。

（3）Phone-to-Phone：通话双方都利用 IP 电话网关服务器使用普通电话机进行通话。网关服务器一端与因特网相连，另一端与公共交换电话网 PSTN 相连，用户通过拨打接入号码即可连接到服务器，经过身份验证后即可直接输入对方电话号码。服务器收到被叫号码后，通过因特网与被叫方的 IP 电话网关服务器建立连接，对方服务器收到呼叫后即可接通被叫用户的电话。

可见，VoIP 的基本架构是将语音、传真模拟信号，通过电话机、传真机或 PBX（电话交换系统）传至语音网关。因为其构架于 Internet 之上，所以成本远低于 PSTN，但其通信质量却不尽如人意，还没达到现有电话的水平。IP 电话通话过程中可能出现语音畸变和频繁断话的现象，这是由于 IP 电话和 PSTN 电话之间存在的技术上差异所引起的，二者交换结构存在一定差异：PSTN 使用静态交换技术，即 PSTN 电话是在电路交换网络上进行的，通话前建立连接来分配一个固定的带宽，因此通话质量有保证；IP 电话使用分组交换与动态路由技术，使用 IP 电话时，用户输入的电话号码转发到位于专用小型交换机 PX 和 TCP/IP 网络之间最近的 IP 电话网关，IP 电话网关查找通过因特网到达被呼叫号码的路径，随后建立呼叫；IP 电话网关把声音数据装配成 IP 信息包，按照 TCP/IP 网络上查找到的路径把 IP 信息包发送出去。对方的 IP 电话网关接收到该 IP 信息包后，把信息包还原成原来的声音数据，并通过 PX 转发给被呼叫方。VoIP 的传输过程包括下列几个阶段：

①声音转换成数字信号，生成编码样本。

②组帧，并拷贝到缓冲存储器。

③压缩编码，算法可以是 H.323 中推荐的任何一种。

④成包。

⑤传包，解码，写入缓冲器。

⑥将数字信号转换成模拟声音。

3. VoIP 协议体系结构

VoIP 也可以被看作是完成一定功能的一组协议，与 VoIP 相关的协议分别是：信令、路由和传输。其中，VoIP 信令协议用于建立和取消呼叫，传输用于定位用户以及协商能力所需的信息。VoIP 使用的主要信令协议有 H.323、会话初始协议（SIP）、H.248、媒体网关控制协议（MGCP）四种，分为对等式协议和主从式协议两大类。对等式协议包括 SIP 和 H.323，主从式协议包括 H.248 和 MGCP。典型的 VoIP 系统的协议栈如图 9.11 所示。

目前，较有影响的 VoIP 协议体系包括 ITU-T 提出的 H.323 协议和 IETE 提出的 SIP 协议。H.323 是一种 ITU-T 标准，最初用于局域网（LAN）上的多媒体会议，后来扩展至覆盖 VoIP。该标准既包括了点对点通信也包括了多点会议。H.323 定义了四种逻辑组成部分：

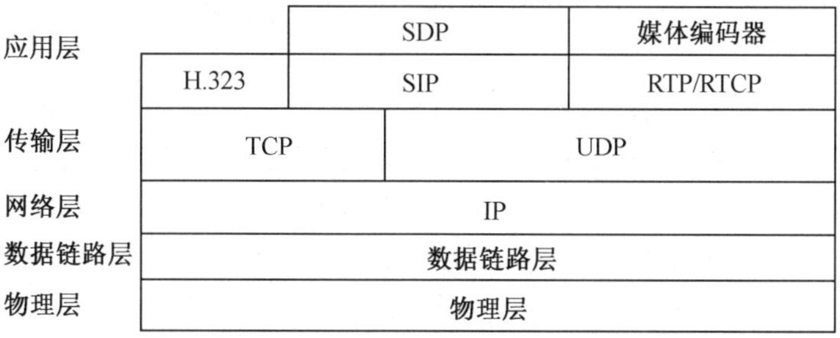

		SDP	媒体编码器
应用层	H.323	SIP	RTP/RTCP
传输层	TCP	UDP	
网络层	IP		
数据链路层	数据链路层		
物理层	物理层		

图 9.11 VoIP 协议栈

终端、网关、关守及多点控制单元(MCU)。终端、网关和 MCU 均被视为终端点。会话发起协议(SIP)是建立 VoIP 连接的 IETF 标准,是一种应用层控制协议,用于和一个或多个参与者创建、修改和终止会话。SIP 的结构与 HTTP(客户-服务器协议)相似。

9.5.2　VoIP 关键技术

由于 VoIP 完全建立在 IP 分组交换的基础上,Internet 采用尽最大努力交付、无连接的技术,存在分组丢包、失序到达和时延抖动等情况,使 VoIP 的通话质量无法得到保证。因此在 VoIP 系统中必须采取特殊措施来保证业务质量。VoIP 的关键技术包括信令技术、编码技术、实时传输技术、服务质量(QoS)保证技术以及网络传输技术等。

1. 信令技术

信令技术保证电话呼叫的顺利实现和话音质量。信令是一种用于控制的信号,按用途分为用户信令和局间信令两类。前者作用于用户终端设备(如电话机)和电话局的交换机之间,后者作用于两个用中继线连接的交换机之间。局间信令分类主要有随路信令和共路信令,随路信令即信令网依附在计算机网络或是电话网络上,不需要重新建立网络,而共路信令则需要重新建设一个信令网(主要是在局端之间)。

目前,已被广泛接受的 VoIP 控制信令体系包括国际电信联盟远程通信标准化组(ITU-T)的 H.323 系列和互联网工程任务组(IETF)的会话初始化协议 SIP(Session Initiation Protocol)。H.323 制定了无服务质量保证的分组网络(PBN)上的多媒体通信标准,已经比较成熟并已在 VoIP 领域广泛应用,但是其协议版本多,过于复杂。SIP 是会话发起协议,具有建立呼叫快、支持传送电话号码的特点,它弥补了 H.323 协议的不足,是 VoIP 的发展方向。

①H.323 标准。H.3233 标准为局域网、广域网、Intranet 和 Internet 上的多媒体提供技术基础保障,是 ITU-T 有关多媒体通信的一个协议集,包括用于 ISND 的 H.320、用于 B-ISDN 的 H.321 和用于 PSTN 终端的 H.324 等协议,定义了在无业务质量保证的因特网或其他分组网络上多媒体通信的协议及其规程,其编码机制、协议范围和基本操作类似于 ISDN 的 Q.931 信令协议的简化版本,并采用了比较传统的电路交换的方法。相关的协议包括用于控制的 H.245,用于建立连接的 H.225,用于大型会议的 H.332,用于补充业务的 H.450.1、H.450.2 和 H.450.3,有关安全的 H.235,与电路交换业务互操作的 H.246 等。

H.323 提供设备之间、高层应用之间和提供商之间的互操作性。它并不依赖于网络结构,独立于操作系统和硬件平台,并且支持多点功能、组播和带宽管理。H.323 具备相当的灵活性,支持包含不同功能的节点之间的会议和不同网络之间的会议。H.323 建议的多媒体会议系统中的信息流包括音频、视频、数据和控制信息。信息流采用 H.225 协议方式来打包和传送。

H.323 呼叫建立过程涉及三种信令:RAS 信令,H.225 呼叫信令和 H.245 控制信令。其中,RAS(Registration Admission Status)信令用来完成终端与网守之间的登记注册、授权许可、带宽改变、状态和脱离解除等过程。H.225 呼叫信令用来建立两个终端之间的连接,该信令使用 Q.931 消息来控制呼叫的建立和拆除,当系统中没有网守时,呼叫信令信道在呼叫涉及的两个终端之间打开;当系统中包括网守时,由网守决定在终端与网守之间或是在两个终端之间开辟呼叫信令信道。H.245 控制信令用来传送终端到终端的控制消息,包括主从判别、能力交换、打开和关闭逻辑信道、模式参数请求、流控消息和通用命令与指令等。H.245 控制信令信道建立在两个终端之间,或在一个终端与一个网守之间。

H.323 不支持呼叫转移,建立呼叫的时间比较长。H.323 也不支持多点发送(Multicast),只能采用多点控制单元(MCU)构成多点会议,因而同时只能支持有限的多点用户。

②SIP 协议。SIP 是应用层的信令控制协议,可以使用 UDP 或 TCP 作为其传输协议。用于创建、修改和释放一个或多个参与者的会话,如 Internet 多媒体会议、IP 电话或多媒体分发。会话的参与者可以通过组播(Multicast)、网状单播(Unicast)或两者混合进行通信。为了描述消息内容的负载情况和特点,SIP 使用 Internet 的会话描述协议(Session Description Protocol,SDP)来描述终端设备的特点,易于调试和实现,灵活性和扩展性较好。

SIP 既不是会话描述协议,也不提供会议控制功能,而仅仅作为初始化呼叫,而不是传输媒体数据,这与 H.323 不同。

H.323 和 SIP 分别是通信领域与因特网两大阵营推出的建议。H.323 企图把 IP 电话当作传统电话使用,只不过传输方式发生了改变,由电路交换变成了分组交换。而 SIP 协议侧重于将 IP 电话作为因特网上的一个应用,比其他应用(如 FTP,E-mail 等)增加了信令和 QoS 的要求,所有应用支持的业务基本相同,都利用 RTP 作为媒体传输的协议,但 H.323 协议相对复杂。

2.编码技术

话音压缩编码技术是 VoIP 电话技术的一个重要组成部分,VoIP 电话中的语音处理就是在保证一定话音质量的前提下,尽量降低编码比特率。目前,主要的编码技术有 ITU-T 定义的 G.729,G.728,G.723.1 三个标准,它们都采用线性预测分析——合成编码和码本激励矢量量化技术。其中 G.729 标准是 H.323 协议中有关音频编码的标准,可将经过采样的 64 kbit/s 话音以几乎不失真的质量压缩至 8 kbit/s。由于在分组交换网络中,业务质量不能得到很好保证,因而需要话音的编码具有一定的灵活性,即编码速率、编码尺度的可变可适应性。G.729 原来是 8 kbit/s 的话音编码标准,现在的工作范围扩展至 6.4~11.8 kbit/s,话音质量也在此范围内有一定的变化,但即使是 6.4 kbit/s,话音质量也还不错,因而很适合在 VoIP 系统中使用。G.723.1 采用 5.3/6.3 kbit/s 的双速率话音编码,话音质量好,但处理时延较大,它是目前已标准化的最低速率的话音编码算法。

此外,静音检测技术和回声消除技术也是 VoIP 中十分关键的技术。静音检测技术可有效剔除静默信号,使话音信号的占用带宽进一步降低到 3.5 kbit/s 左右,一般的语音会包含多达 50% 的静音,会在一定程度上造成网络的带宽浪费,语音活动及静音检测技术可以有效地减少静音时发送的数据包。回声消除技术主要利用数字滤波器技术来消除对通话质量影响较大的回声干扰,可在时延相对较大的 IP 分组网络中保证其通话质量。

3. 实时传输技术

实时传输技术主要是采用实时传输协议(Real-time Transport Protocol,RTP)提供端到端的包括音频在内的实时数据传送的协议。RTP 包括数据和控制两部分,详细说明了在 Internet 上传递音频和视频的标准数据包格式,并提供了时间标签和控制不同数据流同步特性的机制,可以让接收端重组发送端的数据包,可以提供接收端到发送端的服务质量反馈。

4. 服务质量(QoS)保证技术

VoIP 中主要采用资源预留协议(Resource ReSerVation Protocol,RSVP)以及进行服务质量监控的实时传输控制协议(RTP Control Protocol,RTCP)来避免网络拥塞,保障通话质量。

RSVP 最初是 IETF 为 QoS 的综合服务模型定义的一个信令协议,用于在流(Flow)所经过的路径上为该流进行资源预留,从而满足该流的 QoS 要求。资源预留的过程从应用程序流的源节点发送 Path 消息开始,该消息会沿着流所经过的路径传到流的目的节点,沿途建立路径状态;目的节点收到这个 Path 消息后,会向源节点回送一个 Resv 消息,并沿途建立预留状态,若源节点成功接收到预期的 Resv 消息,则认为在整条路径上资源预留成功。

RSVP 作为在 IP 上承载的信令协议,允许路由器网络任何一端上终端系统或主机在彼此之间建立保留带宽路径,为网络上的数据传输预定和保证 QoS,它对于需要保证带宽和时延的业务,如语音传输、视频会议等具有十分重要的作用。

在 RSVP 协议中,发送者的概念是指发送路径消息的进程,而接收者的概念是指发送预留消息的进程,同一个进程可以同时发送路径消息和预留消息,因此既可以是发送者,也可以是接收者。

RSVP 的资源预留申请是由接收者提出的,该申请是单向的,是从主机 A 到主机 B 的数据流预留的资源,对于从主机 B 到主机 A 的数据流不起作用。因为,在当前的 internet 中,从主机 A 到主机 B 的路径并不一定是从主机 B 到主机 A 的路径的反向,即双向的路由是不对称的;此外,两个方向的数据传输特征以及要申请预留的资源也未必相同。

RSVP 提供的预留分为两类:

①专用预留(Distinct Reservation):要求预留的资源只用于一个发送者。即在同一会话(Session)中的不同发送者分别占用不同的预留资源。

②共享预留(Shared Reservation):要求预留的资源用于一个或多个发送者。即在同一会话中的多个发送者共享预留资源。

5. 网络传输技术

VoIP 中网络传输技术主要是 TCP 和 UDP,此外还包括网关互联技术、路由选择技术、网络管理技术以及安全认证和计费技术等。由于 RTP 提供具有实时特征的、端到端的数据传输业务,因此 VoIP 可用 RTP 来传送话音数据。在 RTP 报头中包含装载数据的标识符、序列号、时间戳以及传送监视等,通常 RTP 的数据单元是用 UDP 分组来承载的,而且为了尽量减少时延,话音净荷通常都很短。IP,UDP 和 RTP 报头都按最小长度计算。VoIP 话音分组开销很大,采用 RTP 协议的 VoIP 格式,在这种方式中将多路话音插入话音数据段中,这样提高了传输效率。

6. 网络管理技术

网络管理技术是 VoIP 电话走向运营的保障。VoIP 电话网络管理系统主要包括呼叫管理系统(CMS)、流量分析系统(TAS)、网络管理系统(NMS)、网络监视系统。对一个实时性要求很高的通信系统来说,其网络质量直接影响通信质量。通过网络管理技术,可以迅速处理网络故障,保证网络及各个节点稳定、高效运行。

9.5.3　VoIP 应用及发展现状

随着数据网络带宽的不断扩展,百兆甚至千兆的带宽提升为数据网络传输话音提供了有力的前提条件。同时,VoIP 技术也日趋成熟,已经从原来的实验性质转向成熟的商业应用。全球 VoIP 市场发展迅速,尤其是发达国家 VoIP 市场规模在迅速扩大,对传统电话的替代作用逐步增强。预计到 2012 年,移动 VoIP 业务收入将超过固定网上的 VoIP 业务收入,并且呈现综合化、无线化和视频化趋势。随着 VoIP 技术的完善,在企业级用户群体中将会有广阔的应用前景。

1. VoIP 在 IP 电话领域的应用

IP 电话是 VoIP 最早和最典型的应用,从全球的 IP 电话业务量来分析,无论是从营业额还是用户数,与 PSTN 电话相比,其增长速率都要大得多。IP 电话的相对快速增长在一定程度上对传统长途电话形成了替代作用,在我国长途电话中的比例越来越大。

随着 4G 和长期演进(LTE)技术的出现,无线网络速度已达到了固定电话网络连接 T1 等级的水平,即传输速率达 1.544 Mbit/s。移动语音 IP 服务由于与物理位置无关,可随时进行连接,价格相对低廉,未来几年,移动 VoIP 需求将出现爆炸性增长,将具有非常大的竞争力。

2. VoIP 在即时通信领域的应用

语音即时通信是 VoIP 的另一种应用形式,在即时通信软件中加入语音聊天的功能。目前,几乎所有的即时通信工具都支持语音聊天功能,常见的有腾讯 QQ、微软 MSN 和雅虎 nessenger 等。即时通信的语音功能以其便捷的 PC to PC 的方式赢得了年轻人的青睐,在一定程度上对传统语音业务形成了替代。由于目前国内外即时通信的语音功能基本上是以免费的形式向用户提供的,大大促进了用户数的发展。

3. VoIP 在可视电话领域的应用

IP 网络可视电话是在 IP 电话的基础上增加视频传输功能。近几年来,IP 可视电话凭借其强大的优势在实际应用中越来越得到普及,其市场份额也越来越大。在 IP 可视电话中,视频编码技术是视频处理的重要组成部分,目前常用的视频编码包括 MPEG-X 及 H.26X 系列等。

目前,VoIP 平台出现的潜在应用包含以下三种:

①将 VoIP 功能增加到路由器或 DSL/缆线调制解调器中,因此可称为 ATA、客户端设备 CPE 或整合接取设备 IAD。

ATA 平台是最基本的一种,能在一方提供宽带或以太网连接,而在另一方提供 RJ11 连接(也称为外部交换业务或 FXS),使得任何常规电话都能充当 IP 电话使用。目前,业界开始转向更高整合方案,譬如将 VoIP 功能与多端口有线或无线路由器整合的 VoIP 路由器等,甚至还包含 VoIP ADSL 路由器将功能整合在一个可提供宽带接入、LAN 连接、电话配接器甚至拨号连接的设备盒中。不久的将来,这种设备盒还会增加视频、储存及其他周边电路等。

②用于中小型企业的 VoIP 电话/网络接取设备。

VoIP 电话外观及使用的体验与传统电话类似,区别在于其是与 LAN 连接而不是与 PSTN 连接。通过 IP 电话/网络接口,用同样的终端可以存取数据业务、实时消息甚至网络浏览器。

③移动 VoIP。

无线局域网(WLAN)或 WiFi 手机将移动性、漫游与统一的消息传送功能相结合用来实现无线手机业务。所有可用数据业务都能被无线手机存取,实现地址簿、电子日历、浏览器等多功能的整合,主要部署在一些垂直细分市场,如医院、大型商店及校园等。

总体来说,因为用户网络带宽的改善和各级设备的信号处理能力的大大增强,以及新技术的应用、产品设计技术的成熟,VoIP 技术有了飞跃的发展,虽然在电路原理上和传统的电路网有差别,但通话品质已经非常接近,部分新的 VoIP 技术甚至在音质上已经超越 PSTN 线路。在未来几年的发展过程中,VoIP 技术将会出现一些具有创新意义的应用模式,总体发展如下:

(1)固定向移动发展

目前,虽然固定电话用户和移动电话用户都在稳步增长,但移动用户的增速远远超过固定电话。面向个人的移动通信业务因其方便性已成为客户的首选,移动 VoIP 将规模发展,内置 WiFi 的 VoIP 移动电话已在全球各地均有销售;3GPIPP/3GPP2 以及 WiMAX 等移动标准组织也在积极开发研究相关基于 IP 的话音标准,建立基于 IMS 的全 IP 移动网络。

(2)可听向可视发展

VoIP 传统只提供语音通信。随着科技的进步和发展,已逐步迈入可视的行列,固网运营商整合宽带资源,相继推出基于 IP 网的视频多媒体业务,分为视频通信和可视信息两个方面,带给人们丰富多彩的视听享受。

(3)宽带化 VoIP 的发展

我国宽带用户近年呈现快速增长趋势,这为 VoIP 业务的发展奠定了良好的基础,且具有强劲的快速发展势头,具有巨大的潜在用户规模。

(4)单一业务模式向多种模式发展

VoIP 的业务模式原来提供 Phone-to-Phone 的 IP 电话业务。到目前为止,Phone-to-PC,PC-to-Phone,PC-to-PC 以及 PC 到以太网电话,以太网电话到以太网电话,电话到以太网电话等其他模式也在快速发展。这些模式的综合运用给予 VoIP 产品供应商和市场运营商更大的展示空间。随着第三代移动通信网络的发展以及宽带网络用户数量的不断扩大,VoIP 不再仅仅提供语音一种业务,数据、视频等内容将会随着网络的融合而加入进来。VoIP 市场呈现多种模式发展的趋势。

9.6　IPTV

IPTV 即交互式网络电视,是一种利用宽带有线电视网,集互联网、多媒体、通信等多种技术于一体,向家庭用户提供包括数字电视在内的多种交互式服务的新技术。IPTV 采用的播放平台将是新一代家庭数字媒体终端的典型代表,它能根据用户的选择配置多种多媒体服务功能,包括数字电视节目、可视 IP 电话、DVD/VCD 播放、互联网浏览、电子邮件以及多种在线信息咨询、娱乐、教育及商务等功能。

IPTV 的最早历史可以追溯到 1999 年的英国,近些年 IPTV 市场才开始真正升温。需要注意的是:无论网络电视(IPTV),还是所谓的数字电视(DTV),其内涵都不能单纯地从字面上理解,实际中都不仅仅局限于视频类业务,其实质和走向都是多重业务捆绑(Multiple Play),实现广义的全业务经营。因此,从这一含义上看,IPTV 也可以看作是数字电视的一种实现形式。

IPTV 的定义主要有两种,从技术角度对其定义为"互联网协议电视"(Internet Protocol TV),另外一种主要立足于互动功能,定义为"互动电视"(Interactive Personal TV)。2006 年,国际电信联盟 IPTV 热点工作组定义"IPTV 是在 IP 网络上传送包含电视、视频、文本、图形和数据等,并提供 QoS/QoE(Quality of Experience)、安全、交互性和可靠性的可管理的多媒体业务。"作为交互式多媒体播放服务,IPTV 为用户提供包括时移电视(Time-shift Television)、视频点播(Video-on-Demand,VoD)等个性化服务。其中,时移电视是指对实时播放的广播频道进行短暂的暂停、倒退和快进操作。而 VoD 则是指用户可以在任何希望的时间观看视频,用户具有暂停、播放、向前/后拖动内容的能力。

IP 与 TV 的关系,不同的行业理解不同。传统的广播电视行业通常将 IPTV 理解为 IP+TV 模式,即 IP 业务和 TV 业务在 CABLE 中是完全独立并行的;传统的电信行业则相反,认为 IPTV=TV over IP 模式,即将包括 TV 在内的所有业务都承载在 IP 上。IPTV 有效地将计算机、电视和通信三个领域结合在一起,其业务利用 IP 网络或同时利用 IP 网络和 DVB 网络,把电视传媒、影视制片公司、新闻媒体机构、远程教育机构等提供的各类内容通过 IPTV 宽带业务应用平台进行整合,传送到用户个人计算机、机顶盒+电视机、移动 IPTV 手机等终端,使得用户享受 IPTV 所带来的丰富多彩的宽带多媒体业务内容。

IPTV 与传统的电视业务相比,最大的特点就是能够进行个性化和实时交互的点播服务,可以开展类似于传统电信业务和互联网业务的其他增值服务,其蓬勃发展存在着巨大的市场驱动力。首先,计算机网络技术飞速发展,使用宽带接入网络的用户数量迅速增长,网络电视业务有着潜在的庞大用户基础。其次,IPTV 不同于传统的模拟有线电视以及经典的数字电视,既扩展了电信业务的使用终端,又拓宽了电视终端可支持的业务范围,所涵盖的业务能为用户的工作和生活带来极大的方便。

9.6.1　IPTV 主要优势

IPTV 的工作原理和基于互联网的电话服务 VoIP 相似,它把音视频内容节目或信号以 IP 包的方式,通过互联网发送,然后在另一端进行复原,主要包括音视频编解码技术、内容分发网络(CDN)技术、宽带接入网络技术、IP 组播技术、IP 机顶盒与 EPG 技术、数字版权管理(DRM)技术等。

IPTV 系统的组成可分为三个部分:前端系统、传输系统和终端接收系统。IPTV 前端系统一般具有完成节目采集与存储和服务的功能;节目传送功能由 IP 骨干网、IP 城域网、有线电视前端或电信中心站以及相应的宽带接入网络完成;IPTV 用户终端系统则被用来接收、存储和播放以及转发 IP 音视频流媒体。每个部分都由一些关键设备组成以完成相应功能,从而保证 IPTV 业务的顺利运营。

IPTV 有很灵活的交互特性及网内业务的扩充;还可以非常容易地将电视服务和互联网浏览、电子邮件,以及多种在线信息咨询、娱乐、教育及商务功能结合在一起,在未来的竞争中处于优势地位,主要表现在:

(1)承载在 IP 网络上,用户可以得到高质量(接近 DVD 水平的)数字媒体服务。

(2)实现媒体提供者和媒体消费者的实质性互动。IPTV 可提供建立在通信网络上的互动性视频服务,其采用的播放平台将是新一代家庭数字媒体终端的典型代表,能够根据用户的选择配置多种多媒体服务功能,包括数字电视节目,可视 IP 电话,DVD/VCD 播放,互联网游览,电子邮件,以及多种在线信息咨询、娱乐、教育及商务功能,用户可以互动点播自己喜欢的内容。

(3)IPTV 能够提供实时和非实时的业务,IP 技术和个性化的按需服务,使用户可以按照自己的需求获取宽带 IP 网提供的实时、非实时的媒体节目。

(4)用户可以随意选择宽带 IP 网上各网站提供的视频节目。IPTV 的技术发展和业务应用,都借助并依赖于互联网的信息资源和技术支撑这两大优势,其信息来源面广,异常丰富;技术、标准也已日渐成熟,实现成本很低。

(5)潜在用户数量大。目前,电信行业宽带用户数量庞大,借助宽带接入,IPTV 业务将拥有广大的潜在用户群。

(6)节省网络带宽。MPEG-4,H.264,WMV-HD 等视频压缩编码标准/技术的发展,特别是 H.264 的应用,使 IPTV 技术的视频编码效率大大提高,从而迅速提升了现有带宽条件下的视频质量。

(7)IPTV 将广电业、电信业和计算机业三个领域融合在一起,为网络发展商和节目提供商提供了更加广阔的新兴市场。

9.6.2　IPTV 系统架构及关键技术

IPTV 能用来提供从节目中心播出视/音频流媒体节目,通过骨干网、城域网或宽带接入网传输,直到被用户接收的端到端完整技术解决方案。根据用户的分布范围需要,IPTV 系统组网结构可分为分布式和集中式两种。其中,分布式结构主要应用大规模网络部署;集中式结构主要应用于小规模网络部署。

IPTV 系统包括内容制作、内容存储、内容加密、内容分发、内容播放和终端显示的各个方面,IPTV 系统的框架如图 9.12 所示。其中,前端主要指内容的源头,运行管理;中端主要指数据路由;后端主要指客户端的内容是怎样的呈现方式。

具体来说,IPTV 系统主要包括承载网技术、流媒体技术(Streaming Media)、编解码技术、内容分发网络 CDN 技术、数字版权管理 DRM 技术、IPTV 机顶盒与电子节目导航 ERG 技术、中间件技术、业务运营支撑系统 BOSS。IPTV 系统技术框架如图 9.13 所示。

(1)视频编解码

视频编码技术是网络电视发展的根本条件,只有高效的视频编码与压缩技术才能保证在现实的互联网环境下提供视频服务。在目前宽带网络环境下,适用于 IPTV 的编码标准有 MPEG-4 Part2,H.264 和 AC-1。

前端
EPG 服务器
VOD 服务器
编码器
CA
系统管理
中端
传输网络
后端
浏览器/EPG
RTSP 客户端
IGMP 客户端
CA 客户端
系统管理

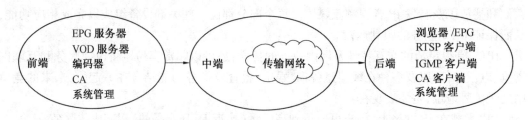

图 9.12 IPTV 系统的框架

业务支撑
DRM 系统
IPTV 网络管理系统
对外接口（可选）
运营支撑系统
业务服务
流媒体服务
EPG 系统服务
内容制作
增值服务
网络承载
骨干网
省干网/城域网
ADSL/LAN/WLAN 接入
客户终端
IPTV 终端

图 9.13 IPTV 系统技术框架

视频编解码目前的趋势是，使用更加适合于流媒体系统的 H.264/MPEG-4。MPEG-4 将一个场景的视频、音频对象综合考虑，对不同的主体采用不同的编码方式，再在解码端进行重新组合。它综合了数字电视、交互图形学和 Internet 等领域的多种技术，在大大提高编码压缩率的同时，提高传输的灵活性和交互性。H.264 作为 MPEG-4 的第 10 部分，不仅使 MPEG-4 节约 50% 的码率，而且引入了面向 IP 包的编码机制，更加有利于网络中的分组传输。

当前 IPTV 采用高效的视频压缩技术，但其普遍采用的 MPEG-4 需 2～3 Mbit/s 的速率才能达到 DVD 画质；而采用 H.264 仅用 600～800 kbit/s 的码率就可以提供 DVD 画质的收视效果，对开展视频类业务如因特网上视频直播、远距离视频点播、节目源制作等，有很强的优势。因此，H.264 最有可能成为未来 IPTV 主流格式标准。

(2)流媒体

IPTV 采用流媒体技术进行传输。流媒体(Streaming Media)技术是采用流式传输方式使音视频(A/V)及三维(3D)动画等多媒体能在 Internet 上进行播放的技术。流媒体技术的核心是将整个 A/V 等多媒体文件经过特殊的压缩方式分成一个个压缩包，由视频服务器向用户终端连续地传送，因而用户不必像下载方式那样等到整个文件全部下载完毕，而是只需要经过几秒或几十秒的启动延时，即可在用户终端上利用解压缩设备(或软件)，对压缩的 A/V 文件解压缩后进行播放和观看。多媒体文件的剩余部分可在播放前面内容的同时，在后台的服务器内继续下载，这与单纯的下载方式相比，不仅使启动延时大幅度缩短，而且对系统的缓存容量需求也大大降低。流媒体技术的发明使得用户在互联网上获得了类似于广

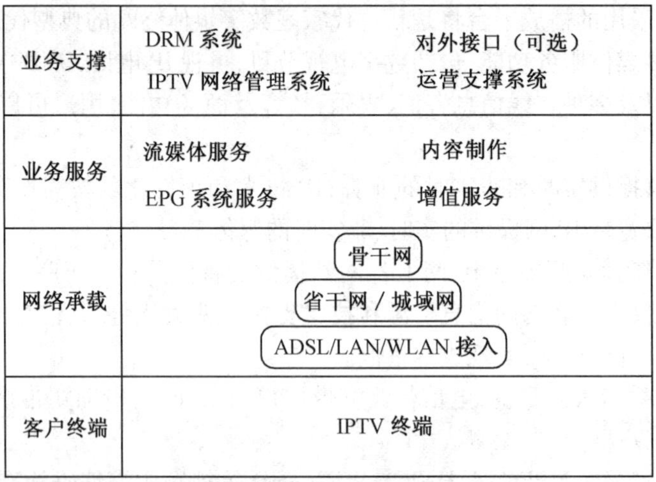

播和电视的体验,它是网络电视中的关键技术。

目前主流的流媒体厂家和格式有:ReadNetworks 公司的 Real System;微软公司的 WindowsMedia;苹果公司的 QuickTime。微软公司推出的 Windows Media 9(WM9)平台已经能够提供高清晰度电视、更快的回放和 5.1 声道数字环绕立体声等高端功能。

(3)媒体资产管理技术

媒体资产管理是当前广播电视行业所面临的一个重要问题,也一直是各个媒体行业密切关注的问题。媒体资产管理是从数字图书馆技术发展而来的,是一个对各种媒体及内容(如视频音频资料、文本文件、图表等)进行管理的总体解决方案,它充分利用网络的优势,满足了电视人方便地收集、保存、查找、编辑、发布各种信息的要求。

目前,媒体资产管理系统所采用的主要技术已日趋成熟,技术方案可行性已被证实,但一些应用方面的问题如索引的格式规范还需要解决。

(4)数据数字版权管理

随着信息技术的发达,数据文件的存储、拷贝以及传送变得越来越方便、快捷,对数字版权的保护造成了严重的威胁。数字版权管理(Digital Rights Management, DRM)是流媒体中对于版权控制的关键性技术,类似授权和认证技术,为内容提供者保护私有视频、音乐或其他数据的版权提供了技术手段,可以防止视频内容的非法使用。根据实现机理不同,DRM 技术主要有:

①数据加密:采用一定的数字模型,对原始信息进行重新加工,使用者必须提供密码。

②版权保护:先将可以合法使用作品内容的条款和场所进行编码,嵌入到文件中,只有当条件满足时,作品才可以被允许使用。

③数字水印:使用一定的算法,在被保护的数字格式的音乐、歌曲、图片或影片中嵌入某些标志性信息(称为数字水印),来达到证明版权归属和跟踪侵权行为的目的。

数字多媒体内容是 IPTV 中最为关键的节目来源。有了 DRM 技术,可使 Internet、流媒体或交互数字电视的内容提供商们放心地提供更多的内容,有效地保护其知识产权。

(5)CDN

内容分发网络(CDN)是构建在数据网络上的一种分布式的内容分发。IPTV 可利用 CDN 为用户提供 VOD 的内容,通过 CDN 把视频内容分发到靠近用户端的 CDN 节点,解决了访问量大、服务器分布不均对骨干网造成的拥塞问题,可以在一定程度上保证端到端的服务质量,扩大用户访问流媒体内容的范围,减轻 IPTV 业务对骨干网络的冲击,提高用户的响应速度,是视频点播业务非常有效的组网方式。

由于 CDN 系统主要面向 PC 设计,其建设规模和应用数量成比例增长,网络的可扩展性比较差,平均用户的建设成本较大,并且提供的是 VOD 业务,不是真正意义上广播型的 TV 业务,所以 CDN 网络只适用于 VOD 业务,但是不适合 IPTV 广播业务的承载技术,只适用于小规模的试验网络和过渡方案,大规模的 IPTV 业务必须依赖于可控组播技术的成熟和应用。

(6)组播

IPTV 视频流的传播方式分为广播和点播两种。其中,广播方式提供不同的内容供用户选择,表现为不同的频道;点播方式为用户提供了更具个性化的选择,具有实时交互的特点。实现技术方面,广播方式对 IP 网络提出了组播(Multicast)要求;点播方式则要求 IP 网络能有效地将视频流传送到用户接入的网络(VDN/CDN)。由于 IPTV 的 TV 类节目的所有用户收看的都是同一个内容,因此最适合利用组播技术进行传输。

(7)EPG 技术

EPG 就是电子节目指南,以交互的形式出现,是数字电视的一个极其重要的应用。与数字的视、音频节目不同,EPG 是数字电视区别于模拟电视的一项标志性业务,可提供丰富的节目预告信息、方便灵活的检索引擎。通过它,用户可以方便地浏览和查询节目,同时还可以看到节目简介、演员信息、节目片断等相关内容。EPG 可以使用户快速定位到自己喜欢的节目,便于用户得到更富有个性化的服务。此项技术对于数字化之后电视节目的推广具有重要推动作用。

目前,关于 IPTV 的研究主要集中在基于 IMS 的 IPTV 系统架构以及 Internet TV。

(1)基于 IMS 的 IPTV

IP 多媒体子系统(IP Multimedia Subsystem,IMS)由 3GPP 标准组织在 R5 版本基础上提出,并在 R6,R7 中进一步完善和修订,是在基于 IP 的网络上提供多媒体业务的通用网络架构,被认为是融合网络架构的发展方向。在 IMS 中,采用业务、控制、承载完全分离的水平架构,使得呼叫和会话控制从业务层和接入网络之间分离出来,层与层之间分工清晰,因此,缩短了新业务的开发周期及成本。IMS 是一种集成语音、视频、游戏、文字等的综合业务模式,将 IMS 与 IPTV 融合具有以下优势:

①交互性:传统的多媒体服务中,用户只能单向接受服务,IPTV 业务实现了人机交互。而基于 IMS 的 IPTV 业务进一步实现了人机交互和人与人之间的互动,最大限度地发挥了网络的价值;用户可以通过用户终端进行网络投票、题目竞猜,同其他在线用户进行交流,共同讨论对节目的看法和观点等,有效地调用了用户的积极性。

②业务融合:IMS 的终端具有通用性,取代了"单个业务专用一种终端"的方式,可用于通信、资讯和娱乐。通过 IMS 的融合业务平台,可以将业务内容从普通的电视节目扩展到资讯领域,使 IPTV 系统成为包括音频、视频、文本、图片、flash 动画等在内的综合业务平台,用户通过 IPTV 系统终端即可获得实时的交通状况、商场和超市的促销信息、各大旅游景点介绍等。

③移动终端:基于 IMS 的 IPTV 中,由于终端的通用性使用户摆脱了服务地点的约束,用户可以在任何地点接受 IPTV 服务。

(2)Internet TV

近年来,Internet TV 发展迅速,各种网络电视竞相抢占市场,从传统的 C/S(Client/Server)模式到 IP 组播、CDN(Content Delivery Network)模式,以至于目前发展迅速的基于 P2P(Peer-to-Peer)技术的多媒体服务。

当前基于 P2P 技术的多媒体服务是 Internet TV 的主要方式。P2P 是一种用于不同终端用户之间、不经过中心服务器而直接交换数据或服务的技术,它打破了传统的 C/S 模式,强调节点之间的对等性,即系统中每一个参与节点兼有服务器和客户端两种身份,在利用其他节点上资源的同时也为其他节点提供服务。由于基于 P2P 技术的多媒体服务在分散化、可扩展性、健壮性、低成本、高性能等方面的优势,引起了业界的广泛兴趣,并开始大范围应用,出现了大量 P2P 多媒体系统,如 CoolStreaming,PPLive,Joost 等。

9.6.3 IPTV 标准化进展

当前,全球范围内有多个国际和地区标准化组织都在开展 IPTV 相关的标准和技术规范制定与推广工作,主要集中在欧洲、北美和亚洲(中、日、韩,CJK)。各主要组织及其相互关系如图9.14 所示。

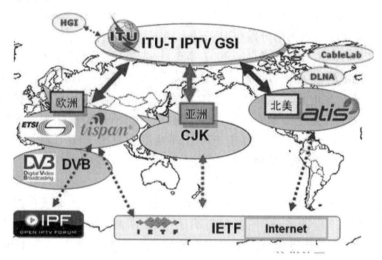

图 9.14 全球 IPTV 相关标准组织

IPTV 标准能够保障不同解决方案之间互通从而降低集成成本,推进设备制造业国际化,对 IPTV 产业健康发展意义重大,因此,IPTV 国际标准竞争非常激烈。目前,开展 IPTV 端到端标准制定的 ATIS,ETSI,OpenIPTV Forum,CCSA 等组织的 IPTV 标准框架已经形成。但这些标准化组织在 IPTV 网络与业务控制、内容分发、应用平台等几个关键领域存在明显差异。

(1)IPTV 标准研究的总体情况

IPTV 涉及众多复杂的技术环节,除了大量采用了 MPEG,IETF,ITU–T,W3C 等组织的原有标准外,还要根据 IPTV 的自身特点,对原有技术标准进行再集成或者开发全新的体系架构、协议和算法,从而更好地支持融合业务的新特点。一些标准化组织已开展 IPTV 端到端标准制定,涉及内容、业务、网络和终端,形成完整的 IPTV 标准体系,在市场上具有较大的影响力。

①美国:ATIS IPTV 互操作论坛(IPTV Interoperability Forum,IIF)成立于 2005 年,参与者包括 AT&T,思科,北电,BT 等美国、加拿大和英国的 IPTV 运营商和设备商。该组织主要研究在 NGN 网络上开展 IPTV 的体系架构、安全、接口、服务质量和运维支撑等标准化问题,已经产生了高层体系架构、基于 IMS 和非 IMS 的 IPTV 架构、IPTV 的 DRM 互操作等标准。2009 年以来,又陆续发布了 IPTV 业务评估质量模型、设备的远程管理和 IPTV 组播应用等多项标准。同时,ATIS IIF 也考虑到提高 IPTV 系统的开放性,引入更多的互联网内容。

②欧洲:欧洲的 IPTV 标准研究和产业发展起步较早,因此具有较强的技术实力和产业基础。ETSI IPTV 标准主要在数字广播标准组(DVB)和下一代电信网标准组(TISPAN)开展研究。早在 2003 年,DVB 就开始制定了 DVB over IP 标准,其定义的 MPEGTS over IP 标准已被全球 IPTV 系统广泛采用,以 Java 为核心的数字电视中间件标准 MHP 和 GEM 也对

ITU-TIPTV 中间件标准产生了重要影响。ETSI TISPAN 以制定 IMS 标准而著称,目前专注开发基于 NGN 的 IPTV 标准,已正式将 IPTV 纳入 NGN Release 2 中。TISPAN 的 NGN IPTV 有两个并行的方案,即 NGN 集成 IPTV 方案和以 IMS 为内核的 IPTV 方案,前者主要利用 NGN 的网络控制功能,其业务控制不使用 IMS。由于 TISPAN 的技术路线与在 NGN 中投入很大精力的欧洲运营商和各大电信制造商的路线一致,因此吸引了一大批设备商和运营商参与。为适应多网络环境下数字媒体内容服务的融合,ETSI 还在 2008 年底成立了媒体分发(MCD)工作组,专门负责内容分发(CDN)体系研究和标准化。

③Open IPTV Forum(OIPF)成立于 2007 年 3 月,主要任务是整合和集成现有规范形成端到端的 IPTV 解决方案,成员包括爱立信、松下、飞利浦、三星、西门子、索尼、AT&T、意大利电信以及法国电信 9 家企业,已于 2009 年 10 月完成了第一版规范,包括媒体格式、元数据、协议、应用环境、认证和管理等 7 个部分,支持直播、点播、PVR 等视频业务和即时消息等基本通信业务。OIPF 的解决方案分为基于可管理网络和基于开放互联网两大类,前者的 IPTV 方案参照 TISPAN 的 IMS IPTV 架构。在第二版规范中会考虑引入更多业务,并开发 CDN 规范。

④日本:日本一直是 IPTV 标准化研究最为活跃的国家之一。不仅在国内标准化组织 ARIB,TTC 等开展标准化研究,还积极参与 ITU-T 的活动。特别是对 ITU-TIPTV 应用平台、终端和家庭网络几个热点领域的研究都有比较集中的参与,NTT,NEC,OKI 和 KDDI 等公司在 IPTV 中间件、终端和家庭网络等方面投入了很大的精力。此外,NTT 及索尼等日本 15 家大型通信、家电、电视公司 2008 年还成立了日本 IPTV 论坛(IPTV Forum Japan),联手制定 IPTV 标准。

⑤韩国:韩国 TTA 于 2006 年 3 月成立了 IPTV 项目组,启动了与 IPTV 相关的业务平台、DRM/CA 互操作、QoS/QoE 以及机顶盒互联互通等的标准化工作,已经形成了基于 IP 专网的 IPTV 标准系列。2009 年启动的第二阶段工作主要关注 NGN IPTV 的标准化。韩国也一直是 IPTV GSI 最活跃的国家之一,提案数和参会人数均占很大比例。来自韩国的 ETRI,ICU 等组织的专家关注多个方面的议题,包括网络控制、业务控制、DRM 互操作、中间件、元数据等。

⑥中国:中国通信标准化协会(CCSA)IP 与多媒体工作委员会 IPTV 特别工作组于 2005 年 8 月成立,启动了对 IPTV 标准的研究和制定工作;成员几乎包含了目前从事 IPTV 业务运营、设备开发和技术研究的国内主要企业和机构;目前,已经正式发布多项制定的标准,形成了较为完善的标准体系。中国制定的 IPTV 标准采用非 NGN 架构,终端的应用运行环境(中间件)采用 Web 技术体系,并已于 2008 年首次成功解决了机顶盒的互联互通问题;作为 CCSA IPTV 的重点项目之一,CDN 的标准化已经完成需求标准,正在开发基于 P2P 和 CDN 融合的内容分发技术标准。

(2)ITU-T 的 IPTV 最新标准化进展

目前,国际上 IPTV 标准组织林立,为促进国际 IPTV 的互联互通,在各大公司和各国政府的推动下,国际电联于 2006 年 4 月在瑞士日内瓦成立 ITU-T IPTV 焦点工作组,简称为 FG IPTV,主要职责是协调和促进全球各标准化组织、论坛、协会以及 ITU-T 相关研究组的 IPTV 标准化活动。中国、美国、日本、韩国、英国、法国等 IPTV 市场发展较好的国家都是 ITU-T IPTV 标准制定的积极参与者,其中以中国、日本、韩国最为活跃。目前,ITU-T 已经完成了 17 项 IPTV 标准,标准体系初步确立,见表 9.7。

表 9.7 ITU-T 已经发布的 IPTV 国际建议

序号	编号	标 题	类 别
1	Y.1901	Requirements for the Support of IPTV Services	IPTV 需求与总体架构
2	Y.1910	IPTV Functional Architecture	
3	X.1191	Functional Requirements and Architecture for IPTV Security Aspects	
4	G.1080	Quality of Experience Requirements for IPTV Services	IPTV 性能监测
5	G.1081	Performance Monitoring Points for IPTV	
6	G.1082	Measurement-based Methods for Improving the Robustness of IPTV Performance	
7	H.622.1	Architecture and Functional Requirements for Home Networks Supporting IPTV Services	支持 IPTV 的家庭网络
8	H.701	Content Delivery Error Recovery for IPTV Services	IPTV 应用、内容平台和端系统
9	H.720	Overview of IPTV Terminal Devices and End Systems	
10	H.721	IPTV Terminal Device：Basic Model	
11	H.750	High-level Specification of Metadata for IPTV Services	
12	H.760	Overview of Multimedia Application Frameworks for IPTV	
13	H.761	Nested Context Language (NCL) and Ginga-NCL for IPTV Services	
14	H.770	Mechanisms for Service Discovery and Selection for IPTV Services	
15	J.700	IPTV Service Requirements and Framework for Secondary Distribution	有线网络上的 IPTV
16	J.701	Broadcast-centric IPTV Terminal Middleware	
17	J.702	Enablement of Current Terminal Devices for the Support of IPTV Services	

ITU-T 已经推出的 IPTV 国际标准涉及需求和架构、性能监测、家庭网络、应用平台与端系统以及有线网上的 IPTV 这 5 个领域,是全球范围内 IPTV 产业界达成的共识,具有广泛的产业基础。从 ITU-T 的 IPTV 标准内容来看,基本上涵盖了各主要方面,奠定了 IPTV 国际标准的技术框架。IPTV 需求和架构系列标准确立了 IPTV 的业务需求和支持 IPTV 业务的体系架构,定义了实现 IPTV 的 3 种具体技术体系,即非基于 NGN(Non-NGN-based IPTV),基于 NGN 且非 IMS(Non-IMS-based IPTV)和基于 NGN 且 IMS(IMS-based IPTV),为其他标准组织和 ITU-T 内部开发协议奠定了基础。IPTV 应用平台系列标准(H.76X 系列)确立了以 Web 技术(W3C+JavaScript)为主的应用平台框架,着重开发基于非 NGN 的 IPTV 应用平台标准。终端(H.72X)方面,ITU-T 标准定义了软硬件架构和中间件架构,并提出了分能力级别制定标准的工作思路。

IPTV 系统本身技术复杂,业务开展也因地域不同呈现出很大差异,制定全球统一的标准还存在很大难度,对 ITU-T 在 IPTV 标准化领域发挥引领和协调作用提出了挑战。ITU-T 积极调整 IPTV 的标准化思路,加强与其他标准组织的沟通合作,并积极吸纳新成员参与,以便扩大标准工作的覆盖范围。

9.6.4　IPTV 的主要应用

IPTV 具有灵活的交互特性,可以对 Internet 业务扩充,能够非常容易地将电视服务和互联网浏览、电子邮件,以及多种在线信息咨询、娱乐、教育及商务功能结合在一起,在未来的竞争中处于优势地位。IPTV 作为一种新的业务模式,虽然在发展上仍面临技术和政策等方面的问题。但是,IPTV 业务体现了用户的多样性和个性化,符合用户对多媒体服务的需求,是下一代网络(NGN)中最重要的业务之一,并将以其"三网融合"的特性成为未来数字家庭中一项非常重要的业务形态。

IPTV 可以提供的业务种类主要包括电视类业务、通信类业务以及各种增值业务。

电视类服务:与电视业务相关的服务,如广播电视、点播电视、个人视频录制(PVR)等。

通信类服务:主要指基于 IP 的语音业务、即时通信服务、电视短信等;增值业务指电视购物、互动广告、在线游戏等;此外,IPTV 还可以提供远程教育、远程医疗等特色业务。

增值业务:范围很广泛,囊括了众多互动的个性化业务。

在市场培育阶段,IPTV 的基本业务即视频类业务是 IPTV 发展的主要业务;而在 IPTV 成长阶段,增值业务是 IPTV 业务的主要发展领域,可显著提高用户的参与程度,满足用户的个性化、便捷化的互动需求;在 IPTV 成熟阶段,IPTV 增值业务的设计创新将会渗透到各个领域,并与用户生活息息相关,全方位、多层次的个性化应用将会大量出现。

9.7　数字音频工作站

9.7.1　数字音频工作站的概述

数字音频工作站(Digital Audio Workstation,DAW)是一种以计算机控制的硬磁盘为主要记录载体,用来处理、交换音频信息的计算机系统,是计算机技术和数字音频技术相结合的产物。数字音频工作站的出现,实现了广播系统高质量的节目录制和自动化播出,同时也创造了更加良好的高效的工作环境,目前已逐步应用到广播中心的广播节目制作、播出、管理以及系统控制的各个环节,成为广播电台播控中心数字化、网络化的关键设备之一。

数字音频工作站以通用计算机为基础,配置有音频信号的输入/输出接口、专门的数字音频信号处理器、相关软件等模块。它可将众多操作烦琐的音频制作过程集成在多媒体计算机上完成,与传统的数字音频制作相比,数字音频工作站省去了大量的辅助数字音频设备以及诸多设备的连接、安装与调试,性能价格比高,操作相对简单。

数字音频工作站以计算机控制的硬磁盘为主要记录媒体,其存取速度比磁带要快得多。在磁带上记录信号时,信号是以时间顺序沿磁带长度方向进行记录,查找某一段节目时,必须将磁带通过快进或快退的方式进行移动,才能找到确切的位置。用硬磁盘记录信号时,则是在计算机控制下用目录管理的方式存放数据,既可以按时间顺序存放,也可以间隔地在硬磁盘的空白区域中存放。重放或查找节目时,只需利用相应的目录寻找出所需数据的位置,就可将其取出,因此存取极为方便快捷,功能更强。

数字音频信号处理器是数字音频工作站中的重要组成部分,主要负责音频信号的数字化处理,如对输入的音频信号进行采样、量化和加工,可实现虚拟声轨设置、逻辑多轨操作等功能,突破了传统物理声轨的限制。另外,数字音频信号处理器还可用于音频信号的录制和编辑,可以在数字状态下对音频信号进行降噪、均衡、时间压扩、限幅,混响,延迟、声像移动等特技处理。

音频工作站用于节目录制、编辑、播出时,与传统的模拟方式相比,具有节省人力、物力、提高节目质量、节目资源共享、操作简单、编辑方便、播出及时安全等优点,因此音频工作站的建立可以认为是声音节目制作由模拟走向数字的必由之路。

9.7.2　数字音频工作站的主要功能

数字音频工作站主要用于对声音信号的记录、剪辑、处理、缩混和回放,可以提供广播节目制作所需的全部功能,可看作是一个集计算机、多轨录音机、非线性编辑、调音台、效果器等功能为一体的数字音频系统,其主要功能如下:

1. 具有专业水准的音质录入和播放声音

录制数字音频需经过模/数转换、量化以及编码等过程。为了达到专业水准的音质,模/数转换取样频率最低应为 44.1 kHz,量化比特数为 16 bit,频响范围达到 20 Hz ~ 20 kHz,动态范围和信噪比都应该接近 90 dB 或更高。通常,这种专业水准的立体声信号数据量较大,1 min 就需要 1 in 0.5 MB 左右的存储量。数字音频工作站具有较好的处理长样本文件的能力。硬盘录音时间只受硬盘本身大小的限制。

2. 多轨录音、放音与合成

由于可以进行同步分轨录音,数字音频工作站能够同时录入多少音频轨并不显得十分重要,但至少应该可以同时播放 8 个音频轨,以满足如 2 轨人声、2 轨立体声 MIDI 音乐、1 ~ 2 轨声学乐器、2 ~ 3 轨单独电子音色的需要。使用 DAW 进行录音、放音时不仅可以听到声音,同时还可在 DAW 屏幕上显示音频信号的时域波形。需要补录时,可根据显示波形精确地选择出、入点,可以更直观、更有效地操作。如果需要对某一段声音进行多种形式的录音,也可以在同一时间、同一轨上进行无损伤的、多层次的录音,所有被记录下的音频段被自动编号、存储保留,为后期制作挑选最佳的声音资料提供了极大的方便。

3. 先进的剪辑功能

数字音频工作站具有全面、快捷和精细的音频剪辑功能。可准确、细致、快速地对录入的声音素材进行删除、静音、复制、移位、拼接(带淡入淡出)、移调、伸缩等操作,因而编辑工作的质量和效率都很高。由于信号记录在硬盘上,节目中任何点可以随机访问,不论以什么顺序记录。无损编辑都可以在丝毫不改变或影响原始录音文件的情况下允许信号片段安排在节目中的任何次序上。一旦编辑结束,这些片段可以连续重放来产生一个演奏,或者个别地在一个指定的 SMPTE 时间码地址上重放。DAW 提供的编辑预听功能可以在编辑前预听到编辑后的效果,做到编辑点准确无误。

4. 数字效果处理

数字音频信号处理器提供的多种数字信号处理手段,利用编辑和处理软件可实时完成调音、实时均衡、声音压扩、声像移动、电平调整、混响、延时、降噪、变速变调等多种功能,对声音进行时域和频域的处理。

9.7.3　数字音频工作站的构成

数字音频工作站是将高性能计算机加上声卡和相应软件系统所组成的计算机硬件系统和软件系统的专业化组合,由音频处理核心、音频处理接口和功能软件三个主要部分构成。

数字音频工作站的硬件部分包括高性能 CPU、音频处理核心、音频处理接口、数据存储设备及其他外设等设备。主要有:

音频处理核心:计算和编辑声音信号,包含高性能 CPU,对音频系统的运行效率起到提升作用。CPU 的数据带宽位数增加,则在工作频率相同的情况下,对处理数据速度的提升更快;L2 缓存可以保存处理器内核附近的常用数据与指令,若缓存增加则能够提升系统整体运转性能。

DSP 加速卡:运用针对芯片构架开发的功能程序,配合 CPU 实现声音信号的实时效果处理,形成多路、多总线基于软件的效果器和动态处理器。效果器包括混响、延时、合唱和镶边等;动态处理器提供了压缩、限幅、噪声门、参数均衡器和滤波器。DSP 将对声音的计算从计算机的 CPU 中分解出来,减轻了 CPU 压力,由于硬件算法优于软件算法,因此可以提供更专业的声音效果。

音频处理接口:为计算机提供音频信号输入输出能力的装置,由 AD,DA 组件构成,是音频信号数字化要求最苛刻的环节。高速度采样频率、宽动态量化等级、极低抖动时钟同步、超稳定电源驱动等是转换精度的保证。连接方式包括插卡式、外置式、USB 和 1394 外挂式等。

刻录机或磁带机:用于制作光盘或磁带。

软件部分包括操作平台、音频处理界面、文件格式、第三方软件及其他相关软件等模块,其中:

音序软件:用来进行 MIDI 数据编辑和处理,让制作出来的多声部乐曲按不同音色、不同音型同时或不同时地有序地演奏出来。代表软件:Cakewalk Sonar。

音频编辑制作软件:对单个声音文件进行从音乐制作到音效编辑等非常广泛的应用。代表软件:Sound Forge。

多轨录音、缩混软件:能够对多轨道声音文件进行从音乐录制、音效处理到编辑混合的综合应用。代表软件:Adobe Audition,Nuendo,Samplitude 2496。

9.7.4　数字音频工作站的应用

数字音频工作站主要用于对声音信号的录音、剪辑、处理和缩混,其应用可以包括以下方面:

1. 日常音乐录制

数字音频工作站可以用于录制各种日常所用的音乐,例如歌曲伴奏、舞蹈音乐、晚会音乐、影视音乐等。

此种应用中,数字音频工作站不会对音乐中的每一种乐器或音色进行单轨录音,通常只是将已做好的 MIDI 音乐录为立体声的两个音频轨,将 MIDI 音乐中需要单独调整的个别音色录为单独的几个音频轨,再录几个音轨的人声和声学乐器等。因此,数字音频工作站需要录放和处理的音频轨数通常为 8 ~ 16 个。这种应用方式目前在国内个人工作室中应用较多。

2. 声音剪辑和 CD 刻录

此种应用中,数字音频工作站不是用于制作音乐的全过程,而是针对已有的音乐进行剪辑处理,或是将已有的音乐制成 CD 唱片。如对音乐进行重新剪接、为歌曲伴奏移调(不改变音乐速度)、变化舞蹈音乐的长度(不改变音乐的音调)、去除音乐中的噪声,或是将各种已有音乐制作成 CD 唱片等。在此应用中,数字音频工作站完成录放和处理的音频轨数只需要立体声 2 个音轨就可以了。

3. 多媒体音乐制作与合成

用于为计算机上使用的多媒体软件,如游戏软件、教学软件、电子书籍等提供配音和配乐。此种应用中,只需利用计算机中的音频软件将做好的视频文件调出,然后看着画面同步录入语言或音乐即可,工作简单。

4. 大规模音乐录音和混音

此应用属于大型专业录音棚中的工作方式,主要用于录制对声音要求最高的音乐作品,如音乐专辑录制,用于此目的的数字音频工作站设备要求高,价格较昂贵。这种应用需要将音乐中的每一种乐器或音轨都录为一个单独的音频轨甚至是一个立体声轨,以便对每个乐器或音色单独做均衡、效果和动态处理,以做出在动态、宽度和深度等方面都有极好表现的音乐作品。因此,数字音频工作站需要录放和处理的音频轨数为 24 ~ 32 个,甚至更多。

5. 影视音乐的制作与合成

影视音乐的制作与合成与制作日常音乐时所用的数字音频工作站要求差不多,但这种应用的数字音频工作站支持将视频节目输入计算机,或是与视频编辑机保持同步运作,因此能够一边看着画面,一边根据计算机屏幕中的视频窗或是专门显示器中的画面变化同步地进行配乐和配音工作。

习　题

1. 等离子电视、液晶电视是数字电视吗? 请说明理由。
2. 数字电视如何分类? 又有哪些标准?
3. VoIP 与我们传统意义上的电话相比,有什么特点?
4. IPTV 有哪些服务功能?
5. DAW 的主要功能有哪些?

参 考 文 献

[1] 解相吾,解文博. 数字音视频技术[M]. 北京:人民邮电出版社,2009.

[2] 黎洪松. 数字视频处理[M]. 北京:北京邮电大学出版社,2006.

[3] 陈光军. 数字音视频技术及应用[M]. 北京:北京邮电大学出版社,2011.

[4] 张飞碧,王珏. 数字音视频及其网络传输技术[M]. 北京:机械工业出版社,2010.

[5] 卢官明,宗昉. 数字音频原理及应用[M]. 北京:机械工业出版社,2012.

[6] 谈新权,陈筱倩,邓天平,等. 数字视频技术基础[M]. 武汉:华中科技大学出版社,2009.

[7] 刘富强. 数字视频图像处理与通信[M]. 北京:机械工业出版社,2010.

[8] 黎洪松,孙冬梅. 数字视频与音频技术[M]. 北京:清华大学出版社,2011.

[9] 南利平,李学华,王亚飞,等. 通信原理简明教程[M]. 3 版. 北京:清华大学出版社,2014.

[10] 彭启琮. 达芬奇技术:数字图像/视频信号处理新平台[M]. 北京:电子工业出版社,2008.

[11] 廖超平. 数字音视频技术[M]. 北京:高等教育出版社,2009.

[12] WATKINSON J . The MPEG Handbook：MPEG-1，MPEG-2，MPEG-4[M]. New York：Focal Press,2004.

[13] KLAUS D . Understanding MPEG-4[M]. New York:Focal Press,2004.

[14] 高玉龙. 达芬奇技术开发基础、原理与实例[M]. 北京:电子工业出版社,2012.

[15] 冯跃跃. 电视原理与数字电视[M]. 2 版. 北京:北京理工大学出版社,2013.